MATLAB 辅助现代工程数字信号处理

(第二版)

李益华　主编

孟志强　陈燕东　王同业　杨珏　编著

西安电子科技大学出版社

内 容 简 介

本书系统地阐述了现代工程数字信号处理的基本原理和实现方法，并使用 MATLAB 语言结合大量工程实例，剖析了数字信号处理的仿真实现过程。全书共 10 章，内容主要包括确定性信号处理与随机信号处理两大部分。确定性信号处理包括离散时间信号与系统、频域分析方法、数字滤波器的分析与设计以及多采样率信号处理；随机信号处理包括平稳随机信号分析、功率谱估计、非平稳随机信号分析与处理、自适应滤波以及高阶谱分析。

本书可作为高等学校数字信号处理等相关课程的教材或参考书，也可作为从事信号处理及相关领域的工程技术人员的工具书。

图书在版编目(CIP)数据

MATLAB 辅助现代工程数字信号处理/李益华主编. —2 版.
—西安：西安电子科技大学出版社，2010.7
ISBN 978 - 7 - 5606 - 2417 - 4

Ⅰ. M… Ⅱ. 李… Ⅲ. 数字信号—信号处理—计算机辅助计算—软件包，MATLAB
Ⅳ. TN911.72

中国版本图书馆 CIP 数据核字(2010)第 050494 号

策　　划　毛红兵
责任编辑　买永莲　毛红兵
出版发行　西安电子科技大学出版社(西安市太白南路 2 号)
电　　话　(029)88242885　88201467　　邮　编　710071
网　　址　www.xduph.com　　　　电子邮箱　xdupfxb001@163.com
经　　销　新华书店
印刷单位　陕西华沐印刷科技有限责任公司
版　　次　2010 年 7 月第 2 版　2010 年 7 月第 2 次印刷
开　　本　787 毫米×1092 毫米　1/16　印张 19.875
字　　数　465 千字
印　　数　4001～7000 册
定　　价　28.00 元

ISBN 978 - 7 - 5606 - 2417 - 4/TN · 0560

XDUP 2709002 - 2

＊＊＊如有印装问题可调换＊＊＊
本社图书封面为激光防伪覆膜，谨防盗版。

前　言

MATLAB 语言作为一种强大的科学计算工具，受到了专业研究人员的广泛重视，已广泛应用于统计、信号处理、人工智能与自动控制、雷达、通信、计算机等领域。本书结合 MATLAB 的信号处理工具箱，详细介绍了现代工程数字信号处理技术。

本书对数字信号及信号处理的基本理论和工程应用中的基本方法作了系统的介绍，并以大量实例说明了利用 MATLAB 进行信号分析与应用设计的方法。全书共 10 章，主要内容如下：

- 第 1 章介绍了离散时间信号与系统的基本概念和理论；
- 第 2 章重点阐述了离散时间信号与系统的频域分析方法，包括傅里叶变换和 $\mathscr{L}$ 变换；
- 第 3 章阐述了数字滤波器的结构与分析；
- 第 4 章阐述了工程数字滤波器的设计及其方法；
- 第 5 章涉及多采样率数字信号处理；
- 第 6 章为平稳随机信号处理与分析；
- 第 7 章着重阐述了功率谱估计，包括经典谱估计和现代谱估计；
- 第 8 章为非平稳随机信号分析与处理；
- 第 9 章阐述了自适应信号滤波处理及其应用，包括维纳滤波器、卡尔曼滤波器以及 LMS 自适应滤波器；
- 第 10 章阐述了用高阶统计量分析与处理非高斯信号。

全书图文并茂，突出原理与应用，编者结合大量的应用实例，通过 MATLAB 软件亲自编写了仿真源程序，给出了仿真结果与分析，对具体工程应用具有较大的参考价值。本书所有程序均在计算机上使用 MATLAB 7.x 以及 MATLAB 2006～2008 进行了验算，相关代码可在网站 http://www.kylinx.com/books/matlabxh/index.htm 免费下载。

本书由长沙理工大学的李益华主编，孟志强（湖南大学）、陈燕东（长沙理工大学）、王同业（株洲职业技术学院）、杨珏（长沙理工大学）分别修订了本书的各章节，刘景琳、于学祥、严日村等参与了部分章节的修订。全书的统稿由孟志强完成。此外，罗廷芳、张恒、司超、许亮等在本书的修订过程中也付出了大量的劳动，在此一并表示衷心的感谢。

由于时间仓促以及编者学识有限，书中疏漏之处在所难免，敬请各位专家和广大读者批评指正，不胜感激。

编　者

2010 年 3 月

第 一 版 前 言

随着科学技术的发展，人们认识客观世界的技术也在不断的进步与更新，在计算机领域，人们更愿意用形象、直观和具有洞察力的方法去解决工程应用中的各种问题。MAT-LAB语言正是在这种趋势下进入科学与工程技术领域的。

MATLAB语言作为一种强大的科学计算工具，受到了专业研究人员的广泛重视。无论是在统计、信号处理、人工智能与自动控制，还是在雷达、通信、计算机等领域，越来越多的工程技术人员摆脱了C及C++语言繁琐语法的束缚，将注意力集中在了专业技术研究的核心问题上。

在现代科学技术领域，电子信息系统的应用范围极为广泛，主要有通信、导航、雷达、声纳、地震勘探、医学仪器、振动工程和射电天文等等。在短短几十年的时间里，这些系统几经更新换代，发展极其迅速。系统的发展进程和信息的利用程度是分不开的，而信息的利用程度又和信号与信息处理技术的发展紧密相连。

20世纪40年代，在检测、估计、滤波等方面建立了一系列基础理论和方法，为电子信息系统的发展指明了方向。但是，由于当时技术条件的限制，优化系统难以实现，实际应用的只是一些简单的处理技术。

20世纪60年代以来，随着微电子集成电路技术、工艺的迅猛发展，信号处理的研究不再局限于一般理论和方法的探讨，而是更多地侧重于实现方面，新的实现方法与算法的成果层出不穷。而在此基础上发展起来的新　代系统，其优化和自适应性能已大大提高。

如今，信号处理又进入了一个新的发展时期，信号处理的一些主要领域，如优化、自适应、高分辨、多维和多通道等，其理论和方法均日趋系统化。对系统的分析已不再限于理想模型，而是考虑各种实际因素，研究其鲁棒性，同时对性能也不再限于定性描述，而是作出统计性能评价，使理论和实际在更高水平上密切结合。

信号处理应用领域的不断扩大，促使人们在理论和方法上向更深层次探索，此前均假设信号及其背景噪声是高斯的、平稳的，而对信号的分析只是基于它的二阶矩特性和功率谱，其对象系统也限于时不变的线性和因果最小相位系统。虽然上述假设及由此而构建的系统在许多场合是适用的，但随着应用领域的扩大，要求人们去研究非平稳、非高斯信号，以及时变、非因果、非最小相位、非线性系统，这些已成为现代信号处理研究热点的一个方面，如用时频分布和子波变换研究非平稳信号、用高阶统计量分析非高斯信号等也属于这类研究。

根据当前该学科理论与实际密切结合的特点，本书突出了基本概念和基本思想的阐明，同时注重了理论的严密性和方法的实用性，使读者易于领会和掌握问题的实质，并能较快地用以解决实际问题。

本书内容简明扼要，包含了大量的MATLAB语言源程序，所有源程序都在计算机上用 MATLAB 5.3 和 MATLAB 6.1 进行了验算，对具体工程应用具有较大的参考价值。

本书由李勇、徐震、沈辉、张亮、徐凯等编写；文字由李飞、刘涛、李凯、王华等录入；图像由李燕、胡利明、曾飞、刘丽等编辑处理；全书由沈辉、李勇、林哲辉审校。本书在编写过程中还得到了王德军、赵文峰等人的帮助，毛红兵女士为本书的策划工作付出了大量的心血与汗水，另外还有很多同志在本书的编辑、排版、校对过程中也付出了大量的劳动，在此一并表示衷心的感谢。

由于时间仓促以及笔者水平有限，书中疏漏与不当之处在所难免，敬请各位专家和广大读者批评指正，不胜感激。

编　者

2002 年 8 月

目　　录

第1章 数字信号处理与离散时间系统

随着计算机和信息科学的飞速发展，数字信号处理（Digital Signal Processing，DSP）技术已成为一门独立的学科体系。数字信号处理是利用计算机或专用处理设备，通过数值计算方法对信号进行采集、变换、综合、估值与识别等加工处理，从而达到提取信息和便于应用的目的。它是计算机技术和集成电路技术迅猛发展的结果。

数字信号处理系统具有灵活、精准、抗干扰强、体积小、造价低、速度快等突出优点，这是模拟信号处理系统所无法比拟的。尤为重要的是，数字信号处理硬件允许可编程操作，借助软件编程，能更容易地修改由硬件执行的信号处理函数，在系统设计方面提供了极大的灵活性。

1.1 数字信号处理概述

目前，以 DSP 芯片为核心的数字信号处理开发设备已广泛应用于工程技术领域。所涉及的信号包括电、磁、机械、热、声、光等各个方面。随着大规模集成电路和数字计算机的飞速发展，以及数字信号处理理论和技术的成熟与完善，数字信号处理已成为一门极其重要的学科。

1.1.1 数字信号处理的理论基础

在较强背景噪声下，如何提取出真正的信号或信号特征，并将其应用于实际工程是信号处理理论要完成的主要任务。数字信号处理在理论上所涉及的范围极广。数学领域中的微积分、概率统计、随机过程、高等代数、数值分析、复变函数等是其基本分析工具；网络理论、信号与系统等是其理论基础；最优控制、通信理论、故障诊断等也与其紧密相连。在近40年的发展中，数字信号处理已基本形成了一套较完整的理论体系，主要包括信号的采集（A/D转换、采样定理、多抽样率等）、离散信号的分析（时频分析、信号变换等）、离散系统分析及其算法（系统转移函数、频率特性、快速傅里叶变换、快速卷积等）、信号的估值（各种估值理论、相关函数与功率谱估计等）、数字滤波技术（各种数字滤波器的设计与实现）、信号的建模（AR、MA、ARMA、PRONY 等模型）、信号处理中的特殊算法（抽取、插值、反卷积、信号重建等）、信号处理技术的实现与应用（软硬件系统的整体实现）。

伴随着通信技术、电子技术及计算机的飞速发展，数字信号处理的理论也在不断地发展和完善，各种新算法、新理论层出不穷。平稳信号的高阶统计量分析、非平稳信号的联合时域分析、信号的多抽样率分析、小波变换及独立分量分析等信号理论取得了较大的发展。

1.1.2　数字信号处理的实现

数字信号处理的实现是指将信号处理的理论应用于某一具体的实践任务中。对象不同，实现的途径也不相同，总体说来，数字信号处理的实现可分为软件实现和硬件实现两大类。

软件实现主要是指在通用计算机上用软件来实现信号处理的过程。目前，有关信号处理最强大的软件工具是 MATLAB 语言及相应的工具箱。本书涉及的工程数字信号处理的相关理论与具体实际应用，均以 MATLAB 为辅助软件来实现信号处理的仿真过程。

硬件实现主要是指采用通用微处理器或数字信号处理器 DSP 芯片，配置适当的外围 IC，配合相应的处理程序构成的数字信号处理系统。DSP 芯片可分为通用的可编程 DSP 芯片和专用的 DSP 芯片。

具体有以下几种实现方式：

（1）在大、中、小型计算机上运行相应的数字信号处理软件来实现。如图像压缩和解压缩软件等。软件实现的执行速度较慢，因此，软件实现一般仅用于 DSP 算法的模拟与仿真。

（2）在通用计算机系统中加上专用的加速处理机来实现。此方法专用性强，但不便于系统的独立运行。

（3）在通用的单片机（如 MCS‑51 系列、MSC‑96 系列等）上实现。这种方法主要用于数字控制等领域。设计中可根据不同环境选配不同的单片机类型，以达到实时控制的目的，但该法数据运算量不能太大，只适用于实现简单的 DSP 算法。

（4）利用通用的可编程 DSP 芯片来实现。DSP 芯片较之单片机，具有更加适合于数字信号处理的软件和硬件资源，可用于复杂的数字信号处理算法。通用 DSP 芯片内部带有乘法器、累加器，采用流水线工作方式及并行结构、多总线结构，执行速度快，适用于信号处理的指令等。

（5）采用专用的 DSP 芯片来实现。在一些特殊场合，当要求信号处理速度极高时，通用 DSP 芯片很难实现要求的功能，须采用专用的 DSP 芯片。例如专用于 FFT、数字滤波、卷积、相关等算法的 DSP 芯片。这种芯片将相应的信号处理算法在芯片内部用硬件实现，使用者只需给出输入数据，即可在输出端直接得到数据，无需进行编程。

1.1.3　数字信号处理的应用

数字信号处理是一门涉及多学科的新兴学科，在语音、雷达、声纳、地震、图像、通信系统、系统控制、生物医学工程、机械振动、遥感遥测、地质勘探、航空航天、电力系统、故障检测、自动化仪器等众多领域获得了极其广泛的应用。数字信号处理有效地推动了众多工程技术领域的技术改造和学科发展。近年来，随着多媒体的发展，DSP 芯片已在家电、电话、磁盘机等设备中广泛应用。

数字信号处理的典型应用如表 1.1 所示。

表 1.1　数字信号处理的典型应用

自动化控制	消费电子	电子通信
导航和全球定位	数字无线收音机和电视机	自适应均衡
振动分析	智能玩具	ADPCM 变换编码器
声控	数字留言机	蜂窝电话
磁盘驱动控制	扫描仪	频道复合
激光打印控制	洗衣机	数字语音嵌入
机器人控制	机顶盒	IP 电话
自动驾驶	VCD/DVD	无线调制解调器
高空作业	可视电话	
语　　音	图形/图像	工 业 应 用
语音综合	3-D 旋转	数字控制
语音增强	图像压缩与传输	安全通道
语音辨识	图像增强	机器人技术
语音编码	图像识别	在线监控
语音邮件	机器人视觉	
文本至语音转换	电子地图	
仪 器 仪 表	医 疗 器 件	军　　事
数字滤波器	诊断设备	图像处理器
函数发生器	胎儿监听器	导弹制导
锁相环	助听器	导航
瞬时分析仪	病情监控器	雷达处理器
频谱分析仪	心电/脑电	保密通信
数据采集	超声设备	声纳处理

1.2　信 号 与 系 统

　　信号是信息的载体，是信息的物理表现形式，是信息的函数。信号是随着时间、空间或其他自变量变化的物理量。通常把一个信号描述为一个或几个自变量的函数。例如，函数

$$S(x,\,y) = 5x + 4xy + 20y^2 \tag{1.1}$$

描述了含两个自变量 x 和 y 的信号，是一种确定性信号。然而，很多情况下，这种函数关系是未知的，比如语音信号等自然信号。

　　信号根据其不同的特征属性，有很多种分类方法。按信号的周期性可分为周期信号和非周期信号；按信号是否能被确定规则所唯一描述，可分为确定性信号和随机信号；按信号时间自变量的特征和取值，可分为连续时间信号和离散时间信号。

　　系统定义为对某个信号执行某种操作的一台物理设备。譬如，用于降低有用信息载体信号噪声和干扰的滤波器，就是一个系统。滤波器通过执行相应操作有效地滤去信号中的噪声和干扰。操作就是信号处理。操作的执行过程就是对信号的处理过程。在操作过程中，如果是线性操作，系统就是线性的；如果是非线性操作，系统就是非线性的。

系统不仅包括物理设备，还包括对信号操作的软件实现。对于计算机处理系统来说，程序就是软件实现。信号处理主要针对的是数字信号，而模拟信号一般可以转换成所需处理的数字信号。因此，本书主要论述的是数字系统。从广义上讲，一个数字系统是一个硬件和软件结合的实现，每一部分都执行自身的一套特定操作。

系统是可以被描述的。连续系统可用常系数微分方程、傅里叶变换、拉普拉斯变换描述；离散系统可用差分方程、离散傅里叶变换、$\mathcal{Z}$变换描述。数字系统所执行的操作通常可以由数学方式来表达，执行相应数学操作的方法或规则集称为算法。

1.2.1 连续时间信号和离散时间信号

连续时间信号在给定时间区域内，对于任意时刻都对应一个确定的函数值。时间域可以是有限或是无限。常见的连续时间信号主要有指数信号、正弦信号、单位阶跃信号、单位斜坡信号、正负号信号、脉冲信号、sinc信号及复指数信号。

离散时间信号定义在某些特定的时间值上，只是在某些离散的瞬时时间点给出函数值，其他点无定义。这些时间点不需要是等间隔的，但为计算方便和易于处理，通常取为等时间间隔。如果使用离散时间的序号 n 作为自变量，那么信号值就会变成整型变量的函数，这样，一个离散时间信号就可以用一系列实数或复数来表示。为强调信号的离散时间特性，通常用序列 $x(n)$ 来表示这种信号。若信号等间隔，则可用 $x(nT)$ 表示，T 为采样周期。

在 MATLAB 中，可用一个列向量来表示一个有限长度序列 $x(n)$。由于计算机内存有限，故无法表示任意无限序列。另外，由于列向量没有包含采样时刻的信息，因此要完整地表示序列 $x(n)$，需要用 n 和 x 两个向量来表示，前者表示序列元素的位置，后者表示相应的序列值。例如序列

$$x(n) = [3, -1, 4, 6, 5, -8, 9, 2]$$

在 MATLAB 中可表示为

$$n = [-1, 0, 1, 2, 3, 4, 5, 6]$$
$$x = [3, -1, 4, 6, 5, -8, 9, 2]$$

1.2.2 确定性信号与随机信号

任何一个可以被一个显式数学表达式、一个数据表或者一个定义好的规则所唯一描述的信号，都称为确定性信号。确定性信号的每个值都可以用有限个参量唯一地加以描述。

然而，在很多实际应用中，有些信号不能被数学公式显式表达到一个合理的精度，或者是描述得太过复杂以至于没有任何实际用处。这种不能用有限参量来唯一、确定地加以描述，也无法对其未来值确定地预测的信号，称为随机信号。随机信号可以通过统计数学的方法描述，常用的是概率密度函数或功率密度谱描述。如地震信号、语音信号以及最常用的白噪声。

随机信号可分为平稳随机信号与非平稳随机信号，而平稳随机信号又分为各态遍历信号与非各态遍历信号。

白噪声的特征是所有频率(无限带宽)下具有平坦的功率密度(即均匀能量分布)，但它

的概率密度函数可以有各种分布形式。从信号处理的角度出发，由于噪声是一个随机过程，可用统计方法描述，将混杂在有用信号中的噪声去除，即在噪声中提取有用信号。

1.2.3　能量信号与功率信号

连续信号 $x(t)$ 和离散信号 $x(n)$ 的能量分别定义为

$$E = \int_{-\infty}^{\infty} \mid x(t) \mid^2 \mathrm{d}t \qquad (1.2a)$$

$$E = \sum_{n=-\infty}^{\infty} \mid x(n) \mid^2 \qquad (1.2b)$$

式中，若 $E < \infty$，则称 $x(t)$ 或 $x(n)$ 为能量有限信号，简称为能量信号；若 $E > \infty$，则称为能量无限信号。

当 $x(t)$ 和 $x(n)$ 的能量 E 无限时，仅研究它们的功率。信号 $x(t)$ 和 $x(n)$ 的功率分别为

$$P = \lim_{T \to \infty} \frac{1}{T} \int_{-\frac{T}{2}}^{\frac{T}{2}} \mid x(t) \mid^2 \mathrm{d}t \qquad (1.3a)$$

$$P = \lim_{N \to \infty} \frac{1}{2N+1} \sum_{n=-N}^{N} \mid x(n) \mid^2 \qquad (1.3b)$$

式中，若 $P < \infty$，则称 $x(t)$ 或 $x(n)$ 为功率有限信号，简称功率信号。随机信号由于其时间是无限的，所以总是功率信号。一般来说，在有限区间内存在的确定性信号有可能是能量信号。

1.2.4　数字信号处理系统的基本组成

在科学和工程上，大多数信号都是自然模拟信号。该类信号一般为连续变量的函数，可以直接被适合的模拟系统处理，以改变信号的特征或提取有用信息。在这种情况下，输入和输出信号均是模拟的。

数字信号处理是把信号用数字或符号表示成序列，通过计算机或专用信号处理设备，用数值计算方法进行各种处理，达到提取有用信息以便于应用的目的。如滤波、检测、变换、增强、估计、识别、参数提取以及频谱分析等。

数字信号处理提供了处理模拟信号的备用方法，如图 1.1 所示。要执行数字信号的处理，需在模拟信号和数字信号间加一个 A/D 转换器，将模拟信号转换为数字信号，再作为数字信号处理器的输入。

图 1.1　数字信号处理系统

可编程数字计算机是一个对输入信号执行所需操作的数字信号处理器。处理器通过更改软件来灵活地改变信号的处理操作。在实际应用中，数字信号处理器的输出通常是以模拟信号传给用户的，例如语音、图像等，这就需用 D/A 转换器将数字信号转换为模拟信号输出。

数字信号处理与模拟信号处理相比，数字信号处理的动态范围宽，信噪比高。信号在

模拟系统中经过一系列模拟运算处理后，误差积累，噪声逐级放大，整个系统信噪比指标下降；信号在数字系统中，仅受 A/D 转换的量化误差及系统有限字长影响，处理过程中不会产生其他噪声。数字信号处理系统的性能具有确定性、可预见性和可重复性，稳定性好。这是由数字器件相比模拟器件的高精度及高稳定度决定的。数字信号处理系统具有很强的灵活性，易于实现自适应算法，易于大规模集成。

1.2.5 模数转换和数模转换

现实中的信号大多是模拟信号，要通过数字方法处理模拟信号，首先就需将其转换为具有有限精度的数字序列形式。这一过程称为模数（A/D）转换，其转换设备称为 A/D 转换器。A/D 转换一般由采样、量化和编码三步完成。而数模（D/A）转换器则通过样本间的插值操作完成数字信号到模拟信号的输出。

1. 模拟信号的采样

模拟信号的采样即对信号时间上的离散化，这是数字化处理的第一个环节。其研究内容主要包含信号经采样后发生的变化（如频谱的变化）、信号内容是否丢失（采样序列能否代表原始信号、如何不失真地还原信号）以及由离散信号恢复连续信号的条件。

采样器一般由电子开关组成，开关每隔 T 秒短暂地闭合一次，将连续信号接通，实现一次采样。如开关每次闭合 τ 秒，则采样器的输出是一串重复周期为 T，宽度为 τ 的脉冲，脉冲的幅度是这段时间内信号的幅度，这一采样过程可看做一个脉冲调幅过程，脉冲载波是一串周期为 T、宽度为 τ 的矩形脉冲，用 $P(t)$ 表示，调制信号是输入的连续信号 $x_a(t)$，则采样输出为

$$x_p(t) = x_a(t)P(t) \tag{1.4}$$

一般 τ 是很小的，τ 越小，则采样输出脉冲幅度越接近输入信号在离散时间点上的瞬时值。信号采样要满足奈奎斯特采样定理，即在信号采样中，采样频率必须大于信号最高频率的两倍。

工程实际中，考虑到信号含有噪声，为避免频谱混淆，选取的采样频率总比信号最高频率 Ω_S 的两倍大得多。同时，为避免高于折叠频率 $\Omega_S/2$ 的噪声信号进入采样器造成频谱混淆，采样器前常常加一个保护性的前置低通滤波器（抗混叠滤波器）。

2. 量化

量化是离散时间连续值信号转换到离散时间离散值信号的转换过程。每个信号的样本值是从可能值的有限集中选取的。

3. 编码

在 A/D 转换器中的编码过程为每一个量化级别赋予一个唯一的二进制数。如果有 L 级，那么至少需要 L 个不同的二进制数。若字长为 b 位，则可生成 2^b 个不同的二进制数。

4. D/A 转换与插值处理

D/A 转换通过执行某种插值操作连接数字信号的点，其一般的样本形式称为零阶保持或阶梯近似。采样定理指出了带限信号的最佳插值。为简化插值处理过程，实际上大多采用零阶保持线性插值的方法来实现 D/A 转换，再跟随一个后滤波器或平滑滤波器来实现模拟输出。

1.3　离散时间信号

对模拟信号 $x_a(t)$ 进行等间隔采样，采样间隔为 T，可得到的采样输出为

$$x[n] = x_a(t)\,|_{t=nT} = x_a(nT), \quad n = \cdots, -2, -1, 0, 1, 2, \cdots \tag{1.5}$$

对于不同的 n 值，$x_a(nT)$ 是一个有序的数字序列，该数字序列就是离散时间信号。T 称为采样周期或采样间隔，$f = 1/T$ 为采样频率。

实际信号处理中，这些数字序列值按顺序存放于存储器中，此时 nT 代表的是前后顺序。为了简化表述，一般不写采样间隔，记为 $x(n)$，称为数字序列。对于具体信号，$x(n)$ 也代表第 n 个序列值。需要说明的是，n 需取整数，非整数时无定义；另外，在数值上它等于信号的采样值，且信号随 n 的变化规律可以用公式表示，也可以用图形表示。

1.3.1　典型离散时间信号

在数字信号处理中，定义了一些基本的典型离散时间信号序列，它们的定义和在 MATLAB 中的表述如下。

1. 单位采样序列

单位采样序列的表达式为

$$\delta(n) = \begin{cases} 1, & n = 0 \\ 0, & n \neq 0 \end{cases} \tag{1.6}$$

或

$$\delta(n - n_0) = \begin{cases} 1, & n = n_0 \\ 0, & n \neq n_0 \end{cases} \tag{1.7}$$

单位采样序列也可以称为单位脉冲序列，特点是仅在 $n=0$ 时取值为 1，其他情况时均为 0。它类似于模拟信号和系统中的单位冲激函数 $\delta(t)$，但不同的是 $\delta(t)$ 在 $t=0$ 时，取值无穷大，$t \neq 0$ 时取值为 0，对时间 t 的积分为 1。在 MATLAB 中，利用函数 zeros$(1, N)$ 可以实现有限长区间的 $\delta(n)$，也可利用逻辑关系操作符 $n == 0$ 来实现。

【例 1.1】　用 MATLAB 编写生成单位采样序列的程序，其中，$n \in [-10, 10]$，$n_0 = 1$。
MATLAB 程序如下：

```
%MATLAB PROGRAM 1-1
%a Delta Sequence
n0=1;
n1=-10;
n2=10;
%Generate x(n) = delta(n-n0); n1 <= n, n0 <= n2
if ((n0 < n1) | (n0 > n2) | (n1 > n2))
    error('参数必须满足 n1 <= n0 <= n2')
end
n = [n1:n2];
%x = [zeros(1, (n0-n1)), 1, zeros(1, (n2-n0))]; %用 zeros 函数实现
```

```
x = [(n−n0) == 0];                        %用逻辑关系式实现
stem(n, x)
xlabel('n'); ylabel('x(n)'); title('Delta Sequence');
grid
```

程序运行结果如图 1.2 所示。

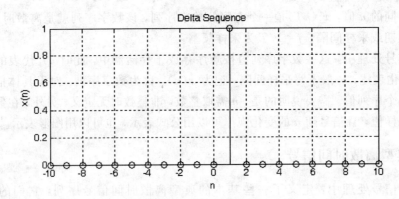

图 1.2　单位采样序列

2. 单位阶跃序列

单位阶跃序列的表达式为

$$u(n) = \begin{cases} 1, & n \geqslant 0 \\ 0, & n < 0 \end{cases} \tag{1.8}$$

$$u(n - n_0) = \begin{cases} 1, & n \geqslant n_0 \\ 0, & n < n_0 \end{cases} \tag{1.9}$$

单位阶跃序列类似于模拟信号中的单位阶跃函数 $u(t)$。$\delta(n)$ 与 $u(n)$ 之间的关系为

$$\delta(n) = u(n) - u(n-1) \tag{1.10}$$

$$u(n) = \sum_{k=0}^{\infty} \delta(n - k) \tag{1.11}$$

在 MATLAB 中，利用函数 ones(1, N)可以实现有限长区间的 $u(n)$，也可用逻辑关系式 $n \geqslant 0$ 来实现。

【例 1.2】　用 MATLAB 编写生成单位阶跃序列的程序，其中，$n \in [-8, 8]$，$n_0 = 2$。

MATLAB 程序如下：

```
%MATLAB PROGRAM 1-2
%Function[x, n] = stepseq(n0, n1, n2)
n0＝2;
n1＝−8;
n2＝8;
if ((n0 < n1) | (n0 > n2) | (n1 > n2))
    error('参数必须满足 n1 <= n0 <= n2')
end
n = [n1: n2];
```

```
%x = [zeros(1，(n0−n1))，ones(1，(n2−n0+1))]；%用 ones 函数实现
x = [(n−n0) >= 0]；                          %用"≥"实现
stem(n，x)
xlabel('n')；ylabel('x(n)')；
title('Step Sequence')；
grid
```

程序运行结果如图 1.3 所示。

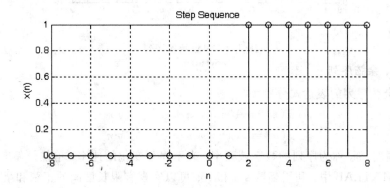

图 1.3　单位阶跃序列

矩形序列是其一种特殊序列，定义为

$$R_N(n) = \begin{cases} 1, & 0 \leqslant n \leqslant N-1 \\ 0, & n < 0, n \geqslant N \end{cases} \qquad (1.12)$$

式中，N 称为矩形序列的长度。

3. 单位斜坡序列

单位斜坡序列的表达式为

$$x(n) = \begin{cases} n, & n \geqslant 0 \\ 0, & n < 0 \end{cases} \qquad (1.13)$$

【例 1.3】　用 MATLAB 编写生成单位斜坡序列的程序，其中，$n \in [0, 10]$。

MATLAB 程序如下：

```
%MATLAB PROGRAM 1-3
%a Ramp Sequence
n1=0；
n2=10；
n = [n1：0.5：n2]；
x = n；
stem(n，x)
xlabel('n')；ylabel('x(n)')；
title('Ramp Sequence')；
grid
```

程序运行结果如图 1.4 所示。

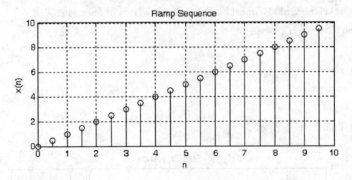

图 1.4　单位斜坡序列

4. 正弦、余弦序列

正弦和余弦序列的表达式分别为

$$x(n) = A\sin(\omega_0 n + \varphi) \qquad \forall\, n \qquad\qquad (1.14a)$$

$$x(n) = A\cos(\omega_0 n + \varphi) \qquad \forall\, n \qquad\qquad (1.14b)$$

式中，A 为幅度；ω_0 称为序列的数字域频率，表示序列变化的速率，单位是弧度；φ 为初始相位角。在 MATLAB 中，利用函数 sin 和 cos 可以实现有限长区间的正弦和余弦序列。

【例 1.4】　用 MATLAB 编写程序，生成 $x(n) = 3\cos\left(0.4\pi n + \dfrac{\pi}{3}\right) - 2\sin(0.3\pi n)$，$n \in [-10, 50]$。

MATLAB 程序如下：

```
%MATLAB PROGRAM 1-4
n = [-10:50];
x = 3 * cos(0.4 * pi * n+pi/3)-2 * sin(0.3 * pi * n);
stem(n, x)
xlabel('n'); ylabel('x(n)'); title('Sine Sequence');
grid
```

程序运行结果如图 1.5 所示。

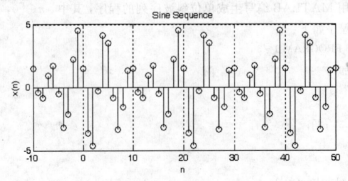

图 1.5　正余弦序列

5. 实指数序列

实指数序列的表达式为

$$x(n) = a^n \qquad \forall\, n,\, a \in R \qquad\qquad (1.15)$$

如果 $|a|<1$，$x(n)$ 的幅度随 n 的增大而减小，称 $x(n)$ 为收敛序列；如果 $|a|>1$，$x(n)$ 的幅度随 n 的增大而增大，称 $x(n)$ 为发散序列。在 MATLAB 中，利用数组运算符 ".^" 可以实现有限长区间的实指数序列。

【例 1.5】　用 MATLAB 编写生成 $x(n)=0.5^n$，$n\in[-8，10]$ 的程序。

MATLAB 程序如下：

```
%MATLAB PROGRAM 1-5
n=[-8：10];
x=0.5.^n
stem(n，x)
xlabel('n')；ylabel('x(n)')；title('Real Power Sequence')；
grid
```

程序运行结果如图 1.6 所示。

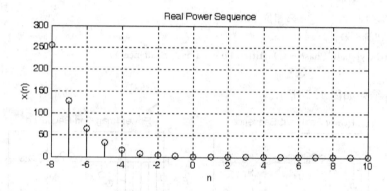

图 1.6　实指数序列

6. 复指数序列

复指数序列的表达式为

$$x(n) = e^{(\sigma+j\omega_0)n} \tag{1.16}$$

式中，ω_0 为数字域频率，σ 为阻尼系数。借助欧拉公式可以展开为

$$x(n) = e^{\sigma n}(\cos\omega_0 n + j\sin\omega_0 n) \tag{1.17}$$

式中，实部 $\mathrm{Re}(n)=e^{\sigma n}\cos\omega_0 n$，虚部 $\mathrm{Im}(n)=e^{\sigma n}\sin\omega_0 n$，模 $|x(n)|=e^{\sigma n}$，幅角为 $\omega_0 n$。在 MATLAB 中，可采用函数 exp 实现序列。

【例 1.6】　用 MATLAB 编写生成复指数序列 $x(n)=e^{(-0.2+j0.3)n}$，$n\in[-10，10]$ 的程序。

MATLAB 程序如下：

```
%MATLAB PROGRAM 1-6
n=[-10：10];
s=-0.2+0.3*j;
x=exp(s*n);
Re_x=real(x);
Im_x=imag(x);
Mag_x=abs(x);
```

```
Phase_x=(180/pi) * angle(x);
subplot(221);              %实部序列
stem(n, Re_x);
xlabel('n'); ylabel('Re-x'); title('Power Real Port Sequence');
grid
subplot(222);              %虚部序列
stem(n, Im_x);
xlabel('n'); ylabel('Im-x'); title('Power Imag Port Sequence');
grid
subplot(223);              %幅值序列
stem(n, Mag_x);
xlabel('n'); ylabel('Mag-x'); title('Power Magnitude Sequence');
grid
subplot(224);              %相位序列
stem(n, Phase_x);
xlabel('n'); ylabel('Phase-x'); title('Power Phase Sequence');
grid
```

程序运行结果如图 1.7 所示。

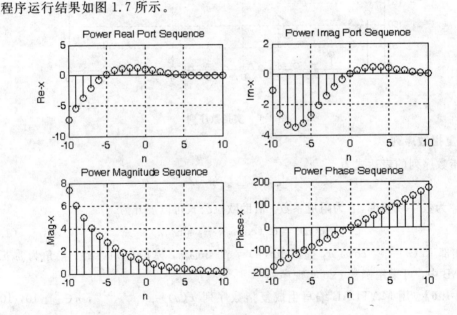

图 1.7　复指数序列

7. 周期序列

如果对所有 n 存在一个最小的正整数 N，使下面的等式成立：

$$x(n) = x(n+N) \qquad -\infty < n < \infty \tag{1.18}$$

则称序列 $x(n)$ 为周期序列，周期为 N，N 须取整数。例如，$x(n)=\sin\left(\dfrac{\pi}{4}n\right)$ 是周期为 8 的周期序列，也称为正弦序列。在 MATLAB 中，设 1 个周期的序列为 $x(n)$，则 4 个周期的序列可表示为

$$y(n) = \begin{bmatrix} x(n) & x(n) & x(n) & x(n) \end{bmatrix}$$

8. 随机序列

在 MATLAB 中，提供了两个产生随机序列的函数：

x(k)＝rand(1，N) 用于产生[0，1]区间均匀分布的随机数序列，长度为 N；

x(k)＝randn(1，N)用于产生均值为 0，方差为 1，长度为 N 的高斯分布随机数序列（白噪声）。

【例 1.7】　用 MATLAB 编写生成[a，b]上均匀分布的随机序列的程序。

MATLAB 程序如下：

```
%MATLAB PROGRAM 1-7
%用于产生[a,b]上均匀分布的 N 点随机序列
n=[1：N];
x=a+(b-a)* rand(1，N);
stem(n，x);
xlabel('n'); ylabel('x(n)'); title('Random Sequence');
grid
```

【例 1.8】　用 MATLAB 编写均值为 a、方差为 c 的高斯随机序列的程序。

MATLAB 程序如下：

```
%MATLAB PROGRAM 1-8
%用于产生均值为 a、方差为 c 的高斯随机序列
n=[1：N];
x=a+sqrt(c)* randn(1，N);
stem(n，x);
xlabel('n'); ylabel('x(n)'); title('Random Sequence');
grid
```

9. 任意序列

以上介绍了几种常用的典型序列。对于任意序列，常用单位采样序列的移位加权和表示，也可表示成与单位取样序列的卷积和，其表达式为

$$x(n) = \sum_{k=-\infty}^{\infty} x(k)\delta(n-k) \tag{1.19}$$

式中，$\delta(n-k) = \begin{cases} 1, & n=k \\ 0, & n \neq k \end{cases}$。

1.3.2　离散时间信号的运算

在数字信号处理中，离散时间信号用序列表示，序列有下面几种运算。

1. 序列相加

设有序列 $x_1(n)$ 和 $x_2(n)$，则序列

$$x(n) = x_1(n) + x_2(n) \tag{1.20}$$

表示两个序列的和，定义为同序号的序列值逐项对应相加。

当 $x_1(n)$ 和 $x_2(n)$ 的长度、采样位置均一样时，才能直接相加；当 $x_1(n)$ 和 $x_2(n)$ 的长

度、采样位置不一样时，须用 0 补齐空出的位置，再相加。

【例 1.9】 用 MATLAB 编写序列相加的程序。

MATLAB 程序如下：

```
%MATLAB PROGRAM 1-9
%实现 x(n) = x1(n)+x2(n)
n = min(min(n1), min(n2)): max(max(n1), max(n2));          %y(n)的长度
y1 = zeros(1, length(n)); y2 = y1;                         %初始化
y1(find((n>=min(n1))&(n<=max(n1))==1))=x1;                 %具有 y 的长度的 x1
y2(find((n>=min(n2))&(n<=max(n2))==1))=x2;                 %具有 y 的长度的 x2
y = y1+y2;                                                  %序列相加
```

2. 序列数乘

序列数乘的定义式为

$$x(n) = ax_1(n) \tag{1.21}$$

3. 序列相乘(点乘)

设序列为 $x_1(n)$ 和 $x_2(n)$，则序列

$$x(n) = x_1(n) \cdot x_2(n) \tag{1.22}$$

表示两个序列的积，定义为同序号的序列值逐项对应相乘。当 $x_1(n)$ 和 $x_2(n)$ 的长度、采样位置均一样时，才能直接相乘；当 $x_1(n)$ 和 $x_2(n)$ 的长度、采样位置不一样时，须用 0 补齐空出的位置，再相乘。

【例 1.10】 用 MATLAB 编写序列相乘的程序。

MATLAB 程序如下：

```
%MATLAB PROGRAM 1-10
%实现 x(n) = x1(n)*x2(n)
n = min(min(n1), min(n2)): max(max(n1), max(n2));          %y(n)的长度
y1 = zeros(1, length(n));
y2 = y1;
y1(find((n>=min(n1))&(n<=max(n1))==1))=x1;                 %具有 y 的长度的 x1
y2(find((n>=min(n2))&(n<=max(n2))==1))=x2;                 %具有 y 的长度的 x2
y = y1.*y2;                                                 %序列相乘
```

4. 序列时延

给定离散信号 $x(n)$，若信号以 $y_1(n)$ 和 $y_2(n)$ 分别定义为

$$y_1(n) = x(n-N) \tag{1.23}$$

$$y_2(n) = x(n+N) \tag{1.24}$$

则 $y_1(n)$ 是整个 $x(n)$ 在时间轴上延时/右移 N 个抽样周期所得的新序列，同理，$y_2(n)$ 是将整个 $x(n)$ 超前/左移 N 个抽样周期的新序列。

【例 1.11】 用 MATLAB 编写序列时延的程序。

MATLAB 程序如下：

```
%MATLAB PROGRAM 1-11
%实现 y(n) = x(n-n0), n0 为时延的单位长度, m 为 x 的下标
n = m + n0;
```

```
y = x;
```

5. 序列翻转

序列翻转的定义式为

$$y(n) = x(-n) \tag{1.25}$$

$x(-n)$ 是以 $n=0$ 的纵轴为对称轴,将序列 $x(n)$ 加以翻转。MATLAB 中用函数 fliplr 来实现序列翻转。

【例 1.12】　用 MATLAB 编写序列翻转的程序。

MATLAB 程序如下:

```
%MATLAB PROGRAM 1 - 12
%实现 y(n) = x(-n)
y = fliplr(x);
n = -fliplr(n);
```

6. 序列的奇偶性

任何一个序列 $x(n)$ 都可以分解为偶分量 $x_e(n)$ 和奇分量 $x_o(n)$ 之和:

$$x(n) = x_e(n) + x_o(n) \tag{1.26}$$
$$x_e(n) = 0.5(x(n) + x(-n)) = x_e(-n) \tag{1.27}$$
$$x_o(n) = 0.5(x(n) - x(-n)) = -x_o(n) \tag{1.28}$$

【例 1.13】　用 MATLAB 编写序列的奇偶分解程序。

MATLAB 程序如下:

```
%MATLAB PROGRAM 1 - 13
%序列的奇偶分解
m = fliplr(n);
Mm=min([m, n]) : max([m, n]);
nm=n(1)-m(1);
n1=1 : length(n);
x1=zeros(1, length(Mm));
x1(n1+nm)=x;
x=x1;
xeven=0.5 * (x + fliplr(x));
xold=0.5 * (x - fliplr(x));
```

7. 序列的卷积和

若有两序列 $x(n)$ 和 $h(n)$,则其卷积和定义为

$$y(n) = x(n) * h(n) = \sum_{i=-\infty}^{\infty} x(i)h(n-i) \tag{1.29}$$

在 MATLAB 中,用函数 conv 来实现序列的卷积和。

【例 1.14】　用 MATLAB 编写序列卷积和的程序。

MATLAB 程序如下:

```
%MATLAB PROGRAM 1 - 14
%y = 卷积结果
%ny = y 的基底(support)
```

```
%x =基底 nx 上的第一个信号
%nx = x 的支架
%h =基底 nh 上的第二个信号
%nh = h 的基底
nyb = nx(1)+nh(1);
nye = nx(length(x)) + nh(length(h));
ny = [nyb：nye];
y = conv(x, h);
```

8. 序列的能量

序列的能量定义式为

$$E = \sum_{n=-\infty}^{\infty} |x(n)|^2 \tag{1.30}$$

有限长序列的能量可以由 MATLAB 语句来得到

$$Ex=sum(x. * conj(x))$$

或

$$Ex=sum(abs(x).^2)$$

9. 序列的功率

序列 $x(n)$ 的功率由下式给出

$$P_x = \lim_{n \to \infty} \frac{1}{2N+1} \sum_{-N}^{N} |x(n)|^2 \tag{1.31}$$

有限长序列的功率可由以下 MATLAB 语句得到

$$Px= sum(x. * conj(x))/length(x)$$

或

$$Px=sum(abs(x).^2)/length(x)$$

10. 序列的求和及求积

序列求和的定义式为

$$y = \sum_{n=n_1}^{n_2} x(n) \tag{1.32}$$

序列求积的定义式为

$$y = \prod_{n=n_1}^{n_2} x(n) \tag{1.33}$$

在 MATLAB 中，序列的求和及求积可分别由函数 sum 和函数 prod 来得到

$$y=sum(x(n1：n2))$$
$$y=prod(x(n1：n2))$$

1.3.3　MATLAB 常用信号生成函数

MATLAB 信号处理工具箱提供了一些特殊信号波形的生成函数，下面简要介绍几种常用函数。

1．sawtooth 函数

功能：产生周期为 2π 的锯齿波或三角波。

调用格式：x＝sawtooth(t)

　　　　　　　 x＝sawtooth(t，width)

其中，width 为 0 和 1 之间的数，当 width＝0.5 时，产生标准三角波。

2．square 函数

功能：产生周期为 2π、幅值为 $[-1, 1]$ 的方波。

调用格式：

正方波　　　　　　　　 x(t)＝square(t)

带占空比的方波　　　　 x(t)＝square(t，duty)

其中，t 为时间向量，duty 为正幅值部分占周期的百分数。

3．sinc 函数

功能：生成 sinc 函数波形。

调用格式：y＝sinc(x)

函数 sinc(x) 的周期为 2π，并随 x 的增加而作衰减振荡，且为偶函数，在 $n\pi$ 处的值为 0。

4．diric 函数

功能：生成 dirichlet 或 sinc 周期函数波形。

调用格式：y＝ diric(x，n)

其中，x 为向量，n 为整数。当 n 为奇数时，周期为 2π；当 n 为偶数时，周期为 4π。

5．pulstran 函数

功能：产生脉冲串信号。

调用格式：y＝ pulstran(t, d, 'func', P1, P2)

其中，t 为时间向量，d 为脉冲串位置向量，P1 和 P2 为与脉冲有关的参数设置，func 为脉冲类型函数，MATLAB 提供三种脉冲类型：Gauspuls(高斯调制正弦脉冲)、Rectpuls(非周期矩形脉冲)和 Tripuls(非周期三角形脉冲)。

【例 1.15】　编写程序，产生一矩形波脉冲串，脉宽为 0.1 s，脉冲重复频率为 3 Hz，采样频率为 2 kHz，信号长度为 1 s。

MATLAB 程序如下：

```
%MATLAB PROGRAM 1-15
clf;
t=[0: 0.0005: 1];
d=[0: 1/3: 1];
y=pulstran(t, d, 'rectpuls', 0.1);
plot(t, y);
title('Pulstran-tripuls'); xlabel('t'); ylabel('y');
grid;
```

程序运行结果如图 1.8 所示。

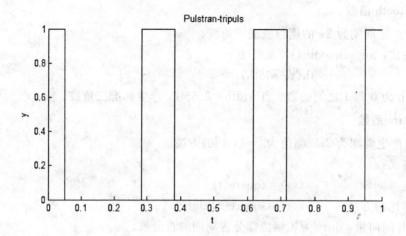

图 1.8　矩形波脉冲串

1.4　离散时间系统

在信号处理中，通常需要设计一个器件或算法对离散时间信号执行某些规定的运算，这样的器件或算法称为离散时间系统。也就是说，离散时间系统就是将输入序列映射成另一输出序列的变换或算子。线性时不变系统是最重要且最常用的离散时间系统。

1.4.1　离散时间系统的基本概念

一个离散时间系统可以抽象为一种变换，或是一种映射。设时域离散系统的输入为 $x(n)$，经过规定的运算，系统输出序列用 $y(n)$ 表示。设运算关系用 $\mathrm{T}[\cdot]$ 表示，则输出与输入之间的关系为

$$y(n) = \mathrm{T}[x(n)] \tag{1.34}$$

下面介绍有关离散时间系统的几个重要定义。

1. 线性系统

满足叠加原理的系统称为线性系统。设 $x_1(n)$ 和 $x_2(n)$ 分别为系统的输入序列，其输出分别用 $y_1(n)$ 和 $y_2(n)$ 表示，即

$$y_1(n) = \mathrm{T}[x_1(n)] \tag{1.35}$$

$$y_2(n) = \mathrm{T}[x_2(n)] \tag{1.36}$$

则线性系统需满足下列两个条件：

$$\mathrm{T}[x_1(n) + x_2(n)] = y_1(n) + y_2(n) \tag{1.37}$$

$$\mathrm{T}[ax_1(n)] = ay_1(n) \tag{1.38}$$

式中，a 是常数。满足式(1.37)称为线性系统的可加性；满足式(1.38)称为线性系统的比例性或齐次性。将两式结合起来，可表示为

$$y(n) = \mathrm{T}[ax_1(n) + bx_2(n)] = ay_1(n) + by_2(n) \tag{1.39}$$

式中，a 和 b 均是常数。

【**例 1.16**】　设 $y(n) = ax(n) + b$（a 和 b 是常数），试证明该系统 $y(n)$ 是非线性系统。

证明

$$y_1(n) = T[x_1(n)] = ax_1(n) + b$$
$$y_2(n) = T[x_2(n)] = ax_2(n) + b$$
$$y(n) = T[x_1(n) + x_2(n)] = ax_1(n) + ax_2(n) + b$$
$$y(n) \neq y_1(n) + y_2(n)$$

因此，该系统是非线性系统。

2. 时不变系统

如果系统对输入信号的运算关系 $T[\cdot]$ 在整个运算过程中不随时间变化，或者系统对于输入信号的响应与信号加于系统的时间无关，则称该系统为时不变系统，可表示为

$$y(n) = T[x(n)] \tag{1.40a}$$

或

$$y(n - n_0) = T[x(n - n_0)] \tag{1.40b}$$

式中，n_0 为任意整数。

【**例 1.17**】　判别 $y(n) = ax(n) + b$ 代表的系统是否为时不变系统。式中，a 和 b 为常数。

解

$$y(n) = ax(n) + b$$
$$y(n - n_0) = ax(n - n_0) + b$$
$$y(n - n_0) = T[x(n - n_0)]$$

因此，该系统为时不变系统。

3. 系统的因果性与稳定性

线性和时个变两个约束条件定义了一类可用卷积和表示的系统。

若系统 n 时刻的输出只取决于 n 时刻以及 n 时刻以前的输入序列，而跟 n 时刻以后的输入序列无关，则称该系统具有因果性质，或称该系统为因果系统。

若 n 时刻的输出还取决于 n 时刻以后的输入序列，在时间上违背了因果性，则这类系统是无法实现的，被称为非因果系统。因此，系统的因果性是指系统的可实现性。

线性时不变系统具有因果性的充分必要条件是系统的单位取样响应满足

$$h(n) = 0, \, n < 0 \tag{1.41}$$

满足式（1.41）的序列称为因果序列，所以，因果系统的单位取样响应必然是因果序列。由于单位取样响应是输入为 $\delta(n)$ 的零状态响应，故在 $n < 0$ 时，输出为 0。

若系统输入有界，输出也有界，则称系统具有稳定性质，称之为稳定系统。系统稳定的充分必要条件是系统的单位取样响应绝对可和，即

$$s = \sum_{k=-\infty}^{\infty} |h(k)| < \infty \tag{1.42}$$

稳定因果系统是指既满足稳定性又满足因果性的系统。稳定因果系统既是可实现的又是稳定的。这种系统的单位脉冲响应既是单边的，又是绝对可积的，即

$$\begin{cases} h(n) = \begin{cases} h(n) & n \geqslant 0 \\ 0 & n < 0 \end{cases} \\ \sum_{n=-\infty}^{\infty} |h(n)| < \infty \end{cases} \tag{1.43}$$

【例 1.18】 设线性时不变系统的单位取样响应 $h(n) = a^n u(n)$，式中，a 是实常数，试分析该系统的因果稳定性。

解 由于 $n < 0$ 时，$h(n) = 0$，所以该系统是因果系统。

$$\sum_{n=-\infty}^{\infty} |h(n)| = \sum_{n=0}^{\infty} |a|^n = \lim_{N \to \infty} \sum_{n=0}^{N-1} |a|^n = \lim_{N \to \infty} \frac{1 - |a|^n}{1 - |a|}$$

当且仅当 $|a| < 1$ 时，

$$\sum_{n=-\infty}^{\infty} |h(n)| = \frac{1}{1 - |a|}$$

因此，系统稳定的条件是 $|a| < 1$；否则，$|a| \geqslant 1$ 时，系统不稳定。系统稳定时，$h(n)$ 的模随 n 增大而减小，此时序列 $h(n)$ 为收敛序列。如果系统不稳定，$h(n)$ 的模随 n 增大而增大，序列 $h(n)$ 为发散序列。

1.4.2 离散时间线性时不变系统的分析

线性时不变系统(LTI)是既满足叠加原理又具有时不变性的系统。线性时不变系统可以用单位脉冲响应来表示。

单位脉冲响应即系统对于 $\delta(n)$ 的零状态响应为

$$h(n) = T[\delta(n)] \tag{1.44}$$

设系统输入为 $x(n)$，按照式(1.44)表示成单位采样序列移位加权和为

$$x(n) = \sum_{m=-\infty}^{\infty} x(m)\delta(n-m) \tag{1.45}$$

$$y(n) = T\left[\sum_{m=-\infty}^{\infty} x(m)\delta(n-m)\right] \tag{1.46}$$

根据线性时不变系统的叠加和时不变性质，有

$$y[n] = \sum_{m=-\infty}^{\infty} x[m]h[n-m] = x[n] * h[n] \tag{1.47}$$

式中，"$*$"代表卷积运算。式(1.47)表示线性时不变系统的输出等于输入序列和系统的单位脉冲响应 $h(n)$ 的卷积。这个公式和模拟系统的卷积是类似的，称为离散卷积或线性卷积，或直接卷积，以区别于其他种类的卷积。

线性卷积中的主要运算是翻转、移位、相乘和相加，设两序列的长度分别是 N 和 M，线性卷积后的序列长度为 $(N+M-1)$。线性卷积服从交换律、结合律和分配律。

(1) 交换律：

$$x_1[n] * x_2[n] = x_2[n] * x_1[n] \tag{1.48}$$

(2) 结合律：

$$(x_1[n] * x_2[n]) * x_3[n] = x_1[n] * (x_2[n] * x_3[n]) \tag{1.49}$$

（3）分配律：

$$(x_1[n] + x_2[n]) * x_3[n] = x_1[n] * x_3[n] + x_2[n] * x_3[n] \tag{1.50}$$

卷积运算的求解步骤为：先对 $h(m)$ 绕纵轴翻转，得到 $h(-m)$；再对 $h(-m)$ 移位，得到 $h(n-m)$；最后，将 $x(m)$ 和 $h(n-m)$ 所有对应项相乘之后相加，即得离散卷积结果 $y(n)$。

令 $l = n - m$，作变量代换，则卷积公式变为

$$y(n) = \sum_{m=-\infty}^{\infty} x(m)h(n-m) = \sum_{m=-\infty}^{\infty} x(n-m)h(m) = h(n) * x(n) \tag{1.51}$$

故 $x(m)$ 和 $h(n-m)$ 的位置可对调，即输入 $x(n)$ 和单位脉冲响应 $h(n)$ 的线性时不变系统与输入 $h(n)$ 和单位脉冲响应 $x(n)$ 的线性时不变系统具有同样的输出。

在 MATLAB 中，利用函数 conv(x, h) 可以实现两个有限长度序列的卷积，函数 conv 假定两个序列都从 $n=0$ 开始，其调用格式为

    y＝conv(x, h)

【例 1.19】 设 $x(n) = R_4(n)$，$h(n) = R_4(n)$，求 $y(n) = x(n) * h(n)$。

解 按照式(1.47)，有

$$y(n) = \sum_{m=-\infty}^{\infty} R_4(m)R_4(n-m)$$

式中，矩形序列长度为 4，求解该式主要是根据矩形序列的非零值区间来确定求和的上、下限，$R_4(m)$ 的非零值区间为 $0 \leqslant m \leqslant 3$，$R_4(n-m)$ 的非零值区间为 $0 \leqslant n-m \leqslant 3$，其乘积值的非零区间对 m 来说，需同时满足不等式 $0 \leqslant m \leqslant 3$ 和 $n-3 \leqslant m \leqslant n$。

当 $0 \leqslant n \leqslant 3$ 时

$$y(n) = \sum_{m=0}^{n} 1 = n+1$$

当 $4 \leqslant n \leqslant 6$ 时

$$y(n) = \sum_{m=n-3}^{3} 1 = 7-n$$

MATLAB 计算卷积程序如下：

```
%MATLAB PROGRAM 1－19
nx＝[0：3];
Ra＝[nx＞＝0];
nh＝[0：3];
Rb＝[nh＞＝0];
y＝conv(Ra, Rb);
M＝length(y)－1;
n＝[0：M];
disp('输出序列 y＝');
disp(y);
stem(n, y);
xlabel('时间序号 n'); ylabel('振幅 y(n)');
grid
```

程序运行结果如下：

 输出序列 y＝

     1   2   2   3   4   3   2   1

卷积仿真波形如图 1.9 所示。

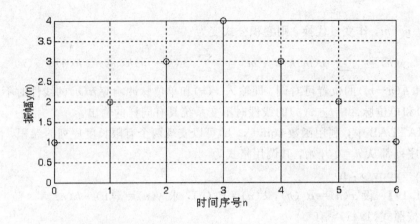

图 1.9　卷积运算

LTI 离散时间系统根据脉冲响应的长度，可分为有限脉冲响应（Finite Impulse Response，FIR）系统和无限脉冲响应（Infinite Impulse Response，IIR）系统两大类。

1.4.3　离散时间系统的差分方程描述

为了描述一个系统，可将其看成一个黑盒子，只描述或者研究系统输出和输入之间的关系，这种方法称为输入输出描述法。对于模拟系统，可由微分方程描述系统输入输出之间的关系。而对于离散时间系统，由于其变量 n 是离散整型变量，故只能用差分方程来反映其输入输出序列之间的运算关系。对于线性时不变系统，常用线性常系数差分方程表示，N 阶线性常系数差分方程的一般形式为

$$y(n) = \sum_{r=0}^{M} a_r x(n-r) - \sum_{k=0}^{N} b_k y(n-k) \qquad (1.52)$$

式中，$x(n)$ 和 $y(n)$ 分别是系统的输入序列和输出序列，a_r、b_k 都是常数。差分方程的阶数 N 是由 $y(n)$ 变量序号的最大与最小之差确定的。

若已知系统的输入序列，则通过求解差分方程可以求出其输出序列。求解差分方程的基本方法主要包括经典解法、递推解法和变换域法。

若已知输入序列和 N 个初始条件，则可以求出 n 时刻的输出。如果将式(1.52)中的 n 用 $n+1$ 代替，则可求出 $n+1$ 时刻的输出，因此差分方程本身就是一个适合递推法求解的方程。

【例 1.20】 已知一阶差分方程系统 $y(n) = 1.5x(n) + \dfrac{1}{2}y(n-1)$，其输入信号为

$$x(n) = \delta(n) = \begin{cases} 1 & n = 0 \\ 0 & n \neq 0 \end{cases}$$

试求解输出 $y(n)$。

解 ① 假定初始条件为 $n < 0$，$y(n) = 0$。

由差分方程、初始条件和输入信号，得

$$y(0) = 1.5x(0) + \frac{1}{2}y(-1) = 1.5$$

依次递推，得

$$y(1) = 1.5x(1) + \frac{1}{2}y(0) = 0.75$$

$$y(2) = 1.5x(2) + \frac{1}{2}y(0) = 1.5 \times \left(\frac{1}{2}\right)^2 = 0.375$$

$$\vdots$$

$$y(n) = h(n) = 1.5 \times \left(\frac{1}{2}\right)^n u(n)$$

② 假定初始条件为 $n > 0$，$y(n) = 0$。

将上述差分方程改写成

$$y(n-1) = 2[y(n) - 1.5x(n)]$$

$$y(0) = 2[y(1) - 1.5x(1)] = 0$$

$$y(-1) = 2[y(0) - 1.5x(0)] = -1.5 \times \left(\frac{1}{2}\right)^{-1}$$

$$y(-2) = 2[y(-1) - 1.5x(-1)] = -1.5 \times \left(\frac{1}{2}\right)^{-2}$$

依此类推，得到

$$y(n) = h(n) = -1.5 \times \left(\frac{1}{2}\right)^n u(-n-1)$$

在①和②两种初始条件下，表示了两个不同的单位脉冲响应，虽满足同一差分方程，但由于初始条件不同，故它们代表了不同的系统：① 由初始条件确定的是因果稳定系统，② 由初始条件确定的是非因果不稳定系统。

用差分方程描述系统时，只有附加必要的约束条件，才能唯一地确定一个系统的输入和输出关系。

在 MATLAB 中，可以用函数 filter 求解差分方程，调用格式为

    y＝filter(a, b, x)

其中，参数 x 为输入向量（序列），a、b 分别为差分方程系数 a_i、b_i 构成的向量，y 为输出结果。

【例 1.21】 有一差分方程：

$$y(n) + 0.7y(n-1) - 0.45y(n-2) - 0.6y(n-3)$$
$$= 0.8x(n) - 0.44x(n-1) + 0.36x(n-2) + 0.02x(n-3)$$

输入序列 $x(n) = \delta(n)$，$0 \leqslant n \leqslant 40$。利用 MATLAB 求输出 $y(n)$。

MATLAB 程序如下：

```
%MATLAB PROGRAM 1-21
N=41;
a=[0.8, -0.44, 0.36, 0.22];
b=[1, 0.7, -0.45, -0.6];
```

```
x=[1 zeros(1, N−1)];
k=[0: 1: N−1];
y=filter(a, b, x);
stem(k, y)
xlabel('n'); ylabel('幅度 y');
grid;
```

程序运行结果如图 1.10 所示。

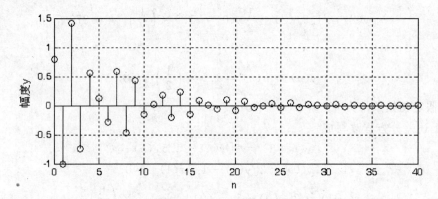

图 1.10　用 MATLAB 求解差分方程

1.4.4　离散时间信号的相关性

在信号处理中经常要研究两个信号的相似性，或一个信号经过一段延迟后自身的相似性，以实现信号的检测、识别与提取等。相关函数是描述随机信号的重要统计量，已广泛应用于雷达、声纳、数字通信、地质学以及其他学科的工程领域中。

1. 互相关和自相关函数

对于两个长度相同、能量有限的信号 $x(n)$ 和 $y(n)$，互相关函数为

$$r_{xy}(m) = \sum_n x(n)y(n+m) \tag{1.53}$$

该式表明：$r_{xy}(m)$ 在时刻 m 时的值等于将 $x(n)$ 保持不变，$y(n)$ 左移 m 个抽样周期后，两个序列对应相乘再相加的结果。

如果 $y(n) = x(n)$，则 $x(n)$ 的自相关函数为

$$r_{xx}(m) = \sum_n x(n)x(n+m) \tag{1.54}$$

自相关函数 $r_{xx}(m)$ 反映了信号 $x(n)$ 和其自身在经过了一段延迟后的 $x(n+m)$ 的相似程度。

2. 相关函数和线性卷积的关系

令 $g(n)$ 为 $x(n)$ 和 $y(n)$ 的线性卷积，即

$$g(n) = \sum_{n=-\infty}^{\infty} x(n-m)y(m) \tag{1.55}$$

将式(1.55)中的 m 和 n 相对换，得

$$g(m) = \sum_{m=-\infty}^{\infty} x(m-n)y(n) = x(m) * y(m) \tag{1.56}$$

又因 $x(n)$ 和 $y(n)$ 的互相关为

$$r_{xy}(m) = \sum_{n=-\infty}^{\infty} x(n)y(n+m) = \sum_{n=-\infty}^{\infty} x(n-m)y(n) = \sum_{n=-\infty}^{\infty} x(-(m-n))y(n)$$

$$(1.57)$$

比较式(1.56)和式(1.57)，可得到相关和卷积的时域关系为

$$r_{xy}(m) = x(-m) * y(m) \tag{1.58}$$

计算 $x(n)$ 和 $y(n)$ 的互相关时，两个序列先都不翻转，只将 $y(n)$ 在时间轴上移动后与 $x(n)$ 对应相乘再相加即可。

相关表示两信号之间的相关性，与系统无关；卷积是表示线性时不变系统的输入与输出和单位响应之间的一个基本关系。

在 MATLAB 中，可用函数 xcorr(x, y) 计算两序列 $x(n)$ 和 $y(n)$ 的相关性，调用格式为

$$Rxy = xcorr(x, y) \qquad ——计算互相关$$
$$rx = xcorr(x) \qquad ——计算自相关$$

【例 1.22】　令 $x(n) = \sin\left(\dfrac{\pi}{8 * n} + \dfrac{\pi}{4}\right) + 2 * \cos\left(\dfrac{\pi}{7 * n}\right)$，$y(n) = x(n) + w(n)$。

其中，$w(n)$ 为零均值且方差为 1 的白噪声，计算 $x(n)$ 和 $y(n)$ 的相关函数。

MATLAB 程序如下：

```
%MATLAB PROGRAM 1 - 22
n=[1: 50];
x = sin(pi/8 * n+pi/4) + 2 * cos(pi/7 * n);
w = randn(1, length(n));
y = x+w;
rxx = xcorr(x);
rxy = xcorr(x, y);
ryy = xcorr(y);
subplot(221);
plot(rxx);
title('信号 x 的自相关函数波形图');
grid;
subplot(222);
plot(rxy);
title('信号 x 和 y 的互相关函数波形图');
grid;
subplot(223);
plot(ryy);
title('信号 y 的自相关函数波形图');
grid;
subplot(224);
plot(y);
title('信号 y 的波形图');
```

```
grid;
```

程序的运行结果如图 1.11 所示。显然，仅从信号 $y(n)$ 的波形很难分辨出是否含有正余弦信号，而从其互相关函数以及自相关函数的波形中可以判别出信号 $y(n)$ 含有正余弦分量。故相关函数可以进行噪声检测、信号中隐含的周期性检测等。由相关和卷积的关系可知，相关计算也可由函数 conv 来完成，具体可参照卷积部分内容。

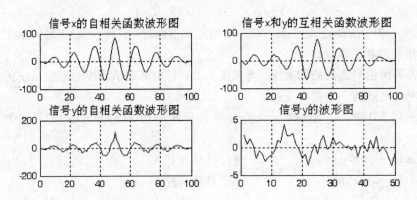

图 1.11　相关函数的波形

1.4.5　离散时间系统的 MATLAB 描述

一个线性时不变离散时间系统可以用四种不同的分析方法描述，分别为频率响应、卷积关系、差分方程以及转移函数。其中，频率响应和转移函数的内容将在后续章节中详细介绍。在 MATLAB 的信号处理工具箱中，还提供了几种线性时不变系统的模型描述。

频率响应

$$H(e^{j\omega}) = \sum_n h(n)e^{-j\omega m}, \quad n = 0 \sim +\infty \tag{1.59}$$

卷积关系(脉冲响应 $h(n)$)

$$y(n) = \sum_m x(m)h(n-m) = x(n) * h(n), \quad m = -\infty \sim +\infty \tag{1.60}$$

差分方程

$$y(n) = \sum_r a_r x(n-r) - \sum_k b_k y(n-k), \quad k = 1 \sim N, r = 1 \sim M \tag{1.61}$$

转移函数

$$H(z) = \sum_n h(n)z^{-n}, \quad n = 0 \sim +\infty \tag{1.62}$$

下面介绍系统描述与转换时几个常用的 MATLAB 函数。

1. 函数 deconv

功能：用于计算多项式除法。

调用格式：$[Q, R] = deconv(B, A)$

其中，B 为除数多项式，A 为被除数多项式，Q 为商多项式，R 为余项。

2. 函数 residuez

功能：传递函数形式，用于部分分式与多项式系数的相互转换，转换关系为

$$X(z) = \frac{b_0 + b_1 z^{-1} + \cdots + b_M z^{-M}}{a_0 + a_1 z^{-1} + \cdots + a_N z^{-N}} = \frac{B(z)}{A(z)} = \sum_{k=1}^{N} \frac{R_k}{1 - p_k z^{-1}} + \sum_{k=1}^{M-N} C_k z^{-k} \tag{1.63}$$

存在两种调用格式：

格式 1：[r, p, c] = residuez(num, den)

可由部分分式的多项式系数求得 $X(z)$ 的零点 r、极点 p 和直接项 c。其中，num、den 分别为 $X(z)$ 的分子多项式和分母多项式系数行向量。

格式 2：[num, den] = residuez(r, p, c)

可由部分分式的 $X(z)$ 的零、极点和直接项求得分子多项式和分母多项式系数行向量。利用此函数可以实现冲激响应与系统函数之间的转换。

3. 函数 freqz

功能：由给定的系统函数 $H(z)$ 的分子行向量 num 和分母行向量 den 绘制系统的幅度和相位响应。

存在三种调用格式：

格式 1：[h, w] = freqz(num, den, n)

此时返回该系统的 n 点频率矢量 w 和 n 点复数频率响应矢量 h。

格式 2：[h, w] = freqz(num, den, n, 'whole')

此时返回整个单位圆上 n 点等间距的频率矢量 w 和复数频率响应矢量 h。

格式 3：h= freqz(num, den, w)

此时返回指定频段 w 上的频率响应，通常在 0～π 之间。

1.5　小　　结

本章简要介绍了数字信号处理的发展现状和信号与系统的相关基础知识，阐述了离散时间信号与离散时间系统的基本概念、定义及相关性质。重点阐述了离散时间信号与系统的 MATLAB 表征，并给出了相关的 MATLAB 源程序。

习　　题

1.1　用 MATLAB 绘制下列各时间序列的波形图。

(1) $x(n) = \left(\frac{1}{2}\right)^n u(n)$　　　　(2) $x(n) = (-2)^n u(n)$

(3) $x(n) = (-2)^{n-1} u(n-1)$　　　　(4) $x(n) = 0.5n + \cos\left(\frac{3\pi}{7}n + \frac{4\pi}{5}\right)$

(5) $x(n) = e^{j\left(\frac{\pi}{4} - 3\pi\right)}$　　　　(6) $x(n) = e^{(0.2 - j0.3)n}$

1.2　用 MATLAB 绘制序列 $h(n) = 3\delta(n) - \delta(n-1)$ 的波形图。

1.3　已知序列 $n = [0, 1, 2, 3, 4]$，$x_1(n) = [3, 2, -1, 6, 7]$；$m = [-1, 0, 1]$，$x_2(m) = [3, 6, -8]$。用 MATLAB 编程求 $x_1(n) * x_2(n)$。

1.4　用 MATLAB 编写周期为 2 s、幅值为 ±3 的方波和正三角波的程序，并绘制其波形图。

1.5 用 MATLAB 编写一个矩形脉冲串的程序，连续时间为 3 s，脉冲个数为 12，并绘制其波形图。

1.6 计算下面的卷积，用 MATLAB 编程并绘制其波形图。

(1) $x_1(n) = \left(\dfrac{1}{3}\right)^n u(n)$，$x_2(n) = 3u(n)$

(2) $x_1(n) = u(n-1) - u(n-2)$，$x_2(n) = u(n+2) + 2u(n+3)$

第 2 章　离散时间信号与系统的频域分析

信号与系统的分析方法有两种，即时域分析方法和频域分析方法。在模拟信号处理领域中，信号一般用连续变量时间 t 的函数来表示，系统用微分方程来描述。为了在频域进行信号与系统的分析，可利用拉普拉斯变换和傅里叶变换将时域函数转换到频域。

频域分析中最常见的三种变换是离散时间傅里叶变换即序列的傅里叶变换(DTFT)、离散傅里叶变换(DFT)和 Z 变换。傅里叶变换提供了绝对可加序列在频域(ω 域)中的表示方法，而 Z 变换则提供了任意序列在频域(z 域)的表示方法。

2.1　离散时间序列的傅里叶变换(DTFT)

如果信号在频域上是离散的，则信号在时域上就表现为周期性的时间函数。相反，如果信号在时域上是离散的，则其在频域上就表现为周期性的频率函数。因此，一个离散周期序列的频谱一定既是周期的又是离散的。本章先介绍离散时间傅里叶变换(Discrete-Time Fourier Transform，DTFT)，再介绍离散周期序列及其傅里叶级数(DFS)。

2.1.1　DTFT 的定义

序列 $x(n)$ 的离散时间傅里叶变换(DTFT)定义为

$$X(e^{j\omega}) = \sum_{n=-\infty}^{\infty} x(n)e^{-j\omega n} \tag{2.1}$$

由 $X(e^{j(\omega+2\pi)}) = X(e^{j\omega})$，故 $X(e^{j\omega})$ 是 ω 的周期函数，周期为 2π。DTFT 成立的充分必要条件是序列 $x(n)$ 绝对可和，即满足

$$\sum_{n=-\infty}^{\infty} |x(n)| < \infty \tag{2.2}$$

DTFT 存在逆变换，称为离散时间傅里叶逆变换(IDTFT)：

$$x(n) = \frac{1}{2\pi} \int_{-\pi}^{\pi} X(e^{j\omega})e^{j\omega n} \, d\omega \tag{2.3}$$

式(2.1)和式(2.3)为序列 $x(n)$ 的傅里叶变换对，即离散时间信号的傅里叶变换对。式(2.1)为正变换，式(2.3)为反变换或称为逆变换。

式(2.1)又可视为 $X(e^{j\omega})$ 的傅里叶级数展开式，式(2.3)确定的 $x(n)$ 是傅里叶级数的系数。

2.1.2　DTFT 的性质

1. 线性性

定义信号 $x_1(n)$ 和 $x_2(n)$ 的 DTFT 分别是 $X_1(e^{j\omega})$ 和 $X_2(e^{j\omega})$，并令 $x(n)=ax_1(n)+bx_2(n)$，其中，a 和 b 为常数，则

$$X(e^{j\omega}) = aX_1(e^{j\omega}) + bX_2(e^{j\omega}) \tag{2.4}$$

2. 时移与频移性

令 $y(n)=x(n-n_0)$，则

$$Y(e^{j\omega}) = e^{-j\omega n_0} X(e^{j\omega}) \tag{2.5}$$

3. 对称性

将序列 $x(n)$ 分成实部与虚部，即

$$x(n) = x_R(n) + jx_I(n) \tag{2.6}$$

将式(2.6)进行 DTFT，得到

$$X(e^{j\omega}) = X_R(e^{j\omega}) + jX_I(e^{j\omega}) \tag{2.7}$$

$X(e^{j\omega})$ 的实部 $X_R(e^{j\omega})$ 是偶函数，虚部 $X_I(e^{j\omega})$ 是奇函数，即

$$X_R(e^{j\omega}) = X_R(e^{-j\omega}) \tag{2.8}$$

$$X_I(e^{j\omega}) = - X_I(e^{-j\omega}) \tag{2.9}$$

4. 时域卷积定理

设 $y(n)=x(n)*h(n)$，则

$$Y(e^{j\omega}) = X(e^{j\omega}) \cdot H(e^{j\omega}) \tag{2.10}$$

该定理说明，两序列卷积的 DTFT 服从相乘的关系。

线性时不变系统输出 $y(n)$ 的 DTFT 等于输入信号 $x(n)$ 的 DTFT 乘以系统单位脉冲响应 $h(n)$ 的 DTFT。因此，求系统的输出信号可以在时域用卷积公式计算，也可以在频域按照式(2.10)，求出输出的 DTFT，再作逆 DTFT 求出输出信号。

5. 频域卷积定理

若 $y(n)=x(n)h(n)$，则

$$Y(e^{j\omega}) = X(e^{j\omega}) * H(e^{j\omega}) = \frac{1}{2\pi}\int_{-\pi}^{\pi} X(e^{j\theta})H(e^{j(\omega-\theta)})d\theta \tag{2.11}$$

6. 时域相关定理

若 $y(n)$ 是 $x(n)$ 和 $h(n)$ 的相关函数，即

$$y(m) = \sum_{n=-\infty}^{\infty} x(n)h(n+m)$$

则

$$Y(e^{j\omega}) = X^*(e^{j\omega})H(e^{j\omega}) \tag{2.12}$$

7. 帕斯维尔(Parseval)定理

帕斯维尔定理如下：

$$\| x \|_2^2 = \sum_{n=-\infty}^{\infty} | x(n) |^2 = \frac{1}{2\pi}\int_{-\pi}^{\pi} | X(e^{j\omega}) |^2 d\omega \tag{2.13}$$

帕斯维尔定理指出，信号时域的总能量等于频域的总能量。需说明的是，这里频域总能量是指 $|X(e^{j\omega})|^2$ 在一个周期中的积分再乘以 $1/2\pi$。因此，$|X(e^{j\omega})|^2$ 是信号的能量谱。$|X(e^{j\omega})|^2/2\pi$ 为信号的能量谱密度。

8. 维纳-辛钦(Wiener - Khinchin)定理

若 $x(n)$ 是功率信号，则其自相关函数的傅里叶变换为

$$P_x(e^{j\omega}) = \sum_{m=-\infty}^{\infty} r_x(m)e^{-j\omega m} = \lim_{N \to \infty} \frac{|X_{2N}(e^{j\omega})|^2}{2N+1} \tag{2.14}$$

式中，$X_{2N}(e^{j\omega})$ 为

$$X_{2N}(e^{j\omega}) = \begin{cases} x(n) & |n| \leqslant N \\ 0 & |n| > N \end{cases} \tag{2.15}$$

若式(2.14)的右边极限存在，则称该极限为功率信号 $x(n)$ 的功率谱 $P_x(e^{j\omega})$。式(2.14)称为确定性信号的维纳-辛钦定理，它说明功率信号 $x(n)$ 的自相关函数和其功率谱是一对傅里叶变换。

信号的总功率为

$$P_x = \frac{1}{2\pi} \int_{-\pi}^{\pi} P_x(e^{j\omega}) d\omega \tag{2.16}$$

无论 $x(n)$ 是实信号还是复信号，其功率谱 $P_x(e^{j\omega})$ 始终是 ω 的实函数，即功率谱失去了相位信息。相关函数和功率谱是描述随机信号的重要统计量。

2.2　离散周期信号的傅里叶级数(DFS)

2.2.1　DFS 的定义

一个周期为 N 的周期序列，即 $x(n) = \tilde{x}(n+kN)$，k 为任意整数，N 为周期。该序列可用离散傅里叶级数来表示，即可用周期为 N 的正弦序列来表示

$$\tilde{x}(n) = \frac{1}{N} \sum_{k=0}^{N-1} \tilde{X}(k)e^{j\left(\frac{2\pi}{N}\right)kn} \tag{2.17}$$

将上式两边乘以 $e^{-j\left(\frac{2\pi}{N}\right)rn}$，并对一个周期求和，有

$$\sum_{n=0}^{N-1} \tilde{x}(n)e^{-j\left(\frac{2\pi}{N}\right)rn} = \frac{1}{N} \sum_{n=0}^{N-1} \sum_{k=0}^{N-1} \tilde{X}(k)e^{j\frac{2\pi}{N}(k-r)n} = \frac{1}{N} \sum_{k=0}^{N-1} \tilde{X}(k) \sum_{n=0}^{N-1} e^{j\frac{2\pi}{N}(k-r)n}$$

由于

$$\frac{1}{N} \sum_{n=0}^{N-1} e^{j\left(\frac{2\pi}{N}\right)(k-r)n} = \begin{cases} 1, & k = r + sN \\ 0, & k \neq r \end{cases} \tag{2.18}$$

故可得到

$$\tilde{X}(k) = \sum_{n=0}^{N-1} \tilde{x}(n)e^{-j\left(\frac{2\pi}{N}\right)kn} \qquad 0 \leqslant k \leqslant N-1 \tag{2.19}$$

$\tilde{X}(k)$ 是一个由 N 个独立谐波分量组成的傅里叶级数，其周期为 N。因此，时域上周期序列的离散傅里叶级数在频域上仍是一个周期序列。

式(2.17)和式(2.19)称为周期序列的离散傅里叶级数(DFS)变换对，可表示为

$$\widetilde{X}(k) = \text{DFS}[\widetilde{x}(n)] = \sum_{n=0}^{N-1} \widetilde{x}(n) e^{-j\left(\frac{2\pi}{N}\right)kn} \tag{2.20}$$

$$\widetilde{x}(n) = \text{IDFS}[\widetilde{X}(k)] = \frac{1}{N} \sum_{n=0}^{N-1} \widetilde{X}(k) e^{j\left(\frac{2\pi}{N}\right)kn} \tag{2.21}$$

记 $W_N = e^{-j\left(\frac{2\pi}{N}\right)}$，则 DFS 变换对可写为

$$\widetilde{X}(k) = \text{DFS}[\widetilde{x}(n)] = \sum_{n=0}^{N-1} \widetilde{x}(n) W_N^{kn} \tag{2.22}$$

$$\widetilde{x}(n) = \text{IDFS}[\widetilde{X}(k)] = \frac{1}{N} \sum_{k=0}^{N-1} \widetilde{X}(k) W_N^{-kn} \tag{2.23}$$

DFS 变换对公式表明，对于一个无穷长周期序列，只要知道一个周期的信号变化情况，就可以知道其他周期的情况。所以，这种无穷长序列实际上只有 N 个序列值的信息是有用的。因此，周期序列与有限长序列有着本质的联系。

为了便于 MATLAB 实现计算，又因 $\widetilde{x}(n)$ 和 $\widetilde{X}(k)$ 均是周期为 N 的周期函数，故可设 $\widetilde{x}$ 和 $\widetilde{X}$ 代表序列 $\widetilde{x}(n)$ 和 $\widetilde{X}(k)$ 的主值区间序列，则式(2.22)与式(2.23)可写为

$$\widetilde{X} = W_N \widetilde{x} \tag{2.24}$$

$$\widetilde{x} = \frac{1}{N} W_N^* \widetilde{X} \tag{2.25}$$

式中，

$$\boldsymbol{W}_N = [W_N^{kn}, \ 0 \leqslant (k, n) \leqslant N-1]$$

$$\boldsymbol{W}_N = \begin{bmatrix} 1 & 1 & 1 & \cdots & 1 \\ 1 & W_N^1 & W_N^2 & \cdots & W_N^{N-1} \\ \vdots & \vdots & \vdots & & \vdots \\ 1 & W_N^{N-1} & W_N^{2(N-1)} & \cdots & W_N^{(N-1)^2} \end{bmatrix} \tag{2.26}$$

$$\boldsymbol{W}_N^* \triangleq [W_N^{-kn}, \ 0 \leqslant (k, n) \leqslant N-1]$$

矩阵 $\boldsymbol{W}_N$ 为正交酉矩阵，称作 DFS 矩阵；$\boldsymbol{W}_N^*$ 表示矩阵 $\boldsymbol{W}_N$ 的复共轭。

【例 2.1】 设 $x(n) = \begin{cases} n, & 0 \leqslant n \leqslant 3 \\ 0, & \text{其他} \end{cases}$，以 $N=4$ 为周期进行周期延拓，求周期序列的离散傅里叶级数。

MATLAB 程序如下：

```
%MATLAB PROGRAM 2-1
%实现离散傅里叶级数(DFS)的计算
%xn 代表离散时间序列 x(n)，N 为离散时间序列 x(n)的长度
%Xk 为 x(n)的傅里叶级数，且为其主值序列
xn= [0, 1, 2, 3]; N= 4;              %设定序列和周期
n= [0:1:N-1]; k= [0:1:N-1];          %设定 n 和 k
Wn= exp(-j*2*pi/N);                  %设定 Wn 因子
nk= n'*k;
Wnnk = Wn.^nk;                       %计算 W 矩阵
Xk= xn*Wnnk;                         %计算 DFS 的系数 Xk
disp('xn = '); disp(xn);
```

```
disp('Xk = '); disp(Xk);                           %显示计算结果(系数)
```

程序运行结果为

```
xn =
      0         1         2         3
Xn =
      6.0000   -2.0000+2.0000i   -2.0000-0.0000i   -2.0000-2.0000i
```

【例 2.2】 利用例 2.1 的计算结果,求离散傅里叶级数反变换。

MATLAB 程序如下:

```
%MATLAB PROGRAM 2-2
%实现离散傅里叶级数反变换(IDFS)的计算
%Xk 为 x(n)的傅里叶级数,且为其主值序列,N 为 Xk 的长度
%xn 代表离散时间序列 x(n)
Xk=[6.00 -2.00+2.00i -2.00-0.00i -2.00-2.00i];    %设定 DFS 主值序列
N=4;
n=[0:1:N-1]; k=[0:1:N-1];                          %设定 n 和 k
Wn= exp(-j*2*pi/N);                                %设定 Wn 因子
nk= n'*k;
Wnnk = Wn.^(-nk);                                  %计算 W 矩阵
xn = Xk*Wnnk/N;                                    %计算 xn,注意矩阵相乘顺序
disp('xn = '); disp(xn);                           %显示计算结果(系数)
```

程序运行结果为

```
xn =
      0
      1.0000-0.0000i
      2.0000+0.0000i
      3.0000+0.0000i
```

【例 2.3】 设

$$\tilde{x}(n)=\begin{cases} 0.8ne^{-0.4n}, & mN \leqslant n \leqslant mN+L-1 \\ 0, & mN+L \leqslant n \leqslant (m+1)N-1 \end{cases} \quad (m \text{ 为整数})$$

其中,N 为序列周期,L/N 是占空比。绘出 $L=10$,$N=80$ 的幅度和角度样本。

MATLAB 程序如下:

```
%MATLAB PROGRAM 2-3
clc;
L=10; N=80;
n1=[0:L-1];
xn1 = 0.8*n1.*exp(-0.4*n1);
xn2 = zeros(1, N-L);
xn=[xn1, xn2];
n=[0:1:N-1]; k=[0:1:N-1];
Wn= exp(-j*2*pi/N);
nk= n'*k;
Wnnk = Wn.^nk;
```

```
Xk = xn * Wnnk；
magXk = fftshift(abs(Xk))；
AngleXk = angle(Xk)；
figure(1)；
stem(k，magXk)；
xlabel('k')；ylabel('|Xk|')；
title('Amplitude of DFS')；
grid；
figure(2)；
stem(k，AngleXk)；
xlabel('k')；ylabel('Angle(Xk)')；
title('Angle of DFS')；
grid
```

程序运行结果如图 2.1 所示。

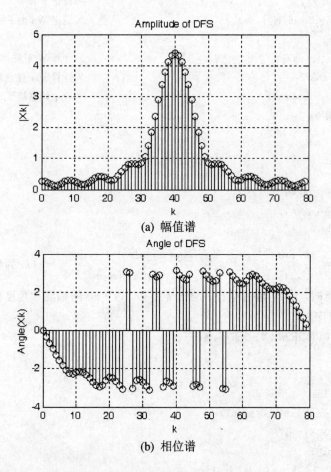

(a) 幅值谱

(b) 相位谱

图 2.1　离散傅里叶级数的幅值谱和相位谱

2.2.2　DFS 的性质

DFS 在时域和频域之间具有严格的对偶关系，下面列出几个常用的性质。

假设 $\widetilde{x}(n)$ 和 $\widetilde{y}(n)$ 都是周期为 N 的两个周期序列，其离散傅里叶级数分别为 $\text{DFS}[\widetilde{x}(n)]$ 和 $\text{DFS}[\widetilde{y}(n)]$。

1. 线性性

线性的定义如下：

$$\begin{cases} \widetilde{X}(k) = \text{DFS}[\widetilde{x}(n)] \\ \widetilde{Y}(k) = \text{DFS}[\widetilde{y}(n)] \end{cases}$$

$$\text{DFS}[a\widetilde{x}(n) + b\widetilde{y}(n)] = a\widetilde{X}(k) + b\widetilde{Y}(k) \tag{2.27}$$

式中，a,b 为任意常数。

2. 序列周期移位

由于 $\widetilde{x}(n)$ 及 W_N^{kn} 都是以 N 为周期的函数，故有

$$\begin{cases} \text{DFS}[\widetilde{x}(n+m)] = W_N^{-mk}\widetilde{X}(k) \\ \text{IDFS}[\widetilde{X}(k+l)] = W_N^{nl}\widetilde{x}(n) \end{cases} \tag{2.28}$$

3. 共轭对称性

对于复序列 $\widetilde{x}(n)$ 及其共轭复序列 $\widetilde{x}^*(n)$，有

$$\text{DFS}[\widetilde{x}^*(n)] = \widetilde{X}^*(-k) \tag{2.29}$$

复序列 $\widetilde{x}(n)$ 的离散傅里叶级数的共轭偶对称分量为

$$\text{DFS}[\text{Re}\{\widetilde{x}(n)\}] = \widetilde{X}_e(k) = \frac{1}{2}[\widetilde{X}(k) + \widetilde{X}^*(N-k)] \tag{2.30}$$

复序列 $\widetilde{x}(n)$ 的离散傅里叶级数的共轭奇对称分量为

$$\text{DFS}[\text{j Im}\{\widetilde{x}(n)\}] = \widetilde{X}_o(k) = \frac{1}{2}[\widetilde{X}(k) - \widetilde{X}^*(N-k)] \tag{2.31}$$

4. 周期卷积

若 $\widetilde{F}(k) = \widetilde{X}(k)\widetilde{Y}(k)$，则

$$\widetilde{f}(n) = \text{IDFS}[\widetilde{F}(k)] = \sum_{m=0}^{N-1} \widetilde{x}(m)\widetilde{y}(n-m) = \widetilde{x}(n) * \widetilde{y}(n) \tag{2.32}$$

周期卷积中的 $\widetilde{x}(n)$ 和 $\widetilde{y}(n)$ 都是周期为 N 的周期序列，因而乘积也是周期为 N 的周期序列，且周期卷积中的求和只在一个周期上进行。

2.3　离散傅里叶变换（DFT）

在计算机上实现信号频谱分析时，要求信号在时域和频域都是离散的，且都应是有限长的。离散傅里叶级数 DFS 在时域和频域都是离散的，但 $\widetilde{x}(n)$ 和 $\widetilde{X}(k)$ 都是以 N 为周期的无限长周期序列，因此，可取其中的一个周期作为主值序列样本，形成离散傅里叶变换对，即 DFT。DFS 则是 DFT 进行周期延拓的结果。

2.3.1　DFT 的定义

由离散傅里叶级数变换对(式(2.17)和式(2.19))可知，用离散周期序列 $\tilde{x}(n)$ 中一个周期的 N 个样本就能确定频谱序列 $\tilde{X}(k)$；同样，只用 $\tilde{X}(k)$ 一个周期中的 N 根谱线也可确定离散周期序列 $\tilde{x}(n)$。$\tilde{x}(n)$ 在一个周期内的 N 个样本构成有限长序列 $x(n)$，$\tilde{X}(k)$ 在一个周期内的 N 个样本构成有限长序列 $X(k)$。$x(n)$ 与 $X(k)$ 之间的变换关系定义为有限长序列的离散傅里叶变换(Discrete Fourier Transform，DFT)。

设 $x(n)$ 是一个长度为 N 的有限长序列，则 $x(n)$ 的离散傅里叶变换(DFT)为

$$X(k) = \text{DFT}[x(n)] = \sum_{n=0}^{N-1} x(n)W_N^{kn}, \quad k = 0, 1, 2, \cdots, N-1 \qquad (2.33)$$

$X(k)$ 的离散傅里叶逆变换(IDFT)为

$$x(n) = \text{IDFT}[X(k)] = \frac{1}{N}\sum_{k=0}^{N-1} X(k)W_N^{-kn}, \quad n = 0, 1, 2, \cdots, N-1 \qquad (2.34)$$

式中，$W_N = \mathrm{e}^{-j\frac{2\pi}{N}}$，通常称式(2.33)和式(2.34)为离散傅里叶变换对。

若把有限长序列 $x(n)$ 看成周期序列的 $\tilde{x}(n)$ 的主值序列，则相应的离散傅里叶变换 $X(k)$ 为相应的周期序列的傅里叶级数 $\tilde{X}(k)$ 的主值序列，即

$$x(n) = \tilde{x}(n) \cdot R_N(n) = \text{IDFS}[\tilde{X}(k)] \cdot R_N(n) \qquad (2.35)$$

$$X(k) = \tilde{X}(k) \cdot R_N(n) = \text{DFS}[\tilde{x}(n)] \cdot R_N(n) \qquad (2.36)$$

式中，$R_N(n)$ 表示长度为 N 的矩形序列，见式(1.12)。

离散傅里叶变换是一个长度为 N 的序列，对应的离散频率 ω 在 $0\sim2\pi$ 之间，间隔相等，为 $2\pi/N$。离散傅里叶变换具有唯一性，其物理意义表示序列 $x(n)$ 的 Z 变换在单位圆上的等角距取样。

在 MATLAB 中，用向量 x 和 X 分别表示序列 $x(n)$ 和 $X(k)$，类似于 DFS 的定义，可得矩阵表达式为

$$X = \boldsymbol{W}_N x \qquad (2.37)$$

$$x = \frac{1}{N}\boldsymbol{W}_N^* X \qquad (2.38)$$

式中，$\boldsymbol{W}_N$ 和 $\boldsymbol{W}_N^*$ 即为式(2.26)定义的变换矩阵，此处称为 DFT 矩阵。

【例 2.4】　用 MATLAB 编写函数 dft 和 idft，分别实现 DFT 和 IDFT 的计算。

MATLAB 程序如下：

```
%MATLAB PROGRAM 2-4
function Xk=dft(xn, N)
%计算离散傅里叶变换
%Xk 为离散序列 x(n) 的离散傅里叶变换
%xn 为 N 点有限长序列 x(n)
%N 为离散序列 x(n) 的长度
n = [0: 1: N-1];
k = [0: 1: N-1];
Wn = exp(-j * 2 * pi/N);          %Wn 因子
```

```
nk = n′ * k;                        %产生一个含 nk 值的 N 维方阵
Wnnk = Wn .^ nk;                    %DFT 矩阵
Xk= xn * Wnnk;                      %DFT 系数的行向量
% — — — — — — — — — — — — — — — — — — — — — — — — —
function xn = idft(Xk, N)
%计算逆离散傅里叶变换
%xn 为 N 点有限长序列
%Xk 为在区间[0，N−1]的 DFT 系数数组
%N 为 DFT 的长度
n= [0：1：N−1];                     %n 的行向量
k= [0：1：N−1];                     %k 的行向量
Wn = exp(−j * 2 * pi/N);           %Wn 因子
nk = n′ * k;                        %产生一个含 kp 值的 N 乘 N 维矩阵
Wnnk = Wn .^ (−nk);                 %IDFT 矩阵
xn = Xk * Wnnk /N;                  %IDFT 的行向量
```

【例 2.5】　序列 $x(n) = \sin(0.84\pi n) + \sin(0.88\pi n)$，$0 \leqslant n \leqslant 90$，试绘制 $x(n)$ 及其离散傅里叶变换 $X(k)$ 的幅值谱和相位谱。

　　MATLAB 程序如下：

```
%MATLAB PROGRAM 2 − 5
clc;
N = 90;
n= [0：N−1];
xn＝sin(0. 84 * pi * n)＋sin(0. 88 * pi * n);
Xk = dft(xn, N);
magXk = abs(Xk);
AngleXk = angle(Xk);
figure(1);
stem(n, xn);
xlabel('n'); ylabel('x(n)');
title('序列 x(n)');
figure(2);
k=[0：length(magXk)−1];
stem(k, magXk);
xlabel('k'); ylabel('|X(k)|');
title('DFT 的幅值谱');
figure(3);
stem(k, AngleXk);
xlabel('k'); ylabel('Angle(Xk)');
title('DFT 相位谱');
```

　　程序运行结果如图 2.2～图 2.4 所示。

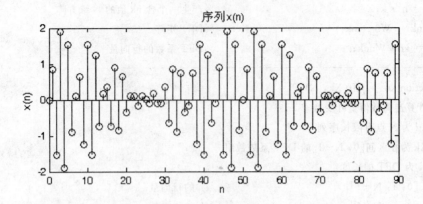

图 2.2　离散周期序列 $x(n)$

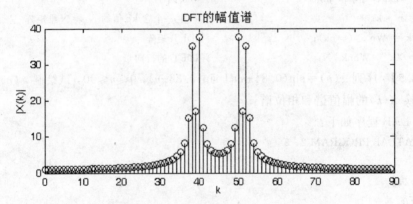

图 2.3　离散序列的离散傅里叶变换幅值谱

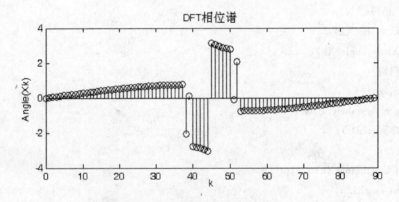

图 2.4　离散序列的离散傅里叶变换相位谱

若序列长度 N 比较小，而频率采样间隔（$\omega_s = \dfrac{2\pi}{N}$）比较大，则不能直接观测其频率特性。为解决这一问题，通常采用原始序列 $x_N(n)$ 补零的方法，形成 $L(L \geqslant N)$ 点长的新离散序列 $x_L(n)$，即

$$x_L(n) = \begin{cases} x_N(n), & 0 \leqslant n \leqslant N-1 \\ 0, & N \leqslant n \leqslant L-1 \end{cases} \tag{2.39}$$

其离散傅里叶变换为

$$X_L(k) = \sum_{n=0}^{L-1} x_L(n) e^{-j\frac{2\pi}{L}nk} = \sum_{n=0}^{N-1} x_N(n) e^{-j\frac{2\pi}{L}nk} = X_N(e^{j\omega})\Big|_{\omega=\frac{2\pi}{L}k} \qquad (2.40)$$

显然，通过补零的方法，可满足适合的频率采样间隔要求。

【例 2.6】 对例 2.5 中的序列补零至长度为 120，试绘制出 $x(n)$ 及其离散傅里叶变换 $X(k)$ 的幅值谱和相位谱。

MATLAB 程序如下：

```
%MATLAB PROGRAM 2-6
clc;
N = 90;
n = [0: N-1];
xn＝sin(0.84 * pi * n)＋sin(0.88 * pi * n);
%补零序列的产生及其傅里叶变换
L = 120;
n1＝[0: L-1];
xn＝[xn, zeros(1, L-N)];
Xk = dft(xn, L);
magXk = abs(Xk); AngleXk = angle(Xk);
figure(1);
stem(n1, xn);
xlabel('n'); ylabel(' x(n) '); title('新序列 x(n)');
figure(2);
k＝[0: length(magXk)-1];
stem(k, magXk);
xlabel('k'); ylabel('|X(k)|'); title('DFT 的幅值谱');
figure(3);
stem(k, AngleXk);
xlabel('k'); ylabel(' Angle(Xk) '); title('DFT 相位谱');
```

程序运行结果如图 2.5～图 2.7 所示。

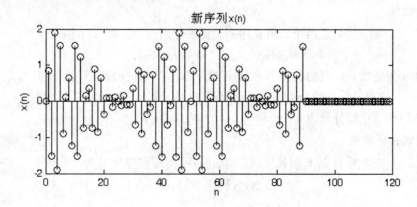

图 2.5　补零新离散序列 $x(n)$

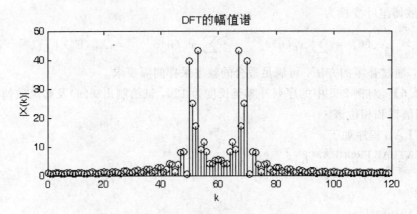

图 2.6 新序列的离散傅里叶变换幅值谱

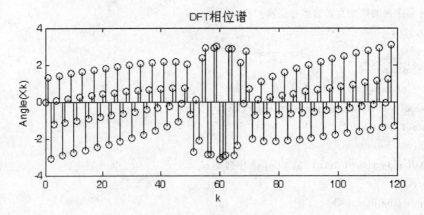

图 2.7 新序列的离散傅里叶变换相位谱

补零可使数据 N 为 2 的整数倍，以便于使用快速傅里叶变换（FFT），同时，还起到对原信号 $X(k)$ 插值的作用。

2.3.2 DFT 的性质

1. 线性性

如果 $x_1(n)$ 和 $x_2(n)$ 是两个有限长序列，长度分别为 N_1 和 N_2，假定

$$y(n) = ax_1(n) + bx_2(n)$$

式中，a 和 b 为常数，$y(n)$ 的长度 $N = \max[N_1, N_2]$，则 $y(n)$ 的 N 点 DFT 为

$$Y(k) = \text{DFT}[y(n)] = aX_1(k) + bX_2(k), \quad 0 \leqslant k \leqslant N-1 \tag{2.41}$$

其中，$X_1(k)$ 和 $X_2(k)$ 分别为 $x_1(n)$ 和 $x_2(n)$ 的 N 点 DFT。

2. 时域循环移位

设 $x(n)$ 为长度为 N 的有限长序列，则 $x(n)$ 的循环移位定义为

$$y(n) = x((n+m))_N R_N(N) \tag{2.42}$$

则

$$Y(k) = \text{DFT}[y(n)] = X(k)W_N^{-mk} \tag{2.43}$$

其中，$X(k) = \text{DFT}[x(n)]$，$0 \leqslant k \leqslant N-1$。式（2.43）表明：序列在时域的循环移位将使频域

产生附加相移，幅频特性保持不变。因此，循环移位又称为圆周移位。序列向右移位也具有相同的性质。

【例 2.7】　用 MATLAB 编写函数 cirshift 实现序列的循环移位的程序。

MATLAB 程序如下：

```
%MATLAB PROGRAM 2-7
functiony=cirshift(x, m, N);
%循环移位函数
%x：输入序列
%m：移位位数
%N：序列长度
If length(x)>N
  error('N must be greater than length(x)')
end
x=[x, zeros(1, length(x))];
n=[0：N-1];
n=sigmod((n-m), N);
y=x(n+1);
```

函数 sigmod 用来找出周期序列任意位置 n 所对应的主值有限序列 x(n) 中的位置 m。

```
functionm=sigmod(n, N);
%用来找出周期序列任意位置 n 所对应的主值有限序列 x(n) 中的位置
m=rem(n, N);
m=m+N;
m=rem(m, N);
```

3. 频域循环移位

若 $X(k)=\mathrm{DFT}[x(n)]$，$0\leqslant k\leqslant N-1$，且

$$Y(k) = X(k-l)_N R_N$$

则

$$y(n) = \mathrm{IDFT}[Y(k)] = x(n)W_N^{-ml} \tag{2.44}$$

4. 循环卷积

有限长序列 $x(n)$ 和 $h(n)$，长度分别为 N_1 和 N_2，$N=\max[N_1, N_2]$。$x_1(n)$ 和 $x_2(n)$ 的 N 点 DFT 分别为 $X_1(k)=\mathrm{DFT}[x_1(n)]$，$X_2(k)=\mathrm{DFT}[x_2(n)]$。

若

$$X(k) = X_1(k) \cdot X_2(k)$$

则

$$x(n) = \mathrm{IDFT}[X(k)] = \sum_{m=0}^{N-1} x_1(m)x_2((n-m))_N R_N(n) \tag{2.45}$$

称式(2.45)表示的运算为 $x_1(n)$ 与 $x_2(n)$ 的循环卷积。循环卷积过程中，要求对 $x_2(m)$ 翻转并循环移位。为区别于线性卷积，其运算符号用 $\otimes$ 表示，即

$$x(n) = x_1(n) \otimes x_2(n) = x_2(n) \otimes x_1(n) = \mathrm{IDFT}[X(k)] \tag{2.46}$$

上式表明循环卷积满足交换律。

【例 2.8】 用 MATLAB 编写函数 circonvt 实现序列的循环卷积。

MATLAB 程序如下：

```
%MATLAB PROGRAM 2-8
functiony=circonvt(x1, x2, N);
%循环卷积运算函数
%x1 和 x2 为长度小于或等于 N 的有限长序列
%m：移位位数
%N：序列长度
if length(x1)>N
    error('N must be greater than length(x1)')
end
if length(x2)>N
    error('N must be greater than length(x2)')
end
x1=[x1, zeros(1, N−length(x1))];
x2=[x2, zeros(1, N−length(x2))];
xk1=dft(x1, N);
xk2=dft(x2, N);
Yk=xk1. * xk2;
y=idft(Yk, N);
```

2.3.3 DFT 的应用

DFT 的快速算法 FFT 的出现，使 DFT 在数字通信、语音信号处理、图像处理、功率谱估计、仿真、系统分析、雷达理论、光学以及数值分析等各个领域都得到了广泛应用。

1. 用 DFT 计算线性卷积

在实际应用中，为了分析时域离散线性系统或者对序列进行滤波处理等，需要计算两个序列的线性卷积，为了提高运算速度，也希望用 DFT。但是，DFT 只能直接用来计算循环卷积。因此，必须导出线性卷积和循环卷积之间的关系以及循环卷积与线性卷积相等的条件。

假设 $x_1(n)$ 和 $x_2(n)$ 都是有限长序列，长度分别是 N 和 M。它们的线性卷积和循环卷积分别表示为

$$y_l(n) = x_1(n) * x_2(n) = \sum_{m=0}^{L-1} x_1(m)x_2(n-m) \tag{2.47}$$

$$y_c(n) = x_1(n) \otimes x_2(n) = \sum_{m=0}^{L-1} x_1(m)x_2((n-m))_L R_L(n) \tag{2.48}$$

其中，$L \geqslant \max[N, M]$。

用 DFT 的循环卷积计算线性卷积的条件是将两序列各自加零延长至 L 点，求其 L 点的循环卷积。当 $L<(N+M-1)$ 时，这种延拓将会产生混叠现象，其循环卷积与线性卷积不相等；当 $L \geqslant (N+M-1)$ 时，其循环卷积与线性卷积相等，因而可用此种情况下的循环卷积来计算线性卷积。图 2.8 为计算线性卷积框图。

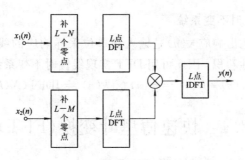

图 2.8　用 DFT 的循环卷积计算线性卷积

【例 2.9】　已知序列 $x_1(n) = 2\cos(2\pi n/5)$，$0 \leqslant n \leqslant 9$；$x_2(n) = 2\mathrm{e}^{-0.6n}$，$0 \leqslant n \leqslant 19$。试计算 $x_1(n)$ 和 $x_2(n)$ 的线性卷积。

解　$L = (N + M - 1) = 10 + 20 - 1 = 29$

$$y_l(n) = x_1(n) * x_2(n) = x_1(n) \bigotimes x_2(n) = \mathrm{IDFT}(X_1(k)X_2(k))$$

MATLAB 程序如下：

```
%MATLAB PROGRAM 2 - 9
n1=[0：9];
n2=[0：19];
x1=2 * cos(2 * pi * n1/5);
x2=2 * exp(-0.6 * n2);
L= length(x1)+length(x2)-1;
y1=circonvt(x1, x2, L);        %利用循环卷积计算线性卷积
subplot(2, 1, 1);
n=[0：L-1];
stem(n, abs(y1));
xlabel('时间序号 n'); ylabel('y(n)振幅'); title('循环卷积计算 y(n)');
y2=conv (x1, x2);              %利用线性卷积函数 conv 计算
subplot(2, 1, 2);
stem(n, abs(y2));
xlabel('时间序号 n'); ylabel('y(n)振幅');
title('线性卷积计算 y(n)');
```

程序运行结果如图 2.9 所示。

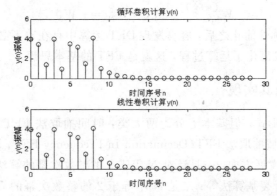

图 2.9　不同算法的线性卷积计算结果

2. 用 DFT 实现线性时不变系统

线性时不变系统的输出响应 $y(n)$ 是输入和单位采样响应的线性卷积,通过计算循环卷积的方法可以实现线性卷积,因此可用 DFT 实现线性时不变系统。

$$y(n) = x(n) * h(n) = x(n) \otimes h(n) = \text{IDFT}(X(k)H(k)) \tag{2.49}$$

2.4 快速傅里叶变换(FFT)

DFT 是信号分析与处理中的一种重要变换。当 N 较大时,直接计算 DFT 的计算量太大。在快速傅里叶变换(FFT)出现以前,直接用 DFT 算法进行谱分析和信号的实时处理是不切实际的。对实时性很强的信号处理来说,要求计算速度快,因此,需要改进 DFT 的计算方法,以大大减少运算次数。FFT 作为 DFT 的一种快速算法,是数字信号处理领域中的一项重大突破。

2.4.1 FFT 的基本思想

FFT 不是一种与 DFT 不同的新变换,而是 DFT 的一种快速计算方法。N 点序列 $x(n)$ 的 DFT 变换对定义为

$$X(k) = \sum_{n=0}^{N-1} x(n) W_N^{nk}, \quad k = 0, 1, \cdots, N-1 \tag{2.50}$$

$$x(n) = \frac{1}{N} \sum_{n=0}^{N-1} X(k) W_N^{-nk}, \quad n = 0, 1, \cdots, N-1 \tag{2.51}$$

式中,$W_N = e^{-j\frac{2\pi}{N}}$ 称为旋转因子。

考虑 $x(n)$ 为复数序列的一般情况,求 N 点 $X(k)$ 需要 N^2 次复数乘法,$N(N-1)$ 次复数加法,而 1 次复数乘法需要 4 次实数乘法和 2 次实数加法,当 N 很大时,运算量很大。为提高计算机处理速度,利用旋转因子 W_N 的特性来减少运算量。W_N 具有明显的周期性和对称性。

(1) W_N 的周期性:

$$W_N^{nk} = W_N^{(n+N)k} = W_N^{n(k+N)} \tag{2.52}$$

(2) W_N 的对称性:

$$W_N^{\left(nk+\frac{N}{2}\right)} = W_N^{nk} \cdot W_N^{\frac{N}{2}} = -W_N^{nk} \tag{2.53}$$

经过周期性与对称性简化之后,容易发现 DFT 运算中存在着不必要的重复计算,FFT 避免了这种重复,大大简化了运算过程,这就是 FFT 的基本思想。

2.4.2 FFT 算法及其实现

FFT 算法有多种形式,但基本上分为两大类:时间抽取法 FFT(Decimation In Time FFT,DIT-FFT)和频域抽取法 FFT(Decimation In Frequency FFT,DIF-FFT)。

FFT 算法有两个发展方向:一是针对 N 等于 2 的整数次幂的算法,如基 2 算法、基 4 算法、实因子算法和分裂基算法等;二是 N 不等于 2 的整数次幂的算法,如 Winograd 算法及素因子算法等。本节重点讨论 FFT 的基 2 算法和分裂基算法。

1. 时间抽取基 2-FFT 算法

对于长度为 $N=2^M$（M 为正整数）的 DFT 运算，可按奇偶分解为

$$X(k) = \sum_{r=0}^{\frac{N}{2}-1} x(2r)(W_N^2)^{rk} + \sum_{r=0}^{\frac{N}{2}-1} x(2r+1)W_N^{(2r+1)k}$$

$$= \sum_{r=0}^{\frac{N}{2}-1} x(2r)W_{\frac{N}{2}}^{rk} + W_N^k \sum_{r=0}^{\frac{N}{2}-1} x(2r+1)W_{\frac{N}{2}}^{rk}$$

$$= X_1(k) + W_N^k X_2(k) \tag{2.54}$$

由此，得到 $X(k)$ 的前 $N/2$ 点的值

$$X(k) = X_1(k) + W_N^k X_2(k) \qquad (k = 0, 1, \cdots, \frac{N}{2}-1) \tag{2.55}$$

对于 $X(k)$ 的后 $N/2$ 点的值

$$X\left(\frac{N}{2}+k\right) = X_1(k) - W_N^k X_2(k) \qquad (k = 0, 1, \cdots, \frac{N}{2}-1) \tag{2.56}$$

式（2.55）和式（2.56）又称为蝶形运算关系式（由于运算流程看起来像是一只蝴蝶，故称这种运算为蝶形运算）。由于 $N/2$ 是偶数，可以类似地将 $N/2$ 点序列再分解为两个 $N/4$ 点序列，直至最后是 2 点序列的 DFT。由于每次分解均将序列从时域中按奇偶提取，且每次都是一分为二的，故称为时间抽取基 2 - FFT 算法。

综上所述，只要求出两个 $N/2$ 点的 DFT，即 $X_1(k)$ 和 $X_2(k)$，再经过蝶形运算就可求出全部 $X(k)$ 的值，运算量大大减少了。图 2.10 和图 2.11 给出了 $N=8$ 点 DFT 的时间抽取算法的流程分解图。

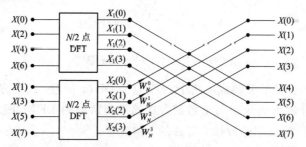

图 2.10　时间抽取基 2 - FFT 算法的第一次分解图（$N=8$）

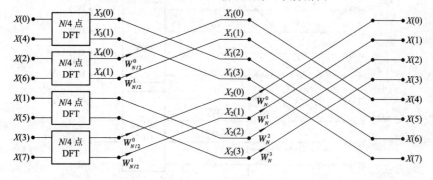

图 2.11　时间抽取基 2 - FFT 算法的第二次分解图（$N=8$）

2. 频域抽取法 FFT

在基 2 快速算法中，频域抽取法 FFT(DIF-FFT)也是一种常用的快速算法。

设序列 $x(n)$ 长度为 $N=2^M$(M 为正整数)，首先将 $x(n)$ 按 n 的顺序分成前后两半，再把输出 $X(k)$ 按序号 k 的奇偶分组，其 DFT 可表示为

$$X(k) = \sum_{n=0}^{N/2-1} x(n)W_N^{nk} + \sum_{n=N/2}^{N-1} x(n)W_N^{nk}$$

$$= \sum_{n=0}^{N/2-1} x(n)W_N^{nk} + \sum_{n=0}^{N/2-1} x(n+N/2)W_N^{nk}W_N^{Nk/2}$$

$$= \sum_{n=0}^{N/2-1} \left[x(n) + W_N^{Nk/2}x\left(n+\frac{N}{2}\right) \right]W_N^{nk}$$

式中，$W_N^{Nk/2}=(-1)^k$。分别令 $k=2r$ 和 $k=2r+1$，而 $r=0, 1, \cdots, N/2$，于是得

$$X(2r) = \sum_{n=0}^{N/2-1} \left[x(n) + x\left(n+\frac{N}{2}\right) \right]W_{N/2}^{nr} \tag{2.57}$$

$$X(2r+1) = \sum_{n=0}^{N/2-1} \left[x(n) - x\left(n+\frac{N}{2}\right) \right]W_{N/2}^{nr}W_N^{n} \tag{2.58}$$

令

$$x_1(n) = x(n) + x\left(n+\frac{N}{2}\right) \tag{2.59}$$

$$x_2(n) = \left[x(n) - x\left(n+\frac{N}{2}\right) \right]W_N^{n} \tag{2.60}$$

则

$$X(2r) = \sum_{n=0}^{N/2-1} x_1(n)W_{N/2}^{nr} \tag{2.61}$$

$$X(2r+1) = \sum_{n=0}^{N/2-1} x_2(n)W_{N/2}^{nr} \tag{2.62}$$

这样，就将 N 点 DFT 分解成了两个 $N/2$ 点的 DFT。同理，按此方法继续将每个 $N/2$ 点 DFT 的输出再分解为偶数组与奇数组，直到得到两点的 DFT。图 2.12 和图 2.13 以 $N=8$ 点 DFT 为例，给出了频域抽取算法的分解流程。

将 N 点 DFT 分解为两个 $N/2$ 点 DFT 的组合($N=8$)。

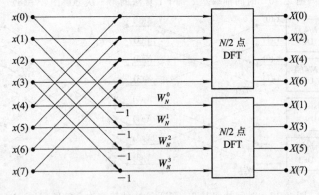

图 2.12 N 点 DFT 分解为两个 $N/2$ 点 DFT 的组合

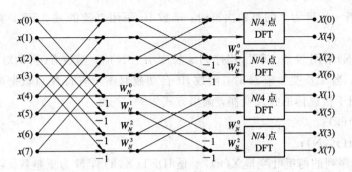

图 2.13 $N/2$ 点 DFT 分解为两个 $N/4$ 点 DFT 的组合

频域抽取法与时间抽取法的异同：

(1) 频域抽取法输入是自然顺序的，输出是倒位序的；时间抽取法正好相反。

(2) 频域抽取法的基本蝶形与时间抽取法的基本蝶形有所不同。

(3) 频域抽取法运算量与时间抽取法相同。

(4) 频域抽取法与时间抽取法的基本蝶形是互为转置的。

3. 分裂基 FFT 算法

分裂基（split-radix）算法又称基 2/4 算法或混合基算法，它既和基 2 算法有关，也和基 4 算法有关。当序列长度 $N=4^M$（M 为正整数）时，基 4 算法比基 2 算法更有效，它将 N 点序列抽取成 4 个子序列（$x(4n)$，$x(4n+1)$，$x(4n+2)$，$x(4n+3)$，$n=0，1，\cdots，N/4-1$），再对 4 个序列进行 DFT 的蝶形运算。

分裂基算法的基本思路是对偶序号输出使用基 2 算法，对奇序号输出使用基 4 算法。此算法在针对 $N=2^M$ 的算法中具有最少的乘法次数和加法次数，并且和 Cooley-Tukey 算法有同样好的结构，因此被认为是最好的 FFT 算法。

对于 $N-2^M$ 点 DFT，其偶序号输出项按基 2 算法，即

$$X(2r) = \sum_{n=0}^{N/2-1}\left[x(n)+x\left(n+\frac{N}{2}\right)\right]W_{N/2}^{rr}，\quad r=0，1，\cdots，\frac{N}{2}-1 \qquad (2.63)$$

对奇序号输出项采用基 4 算法，即

$$X(4r+1) = \sum_{n=0}^{N/4-1}\left[\left(x(n)-x\left(n+\frac{N}{2}\right)\right)-\mathrm{j}\left(x\left(n+\frac{N}{4}\right)-x\left(n+\frac{3N}{4}\right)\right)\right]W_N^n W_{N/4}^{rr}$$

$$(2.64)$$

$$X(4r+3) = \sum_{n=0}^{N/4-1}\left[\left(x(n)-x\left(n+\frac{N}{2}\right)\right)+\mathrm{j}\left(x\left(n+\frac{N}{4}\right)-x\left(n+\frac{3N}{4}\right)\right)\right]W_N^{3n} W_{N/4}^{rr}$$

$$(2.65)$$

式中，$r=0，1，\cdots，N/4-1$。上面三式构成了分裂基算法的 L 型算法结构。

在 MATLAB 的信号处理工具箱中，内部函数 fft 和 ifft 用于实现快速傅里叶变换和其逆变换。

函数 fft 用于快速傅里叶变换，调用方式为

　　　　y= fft(x);

　　　　y= fft(x, N);

y＝fft(x)利用 FFT 算法计算序列 x 的离散傅里叶变换。当 x 为矩阵时，y 为矩阵 x 每

一列的 FFT。当 x 长度为 2 的整数次幂时，函数 fft 采用高速的基 2 FFT 算法，否则采用混合基算法。

y＝fft(x，N)采用 N 点 FFT。当序列 x 长度小于 N 时，函数 fft 自动对序列尾部补零，构成 N 点数据；当 x 长度大于 N 时，函数 fft 自动截取序列前面 N 点数据进行 FFT。

函数 ifft 用于快速傅里叶反变换，调用方式为

    y＝ifft(x)；
    y＝ifft(x，N)；

式中，x 为离散序列的傅里叶变换 X(k)，y 是 IDFT[X(k)]，N 为正整数。若 x 为向量且长度小于 N，则函数将 x 补零至 N；若向量 x 的长度大于 N，则函数截断 x，使之长度等于 N。若 x 为矩阵，则按同样的方法对 x 进行处理。

【例 2.10】 若已知序列 $x(n)=[3, 6, 8, 4, 5, 2, 1, 9]$，求 DFT[$x(n)$]。

MATLAB 程序如下：

```
%MATLAB PROGRAM 2-10
N = 8;
n = [0：N−1];
xn = [3, 6, 8, 4, 5, 2, 1, 9];
Xk = fft(xn);
```

程序运行结果如下：

```
Xk =
        38.0000    4.3640−6.2929i   −1.0000+5.0000i   −8.3640+7.7071i
       −4.0000   −8.3640−7.7071i   −1.0000−5.0000i    4.3640+6.2929i
```

2.4.3 FFT 的应用

FFT 算法在众多领域中得到了广泛的应用，包括谱分析、线性滤波、相关计算等。

1. 用 FFT 进行谱分析

经函数 fft 求得的序列一般是复序列，通常会对此进行频谱分析，而频谱分析涉及到幅值和相位。MATLAB 提供了求复数幅值和相位的函数，即 abs(x)和 angle(x)。函数 abs(x)用于计算复向量 x 的幅值；angle(x)用于计算复向量 x 的相角(介于−π 和 π 之间，以弧度表示)。

【例 2.11】 设模拟信号 $x(t)=2\sin4\pi t+5\cos8\pi t$，以 $t=0.01n(n=0, 1, \cdots, N-1)$进行采样，试用 fft 函数对其进行频谱分析。N 分别为(1) $N=45$；(2) $N=50$；(3) $N=55$；(4) $N=60$。

MATLAB 程序如下：

```
%MATLAB PROGRAM 2-11
%计算 N=45 的 FFT 并绘出其幅频曲线
N=45; n=[0：N−1]; t=0.01*n;
q=n*2*pi/N;
x=2*sin(4*pi*t)+5*cos(8*pi*t);
y=fft(x, N);
subplot(2, 2, 1);
stem(q, abs(y));
title('FFT N=45 幅频曲线');
```

```
％计算 N＝50 的 FFT 并绘出其幅频曲线
N＝50；n＝[0：N－1]；t＝0.01 * n；
q＝n * 2 * pi/N；
x＝2 * sin(4 * pi * t)＋5 * cos(8 * pi * t)；
y＝fft(x, N)；
subplot(2, 2, 2)；
stem(q, abs(y))；
title('FFT N＝50 幅频曲线')；
％计算 N＝55 的 FFT 并绘出其幅频曲线
N＝55；n＝[0：N－1]；t＝0.01 * n；
q＝n * 2 * pi/N；
x＝2 * sin(4 * pi * t)＋5 * cos(8 * pi * t)；
y＝fft(x, N)；
subplot(2, 2, 3)；
stem(q, abs(y))；
title('FFT N＝55 幅频曲线')；
％计算 N＝60 的 FFT 并绘出其幅频曲线
N＝60；n＝[0：N－1]；t＝0.01 * n；
q＝n * 2 * pi/N；
x＝2 * sin(4 * pi * t)＋5 * cos(8 * pi * t)；
y＝fft(x, N)；
subplot(2, 2, 4)；
stem(q, abs(y))；
title('FFT N＝60 幅频曲线')；
```

程序运行结果如图 2.14 所示。

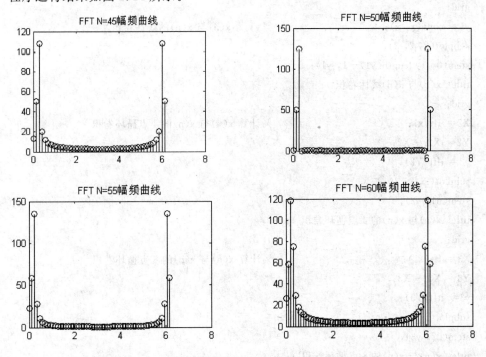

图 2.14　不同 N 值下的采样序列的 DFT 的幅频曲线

由 $t=0.01n$ 进行取样可得，采样频率 $f_s=100$ Hz。连续信号的最高模拟角频率 $\Omega=8\pi$，由 $\Omega=2\pi f$ 可得，最高频率为 $8\pi/2\pi=4$ Hz，满足采样定理的要求。采样序列为

$$x(n) = 2\cos\left(\frac{4\pi}{100}n\right) + 5\cos\left(\frac{8\pi}{100}n\right)$$

2. 用 FFT 实现线性卷积

在 MATLAB 中，当 $N<50$ 时，可以用 conv 函数计算卷积；当 N 较大时，用 FFT 法计算更有效。设离散序列 $x_1(n)$ 和 $x_2(n)$ 的长度分别为 N_1 和 N_2，计算二者的卷积为

$$x_1(n) * x_2(n) = \text{IFFT}[\text{FFT}(x_1(n)) \cdot \text{FFT}(x_2(n))]$$

【例 2.12】 已知序列 $x(n)=R_4(n)$，

(1) 用 conv 函数求 $x(n)$ 与 $x(n)$ 的线性卷积 $y(n)$，并绘出图形；

(2) 用 FFT 求 $x(n)$ 与 $x(n)$ 的 4 点循环卷积 $y_1(n)$，并绘出图形；

(3) 用 FFT 求 $x(n)$ 与 $x(n)$ 的 8 点循环卷积 $y_2(n)$，并绘出图形。

MATLAB 程序如下：

```
%MATLAB PROGRAM 2-12
N1= 4; N2= 8;
n1= [0: 1: N1−1]; n2= [0: 1: N2−1];
x= [1, 1, 1, 1];                    %构造序列 x(n)
x1= [1, 1, 1, 1, 0, 0, 0, 0];       %在序列 x(n)后补 4 个零
subplot(2, 2, 1);
stem(n1, x);
title('序列 x(n)');
grid;
y1= conv(x, x);                     %y1 为 x(n)与 x(n)的线性卷积
subplot(2, 2, 2);
stem(0: 1: length(y1)−1, y1);
title('x(n)与 x(n)线性卷积');
grid;
X2= fft(x);                         %计算 x(n)与 x(n)的 4 点循环卷积
Y2= X2. * X2;
y2= ifft(Y2);
subplot(2, 2, 3);
stem(n1, y2);
title('x(n)与 x(n)的 4 点循环卷积');
grid;
X3= fft(x1);                        %计算 x(n)与 x(n)的 8 点循环卷积
Y3= X3. * X3;
y3= ifft(Y3);
subplot(2, 2, 4);
stem(n2, y3);
title('x(n)与 x(n)的 8 点循环卷积');
grid;
```

程序运行结果如图 2.15 所示。

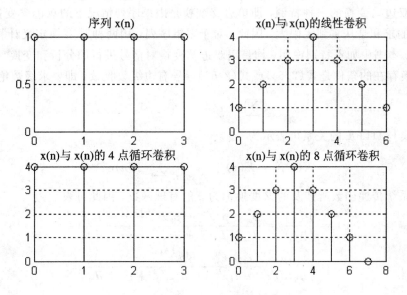

图 2.15　用 FFT 计算线性卷积

3. 利用 FFT 计算线性相关

由第 1 章介绍的相关函数和卷积的关系可知，利用 FFT 可以快速计算线性相关。设离散序列 $x_1(n)$ 和 $x_2(n)$ 的长度分别为 N_1 和 N_2，计算二者相关函数的步骤如下：

(1) 将离散序列 $x_1(n)$ 和 $x_2(n)$ 通过增加零值延长到 $N=N_1+N_2-1$；

(2) 利用 FFT 计算 $x_1(n)$ 和 $x_2(n)$ 各自的 N 点 DFT；

(3) 计算 $R(k)=X_1(k)X_2^*(k)$，其中，$X_2^*(k)$ 为 $X_2(k)$ 的共轭；

(4) 利用 IFFT 计算 $R(k)$ 的傅里叶反变换，即可得到二者的相关函数 $r(n)$。

2.5　$\mathscr{Z}$变换

利用差分方程可求离散系统的结构及瞬态解，为了分析系统的另外一些重要特性，如稳定性和频率响应等，需要研究离散时间系统的 $\mathscr{Z}$变换，它是分析离散系统和离散信号的重要工具。

2.5.1　$\mathscr{Z}$变换的定义

一个离散序列 $x(n)$ 的 $\mathscr{Z}$变换定义为

$$X(z) = \sum_{n=-\infty}^{\infty} x(n)z^{-n} \tag{2.66}$$

式中，z 为复变量，以其实部为横坐标、虚部为纵坐标构成的平面为 z 平面。

这种变换也称为双边 $\mathscr{Z}$变换，与此相应的还有单边 $\mathscr{Z}$变换。单边 $\mathscr{Z}$变换只是对单边序列($n\geqslant 0$)进行变换的 $\mathscr{Z}$变换，定义为

$$X(z) = \sum_{n=0}^{\infty} x(n)z^{-n} \tag{2.67}$$

单边 $\mathscr{Z}$ 变换只在少数情况下与双边 $\mathscr{Z}$ 变换有所区别，大多数情况下，可以把单边 $\mathscr{Z}$ 变换看成是双边 $\mathscr{Z}$ 变换的一种特例，即单边 $\mathscr{Z}$ 变换是因果序列情况下的双边 $\mathscr{Z}$ 变换。这种单边 $\mathscr{Z}$ 变换的求和是从零到无限大，因此，对于因果序列，用两种 $\mathscr{Z}$ 变换定义计算出的结果是一样的。本书中如不特别说明，均是用双边 $\mathscr{Z}$ 变换对信号进行的分析和变换。

$\mathscr{Z}$ 变换存在的条件是式(2.66)或式(2.67)等号右边级数收敛，即要求级数绝对可和：

$$\sum_{n=-\infty}^{\infty} | x(n)z^{-n} | < \infty \tag{2.68}$$

$\mathscr{Z}$ 变换与 DTFT 的关系可表示为

$$X(e^{j\omega}) = X(z) \mid_{z=e^{j\omega}} = \sum_{n=-\infty}^{\infty} x(n)e^{-jn\omega} \tag{2.69}$$

LTI 系统传递函数所涉及的 $\mathscr{Z}$ 变换都为 z 的有理函数，因此可表示为

$$\begin{aligned} G(z) &= \frac{P(z)}{D(z)} = \frac{p_0 + p_1 z^{-1} + p_2 z^{-2} + \cdots + p_M z^{-M}}{d_0 + d_1 z^{-1} + d_2 z^{-2} + \cdots + d_N z^{-N}} \\ &= z^{N-M} \frac{p_0 z^M + p_1 z^{M-1} + p_2 z^{M-2} + \cdots + p_M}{d_0 z^N + d_1 z^{N-1} + d_2 z^{N-2} + \cdots + d_N} \end{aligned} \tag{2.70}$$

或

$$G(z) = \frac{p_0}{d_0} \frac{\prod_{l=1}^{M}(1 - \xi_l z^{-1})}{\prod_{l=1}^{N}(1 - \lambda_l z^{-1})} = z^{N-M} \frac{p_0}{d_0} \frac{\prod_{l=1}^{M}(z - \xi_l)}{\prod_{l=1}^{N}(z - \lambda_l)} \tag{2.71}$$

式中，$z = \xi_l$ 称为零点，$z = \lambda_l$ 称为极点。当 $N > M$ 时，上式在 $z = 0$ 处有额外 $N - M$ 个零点，当 $N < M$ 时，有额外 $M - N$ 个极点。

2.5.2 $\mathscr{Z}$ 变换的收敛域

一般序列的 $\mathscr{Z}$ 变换并不一定对任何 z 值都存在，z 平面上使式(2.68)左边级数收敛的区域称为 $\mathscr{Z}$ 变换的收敛域(ROC)。级数一致收敛的条件是绝对值可和。但 $|z|$ 值在一定范围内才能满足绝对可和的条件，这个范围一般表示为

$$R_{x-} \leqslant | z | \leqslant R_{x+} \tag{2.72}$$

这就是收敛域，即一个以 R_{x-} 和 R_{x+} 为半径的两个圆所围成的环形区域。R_{x-} 和 R_{x+} 称为收敛半径，R_{x-} 和 R_{x+} 的大小，即收敛域的位置与具体序列有关，特殊情况为 R_{x-} 等于 0，R_{x+} 为无穷大，这时圆环变成圆或空心圆。

关于 $\mathscr{Z}$ 变换的收敛域，主要介绍以下四种序列。

1. 有限长序列

序列 $x(n) = \begin{cases} x(n), & n_1 \leqslant n \leqslant n_2 \\ 0, & \text{其他} \end{cases}$，其 $\mathscr{Z}$ 变换为

$$X(z) = \sum_{n=n_1}^{n_2} x(n)z^{-n} \tag{2.73}$$

$X(z)$ 是有限项的级数和，若级数每一项有界，则有限项和也有界，所以有限长序列 $\mathscr{Z}$ 变换的收敛域为 $0 < |z| < \infty$ 的 z 平面。

2. 右边序列

右边序列只在 $n \geqslant n_1$ 时有值，在 $n < n_1$ 时，$x(n) = 0$，其 $\mathcal{L}$ 变换为

$$X(z) = \sum_{n=n_1}^{\infty} x(n)z^{-n} \tag{2.74}$$

收敛域为 $|z| > R_{x-}$，即收敛半径 R_{x-} 以外的 z 平面。右边序列中最重要的一种序列是因果序列。因果序列只在 $n \geqslant 0$ 时有值，在 $n < 0$ 时，$x(n) = 0$，即 $n_1 \geqslant 0$ 的右边序列。

3. 左边序列

序列 $x(n)$ 只在 $n \leqslant n_2$ 时有值，在 $n > n_2$ 时，$x(n) = 0$，其 $\mathcal{L}$ 变换为

$$X(z) = \sum_{n=-\infty}^{n_2} x(n)z^{-n} \tag{2.75}$$

收敛域为 $|z| < R_{x+}$，即在收敛半径为 R_{x+} 的圆内。

【例 2.13】 求 $x(n) = a^n u(-n-1)$ 的 $\mathcal{L}$ 变换及其收敛域。

解

$$X(z) = \sum_{n=-\infty}^{\infty} a^n u(-n-1)z^{-n} = \sum_{n=-\infty}^{-1} -a^n z^{-n} = \sum_{n=1}^{\infty} -a^{-n}z^n$$

$X(z)$ 存在要求 $|a^{-1}z| < 1$，即收敛域为 $|z| < |a|$。

因此，$x(n)$ 的 $\mathcal{L}$ 变换为

$$X(z) = \frac{-a^{-1}z}{1-a^{-1}z} = \frac{1}{1-az^{-1}}, \quad |z| < a$$

4. 双边序列

双边序列可看做一个左边序列和一个右边序列之和。因此，双边序列 $\mathcal{L}$ 变换的收敛域是这两个序列 $\mathcal{L}$ 变换收敛域的公共部分，其 $\mathcal{L}$ 变换表示为

$$X(z) = \sum_{n=-\infty}^{\infty} x(n)z^{-n} = \sum_{n=-\infty}^{n_1} x(n)z^{-n} + \sum_{n=n_1+1}^{\infty} x(n)z^{-n} \tag{2.76}$$

如果 $R_{x+} > R_{x-}$，则存在公共的收敛区间，$X(z)$ 的收敛域为 $R_{x-} < |z| < R_{x+}$。如果 $R_{x+} < R_{x-}$，则不存在公共的收敛区间，$X(z)$ 无收敛域，不存在 $\mathcal{L}$ 变换。

由此可知，$\mathcal{L}$ 变换的收敛域具有如下特点：

(1) 收敛域是一个圆环，有时可向内收缩到原点，有时可向外扩展到 ∞，只有 $x(n) = \delta(n)$ 的收敛域是整个 z 平面。

(2) 在收敛域内没有极点，$X(z)$ 在收敛域内的每一点上都是解析函数。

【例 2.14】 求 $x(n) = c^{|n|}$ 的 $\mathcal{L}$ 变换。

解

$$X(z) = \sum_{n=-\infty}^{\infty} x(n)z^{-n} = \sum_{n=-\infty}^{-1} c^{-n}z^{-n} + \sum_{n=0}^{\infty} c^n z^{-n}$$

$$X_1(z) = \sum_{n=0}^{\infty} c^n z^{-n} = \frac{1}{1-cz^{-1}} \quad |z| > |c|$$

$$X_2(z) = \sum_{n=-\infty}^{-1} c^n z^{-n} = \frac{cz}{1-cz} \quad |z| < \frac{1}{|c|}$$

若$|c|<1$，则存在公共的收敛区域

$$X(z) = \frac{1}{1-cz^{-1}} + \frac{cz}{1-cz} \qquad |c| < |z| < \frac{1}{|c|}$$

若$|c|>1$，则无公共的收敛区域，此时，$x(n)$向两边发散。

下面列出几种常见的序列及其$\mathscr{L}$变换。

(1) 单位冲激序列：

$$\delta(n) = \begin{cases} 1, & (n=0) \\ 0, & (n \neq 0) \end{cases} \qquad \mathscr{L}[\delta(n)] = \sum_{n=-\infty}^{\infty} \delta(n)z^{-n} = \delta(0) = 1 \quad (0 \leqslant |z| \leqslant \infty)$$

(2) 单位阶跃序列：

$$u(n) = \begin{cases} 1, & (n \geqslant 0) \\ 0, & (n < 0) \end{cases} \qquad \mathscr{L}[u(n)] = \sum_{n=-\infty}^{\infty} u(n)z^{-n} = \frac{1}{1-z^{-1}} = \frac{z}{z-1} \quad (|z|>1)$$

(3) 单位斜变序列：

$$\mathscr{L}[x(n)] = \frac{z}{(z-1)^2} \quad (|z|>1)$$

(4) 单位指数序列：

$$\mathscr{L}[a^n u(n)] = \sum_{n=0}^{\infty} a^n z^{-n} = \frac{z}{z-a} \qquad (|z|>|a|)$$

$$\mathscr{L}[na^n u(n)] = \frac{az}{(z-a)^2} \qquad (|z|>|a|)$$

(5) 单边正余弦序列：

$$\mathscr{L}[e^{j\omega_0 n} u(n)] = \frac{z}{z-e^{j\omega_0}} \qquad (|z|>|e^{j\omega_0}|=1)$$

$$\mathscr{L}[e^{-j\omega_0 n} u(n)] = \frac{z}{z-e^{-j\omega_0}} \qquad (|z|>|e^{-j\omega_0}|=1)$$

2.5.3 $\mathscr{L}$变换的性质

$\mathscr{L}$变换的许多重要性质在数字信号处理中常常要用到。

1. 线性性

设$X(z)=Z[x(n)]$，收敛域为$R_{x-}<|z|<R_{x+}$；$Y(z)=\mathscr{L}[y(n)]$，收敛域为$R_{y-}<|z|<R_{y+}$。则

$$\mathscr{L}(ax(n)+by(n)) = aX(z)+bY(z)$$

收敛域为
$$\max(R_{x-}, R_{y-}) < |z| < \min(R_{x+}, R_{y+}) \tag{2.77}$$

2. 序列的时移

设$X(z)=\mathscr{L}[x(n)]$，收敛域为$R_{x-}<|z|<R_{x+}$。则

$$\mathscr{L}[x(n-n_0)] = z^{-n_0} X(z)，收敛域为 R_{x-}<|z|<R_{x+} \tag{2.78}$$

3. 序列指数加权(z域尺度变换)

设$X(z)=\mathscr{L}[x(n)]$，收敛域为$R_{x-}<|z|<R_{x+}$。则

$$\mathscr{L}[a^n x(n)] = X(z/a)，收敛域为 |a|R_{x-}<|z|<|a|R_{x+} \tag{2.79}$$

4. 序列的线性加权（z 域微分）

设 $X(z) = \mathscr{L}[x(n)]$，收敛域为 $R_{x-} < |z| < R_{x+}$。则

$$\mathscr{L}[nx(n)] = -z\frac{\mathrm{d}}{\mathrm{d}z}\mathscr{L}[x(n)]，收敛域为 R_{x-} < |z| < R_{x+} \tag{2.80}$$

$$\mathscr{L}[n^m x(n)] = \left[-z\frac{\mathrm{d}}{\mathrm{d}z}\right]^m \mathscr{L}[x(n)]，收敛域为 R_{x-} < |z| < R_{x+} \tag{2.81}$$

收敛域唯一可能的变化是加上或去掉零或无穷。

5. 初值定理

$X(z)$ 是因果序列 $x(n)$ 的 $\mathscr{L}$ 变换，则 $x(0) = \lim\limits_{z\to\infty} X(z)$。

6. 终值定理

$X(z)$ 是因果序列 $x(n)$ 的 $\mathscr{L}$ 变换，则 $\lim\limits_{n\to\infty} x(n) = \lim\limits_{z\to 1}[(z-1)X(z)]$

终值定理只有在极限存在时才能用，此时，$X(z)$ 的极点必须在单位圆内（若位于单位圆上，则只能位于 $z=1$，且是一阶极点）。

7. 时域卷积定理

$$\mathscr{L}[x(n) * y(n)] = \mathscr{L}[x(n)]\mathscr{L}[y(n)] \tag{2.82}$$

卷积的 $\mathscr{L}$ 变换的收敛域至少是原序列 $\mathscr{L}$ 变换的收敛域的交集。当出现零、极点相抵时，收敛域可能会扩大。卷积性质是 $\mathscr{L}$ 变换的重要性质，使用 $\mathscr{L}$ 变换可计算两信号的卷积。

8. z 域卷积定理

设 $X(z) = \mathscr{L}[x(n)]$，收敛域为 $R_{x-} < |z| < R_{x+}$；$Y(z) = \mathscr{L}[y(n)]$，收敛域为 $R_{y-} < |z| < R_{y+}$。则

$$\mathscr{L}[x(n)y(n)] = \frac{1}{2\pi\mathrm{j}}\oint_C X(v)Y\left(\frac{z}{v}\right)v^{-1}\,\mathrm{d}v \tag{2.83}$$

其中，C 是围绕原点的闭合曲线，位于收敛域重叠部分内。收敛域为 $R_{x-}R_{y-} < |z| < R_{x+}R_{y+}$。

2.5.4　逆 $\mathscr{L}$ 变换

已知函数 $X(z)$ 及其收敛域，反过来求序列 $x(n)$ 的变换称为逆 $\mathscr{L}$ 变换，常用 $\mathscr{L}^{-1}[X(z)]$ 表示。若

$$X(z) = \sum_{n=-\infty}^{\infty} x(n)z^{-n} \qquad R_{x-} < |z| < R_{x+}$$

则逆 $\mathscr{L}$ 变换为

$$x(n) = \frac{1}{2\pi\mathrm{j}}\oint_C X(z)z^{n-1}\,\mathrm{d}z \qquad C \in (R_{x-}, R_{x+}) \tag{2.84}$$

逆 $\mathscr{L}$ 变换是一个对 $X(z)z^{n-1}$ 进行的围线积分，积分路径 C 是一条在 $X(z)$ 收敛环域 (R_{x-}, R_{x+}) 以内反时针方向绕原点一周的单围线。直接计算围线积分（留数法）比较麻烦，一般不采用此法求逆 $\mathscr{L}$ 变换。求解逆 $\mathscr{L}$ 变换的常用方法有：幂级数法（长除法）和部分分式法。

幂级数法是按 $\mathscr{L}$ 变换的定义，将 $X(z)$ 写成幂级数形式，级数的系数就是序列 $x(n)$。

如果 $x(n)$ 是右边序列,则级数应是负幂级数;如果 $x(n)$ 是左边序列,则级数是正幂级数。

对于大多数单阶极点的序列,常用部分分式展开法求逆 $\mathscr{L}$ 变换。设 $x(n)$ 的 $\mathscr{L}$ 变换 $X(z)$ 是有理函数,分母多项式是 N 阶,分子多项式是 M 阶,将 $X(z)$ 展开成一些简单常用的部分分式之和,通过查表求得各部分的逆变换,再相加即得到原序列 $x(n)$。

设 $X(z)$ 只有 N 个一阶极点,则可展开成

$$X(z) = A_0 + \sum_{m=1}^{N} \frac{A_m z}{z - z_m}$$

或写成

$$\frac{X(z)}{z} = \frac{A_0}{z} + \sum_{m=1}^{N} \frac{A_m}{z - z_m} \tag{2.85}$$

观察以上两式,$X(z)/z$ 在 $z=0$ 的极点留数就是系数 A_0,在 $z=z_m$ 的极点留数就是系数 A_m。即

$$A_0 = \text{Res}\left[\frac{X(z)}{z}, 0\right] \qquad A_m = \text{Res}\left[\frac{X(z)}{z}, z_m\right] \tag{2.86}$$

求出 A_m 系数($m=0, 1, 2, \cdots, N$)后,很容易求得 $x(n)$ 序列。

在 MATLAB 中,提供了函数 impz 和函数 residuez 来求得逆 $\mathscr{L}$ 变换。

1. 函数 impz

函数 impz 提供了时域序列的样本,该序列假定为因果,其三种调用格式为

[h, t]=impz(num, den);

[h, t]=impz(num, den, L);

[h, t]=impz(num, den, L, FT);

其中,num 和 den 是按 z^{-1} 的升幂排列的分子和分母多项式系数的行向量;L 是所求逆变换的样本数;h 是包含从样本 $n=0$ 开始的逆变换的样本向量;t 是 h 的长度;FT 是单位为 Hz 的给定抽样频率,默认值为 1。

【例 2.15】 计算 $X(z) = \dfrac{z+1}{3z^2 - 4z + 1}$,求 $|z| > 1$ 的逆 $\mathscr{L}$ 变换。

解 有理分式 $X(z)$ 的分子和分母多项式都按 z 的降幂排列为

$$X(z) = \frac{z+1}{3z^2 - 4z + 1} = \frac{z^{-1} + z^{-2}}{3 - 4z^{-1} + z^{-2}}$$

MATLAB 程序如下:

```
%MATLAB PROGRAM 2-15
num=[0, 1, 1];
den=[3, -4, 1];
[x, t]=impz(num, den);
disp('x(n)样本序号'); disp(t');    %显示输出参数
disp('x(n)样本向量'); disp(x');
```

程序运行结果为

x(n)样本长度:

| 0 | 1 | 2 | 3 | 4 | 5 | 6 | 7 | 8 | 9 | 10 |

x(n)样本向量:

| 0 | 0.3333 | 0.7778 | 0.9259 | 0.9753 | 0.9918 | 0.9973 | 0.9991 | 0.9997 | 0.9999 | 1.0000 |

2. 函数 residuez

函数 residuez 适合计算离散系统有理函数的留数和极点，可以用于求解序列的逆 $\mathscr{Z}$ 变换。

函数 residuez 的基本调用格式为

$$[r, p, c] = residuez(b, a);$$

其中，输入参数 b＝$[b_0, b_1, \cdots, b_M]$为分子多项式的系数；a＝$[a_0, a_1, \cdots, a_N]$为分母多项式的系数，这些多项式都按 z 的降幂排列。输出参数 r 是极点的留数，p 是极点，c 是无穷项多项式的系数项，仅当 M≥N 时存在。

用 MATLAB 的函数 residuez 将 X(z)分解为式(2.70)或式(2.71)的形式，它们包含 $\mathscr{Z}$ 变换的基本形式，由 $\mathscr{Z}$ 变换的基本形式求出 x(n)，即

$$\mathscr{Z}^{-1}\left[\frac{1}{1-az^{-1}}\right] = \begin{cases} a^n u(n), & |z_k| \leqslant R_{x-} \\ -a^n u(-n-1), & |z_k| \geqslant R_{x+} \end{cases} \tag{2.87}$$

【例 2.16】　计算 $X(z)=\dfrac{z}{2z^2-3z+1}$ 的逆 $\mathscr{Z}$ 变换。

解　有理分式 X(z)的分子和分母多项式都按 z 的降幂排列为

$$X(z) = \frac{z}{2z^2 - 3z + 1} = \frac{0 + z^{-1}}{2 - 3z^{-1} + z^{-2}}$$

MATLAB 程序如下：

```
%MATLAB PROGRAM 2-16
b= [0, 1]; a= [2, -3, 1];        %多项式的系数
[r, p, c]= residuez(b, a);       %求留数、极点和系数项
disp('留数 r：'); disp(r');       %显示输出参数
disp('极点 p：'); disp(p');
disp('系数项 c：'); disp(c');
```

程序运行结果为

```
留数：    1        -1
极点：    1.0000    0.5000
系数项：
```

根据程序运行结果，得

$$X(z) = \frac{1}{1 - z^{-1}} - \frac{1}{1 - \dfrac{1}{2}z^{-1}}$$

(1) 当 $1<|z|<\infty$ 时，$R_{x-}=1$，两个极点 $z_1=1$，$z_2=\dfrac{1}{2}$，$|z_1|\leqslant R_{x-}$，$|z_2|<R_{x-}$。

$$x(n) = \mathscr{Z}^{-1}[X(z)] = u(n) - \left(\frac{1}{2}\right)^n u(n)$$

(2) 当 $0<|z|<\dfrac{1}{2}$ 时，$R_{x+}=\dfrac{1}{2}$，$|z_1|>R_{x+}$，$|z_2|\geqslant R_{x+}$

$$x(n) = \left(\frac{1}{2}\right)^n u(-n-1) - u(-n-1)$$

(3) 当 $\frac{1}{2} < |z| < 1$ 时，$R_{x-} = \frac{1}{2}$，$R_{x+} = 1$，$|z_1| \geqslant R_{x+}$，$|z_2| \leqslant R_{x-}$

$$x(n) = -u(-n-1) - \left(\frac{1}{2}\right)^n u(n)$$

2.5.5 利用 $\mathscr{L}$ 变换求解差分方程

求解差分方程就是求系统响应 $y(n)$。在第 1 章中介绍了差分方程的递推解法，下面介绍 $\mathscr{L}$ 变换解法。这种方法将差分方程变成了代数方程，使求解过程变得简单了。

设 N 阶线性常系数差分方程为

$$\sum_{k=0}^{N} a_k y(n-k) = \sum_{k=0}^{N} b_k x(n-k) \tag{2.88}$$

(1) 求稳态解：若输入序列 $x(n)$ 的初始状态为零，对式(2.88)求 $\mathscr{L}$ 变换，再求逆 $\mathscr{L}$ 变换，则求得稳态解 $y_1(n)$。

$$\sum_{k=0}^{N} a_k Y(z) z^{-k} = \sum_{k=0}^{N} b_k X(z) z^{-k}$$

$$Y(z) = \frac{\displaystyle\sum_{k=0}^{N} b_k z^{-k}}{\displaystyle\sum_{k=0}^{N} a_k z^{-k}} X(z) = H(z) X(z)$$

式中，$H(z)$ 称为系统函数，且具有式(2.70)的形式，即

$$y_1(n) = \mathscr{L}^{-1}[Y(z)]$$

(2) 求暂态解：对于 N 阶差分方程，求暂态解必须已知 N 个初始条件。若系统的输入为零，则计算由初始状态引起的响应 $y_2(n)$。

(3) 求全解：

$$y(n) = y_1(n) + y_2(n)$$

在 MATLAB 中，可以利用函数 filter 和 filtic 求解差分方程的全解，即离散时间系统在输入和初始状态作用下的响应。关于函数 filter 和 filtic 具体见第 3 章。

【例 2.17】 求解系统差分方程 $y(n) = 2x(n) - 3x(n-1) + 7x(n-4)$，$x(n) = 0.8^n u(n)$。

解 方程两边取 Z 变换：

$$H(z) = 2 - 3z^{-1} + 7z^{-4}$$

MATLAB 程序如下：

```
%MATLAB PROGRAM 2-17
num=[2, -3, 0, 0, 7];
N=30;
n=[0: N-1];
x=0.8.^n;
y=filter (num, 1, x);
stem(n, y);
grid;
```

程序运行结果如图 2.16 所示。

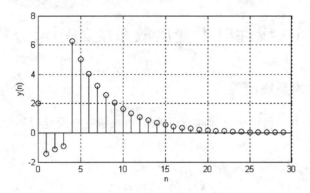

图 2.16　差分方程的输出序列

【**例 2.18**】　求解方程 $y(n)-0.4y(n-1)-0.45y(n-2)=0.45x(n)+0.4x(n-1)-x(n-2)$，其中，$x(n)=0.7^n u(n)$，初始状态 $y(-1)=0$，$y(-2)=1$，$x(-1)=1$，$x(-2)=2$。

解　将方程两边进行 $\mathscr{Z}$ 变换得

$$H(z)=\frac{0.45+0.4z^{-1}-z^{-2}}{1-0.4z^{-1}-0.45z^{-2}}$$

MATLAB 程序如下：

```
%MATLAB PROGRAM 2-18
num=[0.45, 0.4, -1];
den=[1, -0.4, -0.45];
x0=[1, 2];
y0=[0, 1];
N=50;
n=[0: N-1];
x=0.7.^n;
Zi=filtic(num, den, y0, x0);
[y, Zf]=filter(num, den, x, Zi);
stem(n, y);
xlabel('n'); ylabel('y(n)');
grid;
```

程序运行结果如图 2.17 所示。

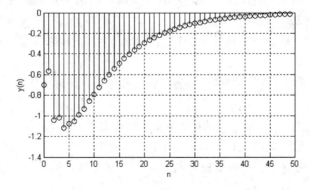

图 2.17　差分方程的解

2.6 线性时不变离散系统的频域分析

2.6.1 离散系统的系统函数

根据前面章节可知，利用单位脉冲响应 $h(n)$ 可表示一个线性时不变离散系统

$$y(n) = x(n) * h(n)$$

对上式两边取 $\mathcal{L}$ 变换得

$$Y(z) = X(z)H(z)$$

则

$$H(z) = \frac{Y(z)}{X(z)} \tag{2.89}$$

一般称此 $H(z)$ 为离散系统的系统函数，它表征了系统的复频域特性，它是单位脉冲响应的 $\mathcal{L}$ 变换。因此可以用单位脉冲响应的 $\mathcal{L}$ 变换来描述线性时不变离散系统。

由于单位圆上的系统函数就是系统的频率响应，即

$$H(e^{j\omega}) = \frac{Y(e^{j\omega})}{X(e^{j\omega})} \qquad z = e^{j\omega} \tag{2.90}$$

故可以证明，该频率响应就是单位脉冲响应 $h(n)$ 的 DTFT。

线性时不变离散系统也可以用差分方程表示，对 N 阶差分方程两边取 $\mathcal{L}$ 变换，得

$$H(z) = \frac{Y(z)}{X(z)} = \frac{\sum\limits_{i=0}^{M} a_i z^{-i}}{\sum\limits_{i=0}^{N} b_i z^{-i}} \tag{2.91}$$

上式也可以用因子的形式来表示

$$H(z) = A \frac{\prod\limits_{i=1}^{M}(1 - c_i z^{-1})}{\prod\limits_{i=1}^{N}(1 - d_i z^{-1})} \tag{2.92}$$

式中，c_i、d_i 是 $H(z)$ 在 z 平面上的零点和极点，A 为比例常数。整个系统函数可以由它的全部零、极点来唯一确定。用极点和零点表示系统函数的优点是，提供了一种有效的求系统频率响应的几何方法。

在 MATLAB 中，系统函数的计算采用函数 tf2zp 和 zp2tf 来实现，并用于系统函数不同形式间的转换。

函数 tf2zp 用于确定有理 $\mathcal{L}$ 变换式的零、极点和增益，其调用格式为

[z, p, k]= tf2zp(b, a);

其中，输入参数 b=[b_0, b_1, …, b_M]为分子多项式的系数；a= [a_0, a_1, …, a_N]为分母多项式的系数，都按 z 的降幂排列；输出参数 z 是 $\mathcal{L}$ 变换的零点，p 是极点，k 是增益。

函数 zp2tf 用于由 $\mathcal{L}$ 变换的零、极点和增益确定 $\mathcal{L}$ 变换式的系数，其调用格式为

[b, a]= zp2tf(z, p, k);

【例 2.19】 线性时不变系统的差分方程为 $y(n) - y(n-1) + 0.6y(n-2) = 2x(n) +$

$1.6x(n-1)$，求其 $\mathscr{Z}$ 变换并分析系统的稳定性。

解　由差分方程得到系统函数

$$H(z) = \frac{2 + 1.6z^{-1}}{1 - z^{-1} + 0.6z^{-2}}$$

MATLAB 程序如下：

```
%MATLAB PROGRAM 2-19
b= [2, 1.6, 0]; a= [1, -1, 0.6];        %系统函数多项式的系数
[z, p, k]= tf2zp(b, a);                 %求零点、极点和增益
disp('零点：'); disp(z'); disp('极点：'); disp(p'); disp('增益：'); disp(k');
zplane(z, p);                           %画零、极点图及单位圆
axis([-1.25, 1.25, -1.25, 1.25]);       %标示坐标
```

程序运行结果为

零点：0　　　　　　　　　　　　-0.8000
极点：0.5000 - 0.5916i　　　0.5000 + 0.5916i
增益：2

图 2.18 给出了系统的零、极点分布，由图可知，全部极点都位于单位圆内，所以系统是稳定的。

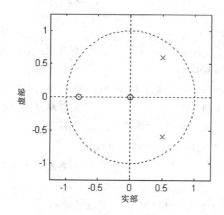

图 2.18　系统的零、极点分布图

2.6.2　离散系统的频率响应

当离散线性时不变系统的输入是频率为 ω 的复指数序列时，输出为同频率的复指数序列乘以加权函数 $H(e^{j\omega})$。$H(e^{j\omega})$ 是一个与系统的特性有关的量，称为系统单位脉冲响应 $h(n)$ 的频率响应，它反映了复指数序列通过系统后幅度和相位随频率 ω 的变化。

对单位脉冲响应 $h(n)$ 进行傅里叶变换，可得系统的频率响应 $H(e^{j\omega})$

$$H(e^{j\omega}) = \sum_{n=-\infty}^{\infty} h(n)e^{-j\omega n} \tag{2.93}$$

系统的频率响应 $H(e^{j\omega})$ 在数值上等于 $H(z)$ 在 z 平面单位圆上的取值。若已知系统函数 $H(z)$，则可求得其频率响应。$|H(e^{j\omega})|$ 为系统的幅频响应，$\angle H(e^{j\omega})$ 为系统的相频响应。频率响应、幅频响应以及相频响应都是数字角频率的函数，且都是以 2π 为周期的周期函数。

在 MATLAB 中，利用函数 freqz 可以计算系统的频率响应。函数 freqz 用于计算序列

傅里叶变换在给定离散频率点上的取样值,其调用格式为

$[H, W] = freqz(b, a, N)$

$[H, W] = freqz(b, a, N, 'whole')$

$H = freqz(b, a, W)$

其中,b 为多项式的分子行向量;a 为多项式的分母行向量;返回该系统的 N 点频率矢量 W 和 N 点复数频率响应矢量 H。'whole'表示返回整个单位圆上 N 点等间距的频率矢量 W 和复数频率响应矢量 H。当 W 为输入参数时,返回指定频段 W 上的频率矢量 H 通常在 $0 \sim \pi$ 之间。

【例 2.20】 已知系统的差分方程为 $y(n) - y(n-1) + 0.75y(n-2) = x(n)$,试画出系统的幅度响应和相位响应曲线。

解 由差分方程得到系统函数为

$$H(z) = \frac{1}{1 - z^{-1} + 0.75z^{-2}}$$

则 $H(\omega)$ 的有理多项式系数为

$$b = [1]$$
$$a = [1, -1, 0.75]$$

MATLAB 程序如下:

```
%MATLAB PROGRAM 2 - 20
b = [1]; a = [1, -1, 0.75]; N = 512;              %系统函数多项式的系数
[H, w] = freqz(b, a, N, 'whole');                 %计算频率响应
magH = abs(H(1:N)); phaH = angle(H(1:N));         %计算幅度相位
w = w(1:N); subplot(2, 1, 1);                     %画幅度响应曲线(连续)
plot(w/pi, magH); grid;                           %画网格
ylabel('Magnitude'); title('Magnitude Response');
subplot(2, 1, 2);                                 %画相位响应曲线
plot(w/pi, phaH); grid;
xlabel('frequency Unit: pi'); ylabel('Phase');
title('Phase Response');
```

程序运行结果如图 2.19 所示。

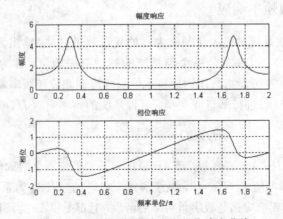

图 2.19 系统的幅度响应和相位响应曲线

单位脉冲响应是一个有限长序列，这种系统称为"有限长单位脉冲响应系统"，即 FIR 系统。相应地，当单位脉冲响应长度无限时，则称为"无限长单位脉冲响应系统"，即 IIR 系统。

由于有限长序列的 $\mathscr{Z}$ 变换在整个有限 z 平面（$|z|>0$）上收敛，因此 $H(z)$ 在有限 z 平面上不能有极点。若分子、分母无公共可约因子，则 $H(z)$ 分母中全部系数 $b_i(i=1, 2, \cdots, N)$ 必须为零，故有

$$H(z) = \sum_{i=0}^{M} a_i z^{-i} \tag{2.94}$$

只要 b_i 中有一个系数不为零，在有限 z 平面上就会有极点，这就属于 IIR 系统。b_i 不为零就说明需要将延时的输出序列 $y(n-i)$ 反馈回来，所以，IIR 系统的结构中都带有反馈回路。这种带有反馈回路的结构称为"递归型"结构。IIR 系统只能采用"递归型"结构，而 FIR 系统一般采用"非递归型"结构。但如采用零、极点抵消法，则 FIR 系统也可采用"递归型"结构。

2.7　小　　结

本章重点阐述了离散时间信号与系统的频域分析方法：傅里叶变换和 $\mathscr{Z}$ 变换。这是信号分析与处理的重要基础理论，将贯穿于全书的各章节。

首先，介绍了离散时间信号的傅里叶变换（DTFT）及其性质，在此基础上还介绍了离散周期序列的傅里叶级数（DFS）及其性质；由此引出了离散傅里叶变换（DFT）的定义，并重点讨论了 DFT 的性质和应用，然后又阐述了 DFT 的快速算法（FFT）。同时，结合大量的实例，利用 MATLAB 的相关工具和函数，详细讨论了傅里叶变换在工程信号处理方面的应用，给出了源程序和执行结果。其次，为分析与处理离散时间系统，详细讨论了序列的 $\mathscr{Z}$ 变换及其相关性质，并讨论了逆 $\mathscr{Z}$ 变换。最后，针对线性时不变离散系统，阐述了离散系统的系统函数、系统频响及其几何确定方法。

习　　题

2.1　已知系统的传递函数为

$$H(z) \frac{0.1321 + 0.2522z^{-1} + 0.1321z^{-2}}{1 - 0.8412z^{-1} + 0.2811z^{-2}}$$

（1）求系统的单位脉冲响应 $h(n)$ 并绘制响应曲线；

（2）系统输入为 $x(n) = \left(\frac{1}{3}\right)^n u(n) + 0.2 \sin(\pi n)$ 时，利用卷积定理求滤波器的输出，并绘制输出曲线；

（3）系统输入为 $x(n) = \left(\frac{1}{3}\right)^n u(n) + 2 \sin(0.5\pi n)$ 时，直接利用函数 filter 求滤波器输出，并绘制输出曲线；

（4）比较（2）、（3）的结果，分析输出曲线的异同。

2.2　离散系统的差分方程为

$$y(n) - y(n-1) + 0.8y(n-2) = x(n)$$

(1) 求 $n = -10, \cdots, 100$ 上的脉冲响应；

(2) 求 $n = -10, \cdots, 100$ 上的单位阶跃响应。

2.3 对于线性时不变系统，其差分方程为

(1) $y(n) = x(n) + 0.6x(n-1) - 0.5y(n-1) + 0.35y(n-2)$，

(2) $y(n) = y(n-1) + y(n-2) + x(n-1)$。

试求：

(1) 系统的传递函数表达式；

(2) 输入 $x(n) = 3(0.8)^n u(n)$ 时的输出；

(3) 绘制系统的脉冲响应随时间变化的曲线；

(4) 绘制系统的幅频响应和相频响应曲线。

2.4 差分方程

$$y(n) = 0.081x(n) + 0.0543x(n-1) + 0.0543x(n-2) + 0.0181x(n-3)$$
$$+ 1.76y(n-1) - 1.1829y(n-2) + 0.2781y(n-3)$$

表示一个 3 阶的低通滤波器，试绘出滤波器的幅频和相频特性曲线。

第 3 章 数字滤波器的结构与分析

滤波是信号处理的一种最基本又极为重要的技术，利用滤波技术可以从复杂信号中提取出有用信号，抑制无用信号。滤波器就是一种具有一定的传输特性的信号处理装置。对于整个工程系统来说，滤波器是一种选频器件；从工程数学的角度，滤波器的特性可以用数学函数来表达，其作用是对输入信号起到滤波作用。

滤波器的种类很多，总体来说，滤波器可分为经典滤波器和现代滤波器。经典滤波器的研究对象是确定性信号，现代滤波器的研究对象是随机信号。

根据滤波器所处理的信号不同，滤波器可分为模拟滤波器(AF)和数字滤波器(DF)两大类。本章将主要介绍数字滤波器及其结构实现与分析。

3.1 数字滤波器及其实现

3.1.1 数字滤波器概述

数字滤波器是数字信号处理的基础部分，与模拟滤波器相比，数字滤波器具有精度高、可靠性高、灵活性高、便于大规模集成和多维过滤等优点，已广泛应用于现代各类工程领域。

数字滤波器是具有一定传输特性的数字信号处理装置，它的输入和输出都是离散数字信号，它借助于数字器件和一定的数值计算方法，对输入信号进行处理，改变输入信号，进而去掉信号中的无用成分而保留有用成分。如果在数字处理系统前、后分别加上 A/D 转换器和 D/A 转换器，就可以处理模拟信号。

数字滤波器的输入输出是一个时间序列。设 $H(z)$ 为数字滤波器的系统函数，$h(n)$ 为其相应的脉冲序列，则在时域内有

$$y(n) = x(n) * h(n) \tag{3.1}$$

在 z 域内有

$$Y(z) = H(z)X(z) \tag{3.2}$$

式中，$X(z)$ 和 $Y(z)$ 分别为输入 $x(n)$ 和输出 $y(n)$ 的 $\mathscr{Z}$ 变换。

在频域内有

$$Y(\mathrm{j}\omega) = H(\mathrm{j}\omega)X(\mathrm{j}\omega) \tag{3.3}$$

式中，$H(\mathrm{j}\omega)$ 为数字滤波器的频率特性；$X(\mathrm{j}\omega)$ 和 $Y(\mathrm{j}\omega)$ 分别为输入 $x(n)$ 和输出 $y(n)$ 的频谱。

由此可知，一个合适的滤波器系统函数 $H(z)$ 可以改变输入 $x(n)$ 的频率特性，经数字滤波器处理后得到的信号 $y(n)$ 可保留信号 $x(n)$ 的有用频率成分，而去掉其中的无用成分。

3.1.2　数字滤波器的分类与实现

数字滤波器有多种分类方法，按功能，数字滤波器可分为低通滤波器、高通滤波器、带通滤波器和带阻滤波器。按脉冲响应的长度，数字滤波器可分为无限脉冲响应(IIR)滤波器和有限脉冲响应(FIR)滤波器。

IIR 滤波器的差分方程为

$$y(n) = \sum_{k=1}^{N} a_k y(n-k) + \sum_{k=0}^{N} b_k x(n-k) \tag{3.4}$$

IIR 滤波器的系统函数为

$$H(z) = \frac{Y(z)}{X(z)} = \frac{\sum_{k=0}^{N} b_k z^{-k}}{1 - \sum_{k=1}^{N} b_k z^{-k}} \tag{3.5}$$

FIR 滤波器的差分方程为

$$y(n) = \sum_{k=0}^{N} b_k x(n-k) \tag{3.6}$$

FIR 滤波器的系统函数为

$$H(z) = \frac{Y(z)}{X(z)} = \sum_{k=0}^{N} b_k z^{-k} \tag{3.7}$$

IIR 滤波器在结构上存在输出到输入的反馈；FIR 滤波器在结构上不存在输出到输入的反馈，信号流图中不存在环路。

数字滤波器既可利用专用处理器(如 DSP)实现，也可直接利用计算机和通用软件编程实现，其具体实现过程如图 3.1 所示。

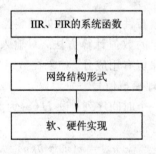

图 3.1　数字滤波器的实现

一个输出序列是其过去 N 点的线性组合加上当前输入序列与过去 N 点输入序列的线性组合。输出 $y(n)$ 除了与当前的输入 $x(n)$ 有关外，同时还与过去的输入和过去的输出有关，系统是带有记忆的。

对于上面的算式，可以化成不同的计算形式，如直接计算、分解为多个有理函数相加、分解为多个有理函数相乘等，不同的计算形式表现出不同的计算结构，而不同的计算结构可能会带来不同的效果，或者是实现简单、编程方便，或者是计算精度较高等。

由于数字信号是通过采样和转换得到的，而转换的位数是有限的，所以存在着量化误差。此外，计算机中数的表示也总是有限的，经此表示的滤波器的系数同样存在着量化误差，故在计算过程中因有限字长也会造成误差。

量化误差主要有三种：A/D 变换量化效应，系数的量化效应，数字运算的有限字长效应。

3.1.3　数字滤波器的运算结构

数字滤波器无论采用硬件实现还是采用软件实现，首先都应确定数字滤波器的运算结构。运算结构可以用方框图表示，也可用信号流图来表示。为了简单起见，通常用信号流图来表示其运算结构。信号流图表示滤波器有加法、乘法及延迟三种基本运算单元。

在信号流图中，只有输出支路的节点称为输入节点或源点；只有输入支路的节点称为输出节点或阱点；既有输入支路又有输出支路的节点叫做混合节点。通路是指从源点到阱点之间沿着箭头方向的连续的一串支路，通路的增益是该通路上各支路增益的乘积。回路是指从一个节点出发沿着支路箭头方向到达同一个节点的闭合通路，它象征着系统中的反馈回路。组成回路的所有支路增益的乘积通常称为回路增益。

在信号流图中，系统函数按梅逊(Mason)公式计算：

$$H(z) = \frac{Y(z)}{X(z)} = \frac{1}{\Delta} \sum_k T_k \Delta_k \qquad (3.8)$$

式中，T_k 为从输入节点(源点)到输出节点(阱点)的第 k 条前向通路增益；Δ 为流图的特征式，即

$$\Delta = 1 - \sum_i L_i + \sum_{i,j} L'_i L'_j - \sum_{i,j,k} L''_i L''_j L''_k \cdots \qquad (3.9)$$

式中，$\sum_i L_i$ 为所有不同回路增益之和；$\sum_{i,j} L'_i L'_j$ 为每两个互不接触回路增益之和；Δ_k 是不接触第 k 条前向通路的特征式余因子。

信号流图的转置定理：对于单个输入、单个输出的系统，通过反转网络中的全部支路的方向，并且将其输入和输出互换，得出的流图具有与原始流图相同的系统函数。

信号流图转置可以转变运算结构，并可以验证所计算的流图系统函数的正确与否。

运算结构对滤波器的实现很重要，尤其对于一些定点运算的处理机，结构的不同将会影响系统的精度、误差、稳定性、经济性以及运算速度等许多重要的性能。对于 IIR 数字滤波器与 FIR 数字滤波器，它们在结构上各有自己不同的特点，下面分别加以讨论。

3.1.4　数字滤波器的 MATLAB 实现

MATLAB 信号工具箱提供了很多内部函数来设计数字滤波器，具体函数将在以后各章中逐一介绍，这里仅举几例来介绍数字滤波的 MATLAB 实现。

【例 3.1】　用 MATLAB 的内部函数分别设计一个巴特沃斯和切比雪夫数字滤波器。

MATLAB 程序如下：

```
%MATLAB PROGRAM 3-1
clc;
fp=2;          %2 kHz
fs=10;         %10 kHz
Rp=3;          %3 dB
```

```
Rs=60;                %60 dB
Wp=fp/fp;
Ws=fs/fp;
[n, Wn]=buttord(Wp, Ws, Rp, Rs, 's');        %巴特沃斯滤波器阶数选择
[z, p, k]=buttap(n);                          %巴特沃斯滤波器设计
figure(1);
[b, a]=zp2tf(z, p, k);
[h, w]=freqz(b, a, 512, 'whole');
plot(w, abs(h));
[n1, Wn1]=cheb1ord(Wp, Ws, Rp, Rs, 's');      %切比雪夫Ⅰ型滤波器阶数选择
[z1, p1, k1]= cheb1ap (n, Rp);                %切比雪夫Ⅰ型滤波器设计
figure(2);
[b, a]=zp2tf(z1, p1, k1);
[h, w]=freqz(b, a, 512, 'whole');
plot(w, abs(h));
```

程序运行结果如图 3.2 所示。

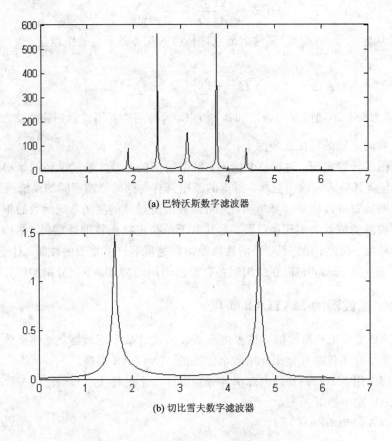

(a) 巴特沃斯数字滤波器

(b) 切比雪夫数字滤波器

图 3.2　两种数字滤波器的幅频曲线

【例 3.2】　设离散信号为 $x(n)=s(n)+d(n)$，其中，原始无损信号 $s(n)=2n(0.8)^n$，$d(n)$ 为随机噪声信号，利用 MATLAB 设计一个滑动平均滤波器。

MATLAB 程序如下：

```
%MATLAB PROGRAM 3-2
R=50；
d=rand(R, 1)-0.5；
m=0：1：R-1；
s=2 * m. * (0.9.^m)；
x=s+d'；
plot(m, d, 'r-', m, s, 'b*', m, x, 'm:')；
xlabel('时间序号 n')；ylabel('振幅')；
legend('r-', 'd[n]', 'b*', 's[n]', 'm:', 'x[n]')；
pause
M=input ('输入样本数=')；
b=ones(M, 1)/M；
y=filter(b, 1, x)；
plot(m, s, 'r-', m, y, 'b*')；
legend('r-', 's[n]', 'b*', 'y[n]')；
xlabel('时间序号 n')；ylabel('振幅')；
```

程序运行过程中，输入样本数 50，程序运行结果如图 3.3 所示。

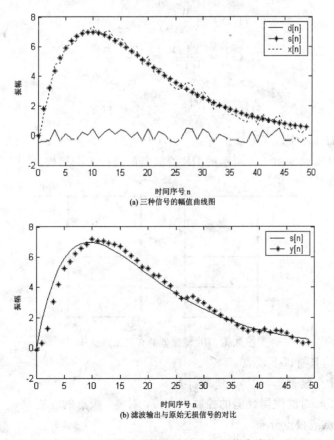

图 3.3　滑动平均滤波输出的幅值曲线

3.2 IIR 数字滤波器的基本结构

IIR 数字滤波器的结构存在反馈环路,具有递归型结构特点。对于同一系统函数,IIR 数字滤波器有各种不同的结构形式。由式(3.4)和式(3.5)表示的差分方程或系统函数可知,其基本结构有直接型、级联型和并联型三种。

3.2.1 直接型结构

直接型结构是直接由 IIR 滤波器的差分方程所得到的网络结构,包括直接 I 型结构、直接 II 型结构以及转置结构。

1. 直接 I 型结构

设 $w(n) = \sum_{i=0}^{N} a_i x(n-i)$,则

$$y(n) = w(n) + \sum_{i=1}^{N} b_i y(n-i)$$

令

$$H_1(z) = \frac{W(z)}{X(z)} = \sum_{i=0}^{N} a_i z^{-i}$$

$$H_2(z) = \frac{Y(z)}{W(z)} = \frac{1}{1 - \sum_{i=1}^{N} b_i z^{-i}}$$

有

$$H(z) = \frac{Y(z)}{X(z)} = H_1(z) H_2(z) \tag{3.10}$$

由此可知,$H_1(z)$实现了系统的零点,$H_2(z)$实现了系统的极点。$H(z)$由这两部分级联构成。因此,可得到如图 3.4 所示的 IIR 滤波器的直接 I 型结构。

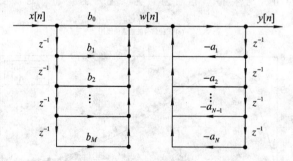

图 3.4 IIR 滤波器的直接 I 型结构

直接 I 型结构具有以下缺点:

(1)需要 $2N$ 个延迟器(z^{-1}),延迟器太多。

(2)系数 a_i、b_i 对滤波器性能的控制不直接,对零、极点的控制难,一个 a_i、b_i 的改变会影响系统的零点或极点分布。

(3)对字长变化敏感,即对 a_i、b_i 的准确度要求严格。

(4)该结构极易不稳定,阶数高时,上述影响更大。

2. 直接Ⅱ型结构

直接Ⅰ型结构可看做两个独立的网络 $H_1(z)$ 和 $H_2(z)$ 两部分串接构成的总的系统函数。由线性系统函数的不变性，交换两个网络次序，可得到如图 3.5 所示的直接Ⅱ型结构。

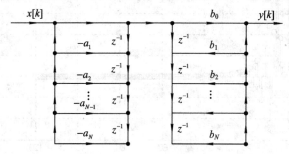

图 3.5　IIR 滤波器的直接Ⅱ型结构

直接Ⅱ型结构的延迟线减少一半，为 N 个，可节省寄存器或存储单元。

3. 直接型转置结构

如果将原网络中所有支路的方向加以反转，并将输入和输出相互交换，则网络的系统函数不会改变，这就是转置定理。由此可得到如图 3.6 所示的直接型转置结构。

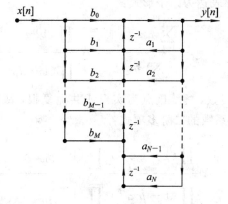

图 3.6　IIR 滤波器的转置结构（Ⅰ型）

IIR 数字滤波器的直接型结构简单直观，但存在直接Ⅰ型的缺点。对于三阶以上的 IIR 滤波器，几乎都不采用直接型结构，而是采用级联型、并联型等其他形式的结构，把高阶变成不同组合的低阶系统来实现。

MATLAB 信号处理工具箱提供的函数 filter 可实现利用 IIR 直接型滤波器结构计算滤波器对输入的响应。

【例 3.3】　求巴特沃斯滤波器的单位脉冲响应。

MATLAB 程序如下：

```
%MATLAB PROGRAM 3-3
x=[1, zeros(1, 120)];
[b, a]=butter(12, 500)/1000;
y=filter(b, a, x);
stem(y);
grid;
```

程序运行结果如图 3.7 所示。

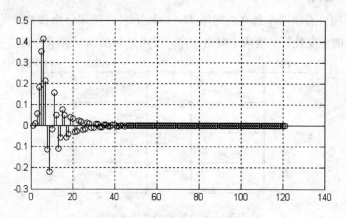

图 3.7　巴特沃斯滤波器的单位脉冲响应

3.2.2　级联型结构

级联型将滤波器系统函数 $H(z)$ 的分子和分母分解为一阶和二阶实系数因子之积的形式，即把它的分子、分母都表达为因子形式：

$$H(z) = \frac{\sum\limits_{i=0}^{N} a_i z^{-i}}{1 - \sum\limits_{i=1}^{N} b_i z^{-i}} = A \frac{\prod\limits_{i=1}^{N}(1 - c_i z^{-1})}{\prod\limits_{i=1}^{N}(1 - d_i z^{-1})} \tag{3.11}$$

由于系数 a_i、b_i 都是实数，零、极点为实根或共轭复根，故可将相互共轭的零点（极点）合并起来，形成一个实系数的二阶多项式：

$$H(z) = A \frac{\prod\limits_{i=1}^{M_1}(1 - g_i z^{-1}) \prod\limits_{i=1}^{M_2}(1 + \beta_{1i} z^{-1} + \beta_{2i} z^{-2})}{\prod\limits_{i=1}^{N_1}(1 - p_i z^{-1}) \prod\limits_{i=1}^{N_2}(1 - \alpha_{1i} z^{-1} - \alpha_{2i} z^{-2})} \tag{3.12}$$

式中，g_i，p_i 为实根；β_i、α_i 为复根，且 $N_1 + 2N_2 = N$，$M_1 + 2M_2 = N$。

为了简化级联形式，将实系数的两个一阶因子组合成二阶因子，则式(3.12)可写成二阶因子的形式：

$$H(z) = A \prod\limits_{i=1}^{M} \frac{1 + \beta_{1i} z^{-1} + \beta_{2i} z^{-2}}{1 - \alpha_{1i} z^{-1} - \alpha_{2i} z^{-2}} = A \prod\limits_{i=1}^{M} H_i(z) \tag{3.13}$$

式中，M 表示 $(N+1)/2$ 中的最大整数。$H_i(z)$ 称为二阶基本环节，可用直接 II 型实现，$H(z)$ 由各 $H_i(z)$ 级联而成。级联型结构如图 3.8 所示。

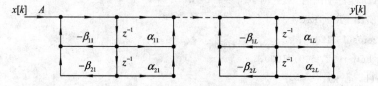

图 3.8　级联型 IIR 结构

级联型结构的优点如下：

（1）简化硬件实现，只用一个二阶环节，通过变换系数进行时分复用就可实现整个系统；可流水线操作。

（2）零、极点可单独控制，且每一个基本环节系数变化只影响该子系统的零、极点。调整系数 β_{1i}、β_{2i} 可单独调整第 i 对零点，而不影响其他零、极点。调整系数 α_{1i}、α_{2i} 可单独调整第 i 对极点，而不影响其他零、极点。

（3）各二阶环节零、极点的搭配可互换位置，优化组合以减小运算误差；对系数变化的敏感度小，受有限字长的影响比直接型低。

同时，级联型结构还存在着二阶环节电平难控制的缺点：电平大，易溢出；电平小则使信噪比减小。

在 MATLAB 中，信号处理工具箱定义了 SOS 模型来表示级联型结构，若已知系统函数 $H(z)$，则可以借助内部函数 tf2sos 将滤波器的直接型结构转换为级联型结构。

【例 3.4】　滤波器的系统函数为

$$H(z) = \frac{1 - 5z^{-1} + 10z^{-2} - 32z^{-3} + 19z^{-4}}{15 + 13z^{-1} + 5z^{-2} - 6z^{-3} - 2z^{-5}}$$

求该系统的级联结构形式和系统的单位脉冲响应。

MATLAB 程序如下：

```
%MATLAB PROGRAM 3-4
num=[1, -5, 10, -32, 19];              %系统函数的分子系数
den=[15, 13, 5, -6, -2];               %系统函数的分母系数
[z, p, k]=tf2zp(num, den);             %求系统函数的零、极点和增益
sos=zp2sos(z, p, k);                   %直接型结构转换为级联型结构
disp('sos='); disp(sos);               %显示级联型结构
num1=conv(sos(1, 1:3), sos(2, 1:3));
den1=conv(sos(1, 4:6), sos(2, 4:6));
x=[1, zeros(1, 40)];
n=[0: length(x)-1];
y=filter(num, den, x);                 %直接型结构系统的单位脉冲响应
y1=filter(num1, den1, x);              %级联型结构系统的单位脉冲响应
subplot(2, 2, 1);
plot(n, y);
title('Impulse Response');
legend('Original');
subplot(2, 2, 2);
plot(n, y1);
title('Impulse Response');
legend('Cascade form');
```

程序执行结果为

```
sos =
    0.0667   -0.3253    0.1953    1.0000   -0.2644   -0.1668
    1.0000   -0.1199    6.4852    1.0000    1.1311    0.7992
```

系统的 SOS 级联型结构为

$$H(z) = \frac{0.0667 - 0.3253z^{-1} + 0.1953z^{-2}}{1 - 0.2644z^{-1} - 0.1668z^{-2}} \cdot \frac{1 - 0.1199z^{-1} + 6.4852z^{-2}}{1 + 1.1311z^{-1} + 0.7992z^{-2}}$$

滤波器的单位脉冲响应如图 3.9 所示。从图中可以看出，直接型结构和级联型结构的单位脉冲响应相同，这说明结构形式的改变不会改变滤波器的时域特性。

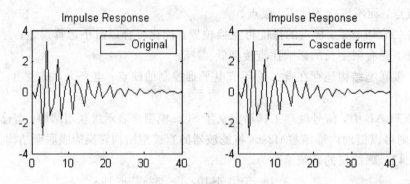

图 3.9 滤波器不同结构的单位脉冲响应

3.2.3 并联型结构

将系统函数展开成部分分式之和，可用并联方式构成滤波器：

$$H(z) = \frac{\sum\limits_{i=1}^{N} a_i z^{-i}}{1 - \sum\limits_{i=1}^{N} b_i z^{-i}} = \gamma_0 + \sum\limits_{i=1}^{N} \frac{A_i}{(1 - d_i z^{-1})} \tag{3.14}$$

式中，d_i 是极点，A_i 为部分分式展开的系数，常数 $\gamma_0 = b_N / a_N$。式(3.14)所蕴含的结构如图 3.10 所示，它包含了一组单极点滤波器。

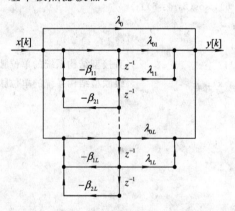

图 3.10 IIR 系统的并联结构

为避免复数乘法，可以组合复共轭极点对形成双极点子系统。另外，可将实值极点对形成双极点子系统，得

$$H(z) = \gamma_0 + \sum\limits_{k=1}^{L} \frac{\gamma_{0,k} + \gamma_{1,k}z^{-1}}{1 - \beta_{1,k}z^{-1} - \beta_{2,k}z^{-2}} = \gamma_0 + \sum\limits_{k=1}^{L} H_k(z) \tag{3.15}$$

式中，L 为 $(N+1)/2$ 的整数部分。当 N 为奇数时，其中一个 $H_k(z)$ 是一个单极点系统。

并联型结构的特点如下：

(1) 系统实现简单，只需一个二阶环节，系统通过改变输入系数即可完成。

(2) 极点位置可单独调整，但不能像级联型那样单独调整零点的位置，因为并联型各子系统的零点并非整个系统函数的零点。当需要准确的传输零点时，级联型最合适。

(3) 由于基本环节并联，故可同时对输入信号进行运算，因此该结构运算速度快。

(4) 各并联二阶网络的误差互不影响，运算误差最小，对字长要求低。

在 MATLAB 中，信号处理工具箱没有直接提供该结构的生成信号，但借助函数 residuez 可以获得 IIR 滤波器并联型结构的参数：先用 residuez 求出 $H(z)$ 的部分分式展开式，然后把分式两两合并成式(3.15)的形式。若分式项为偶数，则并联型结构全为二阶环节；若分式项为奇数，则并联型结构除二阶环节外，还包括一阶环节。

【例 3.5】 滤波器的系统函数为

$$H(z) = \frac{1 - 3z^{-1} + 11z^{-2} - 28z^{-3} + 19z^{-4}}{16 + 13z^{-1} + 2z^{-2} - 5z^{-3} - z^{-5}}$$

求该系统的级联结构形式和系统的单位脉冲响应。

MATLAB 程序如下：

```
%MATLAB PROGRAM 3-5
clc;
num=[1, -3, 11, -28, 19];
den=[16, 13, 2, -5, -1];
[r, p, c]=residuez(num, den);
n1=length(r);
if rem(n1, 2)==0 N=n1;
else N=n1-1;
end
num1=zeros(N/2, 2);
den1=zeros(N/2, 2);
for i=1: N/2
    num1(i, :)=r(i*2-1: i*2)';
    den1(i, :)=p(i*2-1: i*2)';
end
for i=1: N/2
    den2(i, :)=conv(poly(den1(i, 1)), poly(den1(i, 2)));
    num2(i, :)=num1(i, 1)*poly(den1(i, 2))+num1(i, 2)*poly(den1(i, 1));
end
if rem(n1, 2)~=0;
    nn1=n1-N/2;
    for i=1: nn1
        den2(i+N/2, :)=[poly(p(N+i)) 0];
        num2(i+N/2, :)=[r(N+i) 0];
    end
```

```
end
disp('并联结构的整体形式')
sys1 = filt(num2(1, :), den2(1, :))
sys2 = filt(num2(2, :), den2(2, :))
```

程序执行结果为

并联结构的整体形式：

Transfer function：

$$\frac{-8.124 - 4.612 \; z^{-1}}{1 + 1.136 \; z^{-1} + 0.5978 \; z^{-2}}$$

Sampling time：unspecified

Transfer function：

$$\frac{27.19 - 13.67 \; z^{-1}}{1 - 0.324 \; z^{-1} - 0.1046 \; z^{-2}}$$

Sampling time：unspecified

c =

   −19

3.3 FIR 数字滤波器的基本结构

FIR 数字滤波器主要是非递归结构，无反馈，但在频率采样结构等某些结构中也包含有反馈的递归部分。FIR 的基本结构包括直接型、级联型、线性相位型以及频率采样型。

3.3.1 直接型结构

根据 FIR 滤波器的差分方程式(3.6)和系统函数式(3.7)，M 阶 FIR 滤波器的直接型结构如图 3.11 所示。该结构由 $M+1$ 个乘法器、M 个延迟器以及 M 个加法器组成。

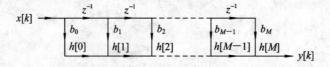

图 3.11 FIR 滤波器的直接型结构

直接型也叫横向滤波器、卷积型结构，FIR 滤波器的直接型结构与 IIR 相似，可以用 MATLAB 的内部函数 filter 来实现。

3.3.2 级联型结构

当需要控制滤波器的传输零点时，可将系统函数 $H(z)$ 分解为若干个一阶实系数因子和二阶实系数因子相乘的形式：

$$H(z) = \sum_{n=0}^{N-1} h(n) z^{-n} = h(0) \prod_{k=1}^{L} (\beta_{0k} + \beta_{1k} z^{-1} + \beta_{2k} z^{-2}) \tag{3.16}$$

由上式可得到 FIR 滤波器的级联型结构，如图 3.12 所示。

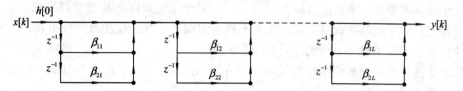

图 3.12　FIR 滤波器的级联型结构

级联型结构每一个一阶因子控制一个实数零点，每一个二阶因子控制一对共轭零点。调整零点位置比直接型方便，但是它所需要的系数 a 比直接型 $h(n)$ 多，因而需要的乘法器也多。

FIR 滤波器的级联型结构可用 MATLAB 编程实现，具体与 IIR 滤波器类似。

3.3.3　线性相位型结构

若 FIR 滤波器的单位脉冲响应 $h(n)$ 为实数，且满足 $h(n)=\pm h(N-1-n)$，则称该滤波器具有线性相位。FIR 滤波器的重要特点是，可设计成具有严格线性相位的滤波器，此时 $h(n)$ 满足偶对称或奇对称条件，但无论 $h(n)$ 为偶对称还是奇对称，都有以下性质：

（1）N 为偶数，系统函数为

$$H(z) = \sum_{n=0}^{\frac{N}{2}-1} h(n)\left[z^{-n} + z^{-(N-1-n)}\right] \tag{3.17}$$

（2）N 为奇数，系统函数为

$$H(z) = \sum_{n=0}^{\frac{N-1}{2}-1} h(n)\left[z^n + z^{-(N-1-n)}\right] + h\left(\frac{N-1}{2}\right)z^{-\frac{N-1}{2}} \tag{3.18}$$

由以上两式可得到线性相位 FIR 滤波器的线性相位型结构，如图 3.13 所示。

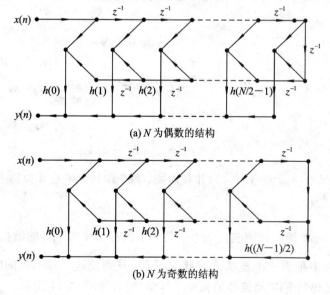

(a) N 为偶数的结构

(b) N 为奇数的结构

图 3.13　FIR 滤波器的线性相位型结构

线性相位型结构本质上是直接型的，但乘法次数较少。当 N 为偶数时，乘法次数减为 $N/2$；当 N 为奇数时，乘法次数减为 $(N+1)/2$。对于线性相位 FIR 滤波器来说，如果零点在单位圆上，则零点以共轭对出现；如果零点在实轴上，则零点互为倒数出现；如果零点既在单位圆上又在实轴上，则此时只有一个零点。

FIR 滤波器的线性相位型结构也可用 MATLAB 编程实现，具体与 IIR 滤波器的直接型结构几乎相同。

3.3.4　频率采样型结构

若在频率域进行等间隔采样，则相应的时域信号会以采样点数为周期进行周期性延拓。如果在频率域的采样点数 N 大于等于原序列的长度 M，则不会引起信号失真。

若 $h(n)$ 是长为 N 的序列，对系统函数 $H(z)$ 在单位圆上作 N 等份采样，这个采样值就是 $h(n)$ 的离散傅里叶变换 $H(k)$。原序列的 $\mathscr{Z}$ 变换 $H(z)$ 与频域采样值 $H(k)$ 满足下面的关系式：

$$H(z) = (1-z^{-N}) \frac{1}{N} \sum_{k=0}^{N-1} \frac{H(k)}{1-W_N^{-k}z^{-1}} \tag{3.19}$$

式(3.19)为 FIR 滤波器提供了一种称为频率采样的结构。利用频率采样的内插公式，可得

$$H(z) = (1-z^{-N}) \frac{1}{N} \sum_{k=0}^{N-1} \frac{H(k)}{1-W_N^{-k}z^{-1}} = \frac{1}{N} H_c(z) \cdot \left[\sum_{k=0}^{N-1} H_k(z) \right] \tag{3.20}$$

式中，

$$H_c(z) = 1 - z^{-N}$$

$$H_k(z) = \frac{H(k)}{1-W_N^{-k}z^{-1}}$$

由此可知，$H(z)$ 由梳状滤波器 $H_c(z)$ 和 N 个一阶网络 $H_k(z)$ 两部分级联而成。

第一部分 $H(z)$ 是一个由 N 节延时器组成的梳状滤波器，它在单位圆上有 N 个等份的零点：

$$z_i = e^{j\frac{2\pi}{N}i} \qquad i = 0, \cdots, N-1 \tag{3.21}$$

其频率响应为

$$H_c(e^{j\omega}) = 1 - e^{-j N\omega} = 2je^{-j\frac{\omega N}{2}} \sin\left(\frac{\omega N}{2}\right) \tag{3.22}$$

其幅度响应为

$$|H_c(e^{j\omega})| = 2\left|\sin\left(\frac{N}{2}\omega\right)\right| \tag{3.23}$$

第二部分由 N 个一阶网络 $H_k(z)$ 并联而成，每个一阶网络在单位圆上有一个极点：

$$z_k = W_N^{-k} = e^{j\frac{2\pi}{N}k} \tag{3.24}$$

该网络在 $\omega = \frac{2\pi}{N}k$ 处的频率响应为 ∞，是一个谐振频率为 $\frac{2\pi}{N}k$ 的谐振器。这些并联谐振器的极点正好各自抵消一个梳状滤波器的零点，从而使这个频率点的响应等于 $H(k)$。两部分级联后，就得到 FIR 滤波器的频率采样型结构，如图 3.14 所示。

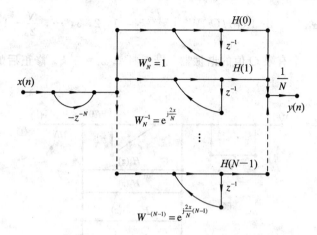

图 3.14　FIR 滤波器的频率采样型结构

　　这一结构的最大特点是它的系数 $H(k)$ 直接就是滤波器在 $\omega = \dfrac{2\pi}{N}k$ 处的响应。因此，控制滤波器的响应很直接。只要 $h(n)$ 的长度 N 相同，则对于任何频响形状，其梳状滤波器部分和 N 个一阶网络部分的结构就完全相同，只是各支路增益 $H(k)$ 不同。这样，相同部分便于标准化和模块化。

　　然而，上述频率采样型结构亦有如下两个缺点：

　　(1) 所有的系数 W_N^{-k} 和 $H(k)$ 都是复数，而硬件乘法器要完成复数乘法运算，需采用更加复杂的硬件结构。

　　(2) 所有谐振器的极点都在单位圆上，考虑到系数量化的影响，有些极点实际上不能与梳状滤波器的零点相抵消，故使系统的稳定性变差。

　　为了克服上述两个缺点，对频率采样型结构需进行如下修正：

　　(1) 将单位圆上所有的零、极点向单位圆内收缩，收缩到半径 r 略小于 1 的圆上。当由于某种原因，零、极点不能抵消时，极点位置可仍在单位圆内，保持了系统稳定。$H(z)$ 变为

$$H(z) \approx (1 - r^N z^{-N}) \frac{1}{N} \sum_{k=0}^{N-1} \frac{H(k)}{1 - r W_N^{-k} z^{-1}} \tag{3.25}$$

　　(2) 共轭根合并。将一对复数一阶网络合并成一个实系数的二阶网络，从而将复数乘法运算变成了实数运算，这些共轭根在圆周上对称。因 $h(m)$ 是实数，故其 DFT 也是圆周共轭对称。即

$$H(N-k) = H^*(k) \tag{3.26}$$

　　因此，将第 k 及第 $(N-k)$ 个谐振器合并为一个二阶网络 $H_k(z)$：

$$H_k(z) = \frac{H(k)}{1 - r W_N^{-k} z^{-1}} + \frac{H(N-k)}{1 - r W_N^{-(N-k)} z^{-1}} = \frac{H(k)}{1 - r W_N^{-k} z^{-1}} + \frac{H^*(k)}{1 - (r W_N^{-k})^* z^{-1}}$$

$$= \frac{\alpha_{0k} + \alpha_{1k} z^{-1}}{1 - z^{-1} 2r \cos\left(\dfrac{2\pi}{N}k\right) + r^2 z^{-2}} \tag{3.27}$$

式中，

$$\alpha_{0k} = 2 \operatorname{Re}[H(k)]$$

$$\alpha_{1k} = -2r\ \text{Re}[H(k)W_N^k] \qquad k = 1,\ 2,\ 3,\ \cdots,\ \frac{N}{2}-1$$

该二阶网络是一个有限 Q 值的谐振器，谐振频率 $\omega_k = \dfrac{2\pi}{N}k$。修正后的频率采样型结构如图 3.15 所示。

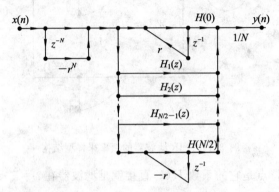

图 3.15　修正后的频率采样型结构

除以上共轭极点外，还有实数极点，分如下两种情况：

（1）当 N 为偶数时，有两个实数极点 $z = \pm r$，对应有两个一阶网络，系统函数为

$$H(z) = (1 - r^N z^{-N})\frac{1}{N}\Big[H_0(z) + H_{\frac{N}{2}}(z) + \sum_{k=1}^{(N/2-1)} H_k(z)\Big] \tag{3.28}$$

式中，对应的两个一阶网络分别为

$$H_0(z) = \frac{H(0)}{1 - rz^{-1}}$$

$$H_{\frac{N}{2}}(z) = \frac{H\left(\dfrac{N}{2}\right)}{1 + rz^{-1}}$$

（2）当 N 为奇数时，只有一个实数极点 $z = r$，对应有一个一阶网络，系统函数为

$$H(z) = (1 - r^N z^{-N})\frac{1}{N}\Big[H_0(z) + \sum_{k=1}^{(N-1)/2} H_k(z)\Big] \tag{3.29}$$

式中，对应的一阶网络为

$$H_0(z) = \frac{H(0)}{1 - rz^{-1}}$$

频率采样型结构的选频性好，适于窄带滤波，大部分 $H(k)$ 为 0，且只有较少的二阶网络；不同的 FIR 滤波器，若长度相同，则可通过改变系数用同一个网络实现，因此复用性好。但频率采样型的结构复杂，因而采用的存储器也多。频率采样型结构适合于任何 FIR 系统函数。

3.4　数字滤波器的格型结构

格型（Lattice）结构是数字滤波器的另一种实现结构，它不仅适用于 IIR 滤波器，也适用于 FIR 滤波器。格型滤波器广泛应用于语音处理和自适应滤波器实现中。

格型结构可分为全零点（AZ）滤波器、全极点（AP）滤波器和零极点（AZAP）滤波器三类。

3.4.1　全零点滤波器的格型结构

全零点滤波器的系统函数为

$$H(z) = A(z) = 1 + \sum_{n=1}^{p} a_n(p) z^{-n} \tag{3.30}$$

全零点滤波器的格型结构如图 3.16 所示。

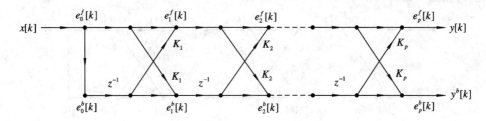

图 3.16　全零点滤波器的格型结构

根据系统函数，由高阶系数递推各低阶反射系数 K_p，即

$$K_p = a_p(p)$$

$$a_i(p-1) = \frac{a_i(p) - K_p a_{p-i}(p)}{1 - K_p^2} \qquad (i = 1, 2, \cdots, p-1)$$

$$K_{p-1} = a_{p-1}(p-1) = \frac{a_{p-1}(p) - K_p a_1(p)}{1 - K_p^2} \tag{3.31}$$

MATLAB 信号处理工具箱提供了函数 poly2rc 来实现从 FIR 滤波器直接型结构到格型结构的计算，即在已知 FIR 滤波器的全零点多项式模型 $\sum_{n=1}^{t} a_n(p) z^{-n}$ 的条件下，计算 FIR 滤波器格型结构的反射系数 K_p。函数调用格式为

　　　　K＝poly2rc(b)

式中，b 为 FIR 滤波器多项式系数实向量，b(1)不能为 0；K 为反射系数。

MATLAB 还提供了 FIR 格型结构反射系数 K_p 求滤波器多项式系数的函数 rc2poly，其调用格式为

　　　　b＝rc2poly(K)

【例 3.6】　已知 FIR 滤波器的差分方程为

$$y(n) = x(n) + 0.5984x(n-1) + 0.8945x(n-2) - 0.0561x(n-3) + 0.0132x(x-5)$$

求该系统的格型结构。

MATLAB 程序如下：

```
%MATLAB PROGRAM 3-6
b=[1, 0.5984, 0.8945, -0.0561, 0, 0.0132];
k=poly2rc(b);
disp('k =');  disp(k');
```

程序运行结果为

k =

    0.3383   0.9441 -0.0632 -0.0079 0.0132

3.4.2 全极点滤波器的格型结构

全极点滤波器的系统函数为

$$H(z) = \frac{1}{A(z)} = \frac{1}{1 + \sum\limits_{n=1}^{p} a_n(p)z^{-n}} \tag{3.32}$$

全极点滤波器的格型结构如图 3.17 所示。

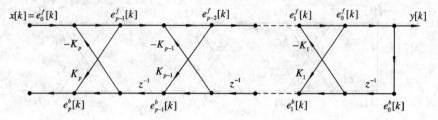

图 3.17 全极点滤波器的格型结构

图中，K_p 为反射系数。

MATLAB 信号处理工具箱提供了函数 tf2latc，以实现从系统函数分母多项式 a 求反射系数 K。该函数也可用于生成 IIR 传输函数的格型结构。

3.4.3 零极点滤波器的格型结构

零极点滤波器的系统函数为

$$H(z) = \frac{B(z)}{A(z)} = \frac{\sum\limits_{m=0}^{p} b_m(p)z^{-m}}{1 + \sum\limits_{n=1}^{p} a_n(p)z^{-n}} \tag{3.33}$$

含极点和零点滤波器的格型结构如图 3.18 所示。

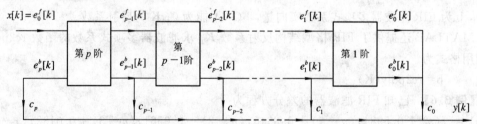

图 3.18 零极点滤波器的格型结构

图中的方框为图 3.19 所示的基本格型单元。

在零极点滤波器的格型结构中，K_i 为滤波器格型系数，即反射系数；c_i 为滤波器梯形系数。在此种情况下，格型结构中 K、C 参数可按下列步骤进行确定。

(1) 利用 AZ 系统反射系数 K_p 的递推公式，递推出 K 参数；

(2) 确定 c_p：$c_p = b_p$；

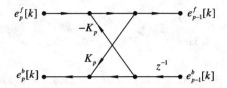

图 3.19　零极点滤波器的基本格型单元

（3）递推求出 C 参数。

$$c_m = b_m(p) - \sum_{i=m+1}^{p} c_i a_{(i-m)}(i), \quad m = 0, 1, 2, \cdots, p-1 \tag{3.34}$$

MATLAB 信号处理工具箱提供了函数 tf2latc，以实现一般 IIR 滤波器系统函数 $H(z)$ 求滤波器的格型结构参数 K 和 C。该函数的调用格式为

　　　　[K，C]＝tf2latc(num，den)

　　　　K＝ tf2latc(1，den)

　　　　[K，C]＝tf2latc(1，den)

　　　　K＝ tf2latc(num)

其中，num 和 den 分别是以 z 的降幂排列的系统函数的分子多项式及分母多项式的系数向量；K 为滤波器格型系数（反射系数）；C 为滤波器梯形系数。

第一种调用格式可获得零极点格型结构滤波器；第二、三种可获得全极点格型结构滤波器；第四种调用格式可获得全零点格型结构滤波器。因此，该函数也适用于 FIR 滤波器。

MATLAB 信号处理工具箱还提供了由格型结构滤波器求滤波器系统函数的 latc2tf 函数。该函数的调用格式为

　　　　[num，den]＝latc2tf(K，C)

　　　　[num，den]＝latc2tf(K，'iir')

　　　　num＝ latc2tf(K，'fir')

　　　　num＝ latc2tf(K)

其中，iir 表示 K 是全极点 IIR 格型滤波器的反射系数；fir 表示 K 是全零点 FIR 格型滤波器的反射系数。

【例 3.7】　求下面系统的零极点 IIR 滤波器的格型结构参数，系统函数为

$$H(z) = \frac{1 + 3z^{-1} + 5z^{-2} - 2z^{-3}}{1 + 0.665z^{-1} + 0.875z^{-2} - 0.468z^{-3}}$$

MATLAB 程序如下：

```
%MATLAB PROGRAM 3-7
num=[1, 3, 5, -2];
den=[1, 0.665, 0.875, -.468];
[K, C]=tf2latc(num, den);
disp('格型结构反射系数 K=');
disp(K');
disp('格型结构梯形系数 C=');
disp(C');
```

程序运行结果为

　格型结构反射系数 K＝

$$0.5462 \quad 1.5189 \quad -0.4680$$

　格型结构梯形系数 C＝

$$-7.3881 \quad -3.9591 \quad 6.3300 \quad -2.0000$$

3.5　数字滤波器的 MATLAB 时频分析

MATLAB 信号处理模块提供了许多函数用于分析滤波器特性，包括时域分析（输入响应、脉冲响应等）和频域分析（幅值响应、相位响应和零极点位置等）。滤波器的时域分析和频域分析是设计各类滤波器、评价滤波器性能的基础。本节将详细阐述 MATLAB 中提供的数字滤波器的时域分析函数和频域分析函数。

3.5.1　时域分析

在 MATLAB 中，求解离散时间系统时域响应的方法，同样适用于数字滤波器。这里重点介绍常用的滤波器时间响应分析工具函数 filter、filtic、fftfilt 及 impz。

1. 函数 filter

函数 filter 用于实现 IIR 和 FIR 滤波器对数据滤波，并计算滤波器对输入的响应。具体用法参见第 2 章相关内容。该函数可用于全极点滤波器、全零点滤波器以及零极点滤波器。

2. 函数 filtic

函数 filtic 用于从滤波器过去值 y 和 x 求滤波器状态的初始值。调用格式为

　　z = filtic(num, den, y, x)

　　z = filtic(num, den, y)

其中，y＝[y(−1), y(−2), ⋯, y(−na)]为输出 y 的过去值向量，x＝[x(−1), x(−2), ⋯, x(−nb)]为输入 x 的过去值向量，nb＝length(num)−1，na＝length(den)−1；num，den 分别为滤波器分子、分母多项式系数向量；z 为滤波器初始状态。

函数 filter 设立状态初始值 z_i 和 z_f，可将特别长的信号"切断"来分段滤波处理，再把它们衔接起来而不影响全信号的滤波效果。

【例 3.8】　设滤波器系统函数为

$$H(z) = \frac{1 + 0.6z^{-1}}{0.4 + 0.5z^{-1}}$$

对随机长信号滤波，试利用 MATLAB 编程验证分段滤波的效果。

MATLAB 程序如下：

```
%MATLAB PROGRAM 3-8
num=[1, 0.9, 1.2];
den=[0.8, 0.3, -0.6];
x=rand(60, 1);
y=filter(num, den, x);
```

```
x1＝x(1：15)；
x2＝x(16：30)；
x3＝x(31：45)；
x4＝x(46：60)；
[y1, Zf1]＝filter(num, den, x1)；Zi2＝Zf1；
[y2, Zf2]＝filter(num, den, x2, Zi2)；Zi3＝Zf2；
[y3, Zf3]＝filter(num, den, x3, Zi3)；Zi4＝Zf3；
[y4, Zf4]＝filter(num, den, x4, Zi4)；
yd＝[y1；y2；y3；y4]；
n＝[0：length(y)－1]；
plot(n, y, 'r－', n, yd, 'b＊')；
legend('r－', 'y[n]', 'b＊', 'yd[n]')；
xlabel('n')；title('两种滤波曲线')；
```

程序运行结果如图 3.20 所示。

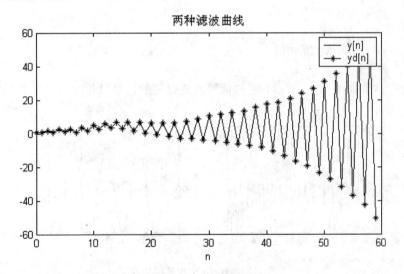

图 3.20　信号分段滤波输出对比图

由图可知，信号分段滤波和全程滤波完全吻合。分段滤波必须采用函数 filter。

3. 函数 fftfilt

函数 fftfilt 基于 FFT 重叠相加算法来实现对数据的滤波，该函数只适用于 FIR 滤波器。该函数的调用格式为

```
y＝fftfilt(num, x)
y＝ftfilt(num, x, n)
```

其中，num 为滤波器的系数向量；x 为输入序列；n 为 FFT 长度，缺省时，选择最佳的 FFT 长度；y 为滤波器输出。

【例 3.9】　FIR 低通滤波器的截止频率为 250 Hz，采样频率 f_s 为 1 kHz，对信号 $x(t)$ 进行滤波，$x(t)＝2 \sin(2\pi f_1 t)+3 \cos(2\pi f_2 t+\pi/3)$，$f_1$ 为 50 Hz，f_2 为 300 Hz，求滤波输出。

MATLAB 程序如下：

```
%MATLAB PROGRAM 3-9
clc;
N=1000;
Fs=1000;
n=[0: N-1];
t=n/Fs;
x=2*sin(2*pi*50*t)+3*cos(2*pi*300*t+pi/3);
num=fir1(40, 250/500);      %产生截止频率为250 Hz的FIR低通滤波器
yfft=fftfilt(num, x, 256);      %fft重叠相加算法滤波
n1=[81: 161];
t1=t(n1);
x1=x(n1);
y1=yfft(n1);
subplot(2, 2, 1);
plot(t1, x1); title('原始信号 x');
subplot(2, 2, 2);
plot(t1, y1); title('滤波输出信号 y');
grid
```

程序运行结果如图 3.21 所示，通过低频滤波器后的信号只包含 50 Hz 频率的正弦波。

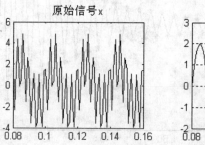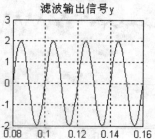

图 3.21   fftfilt 实现低频滤波

4. 函数 impz

函数 impz 用于产生数字滤波器的脉冲响应。其调用格式为

$$[h, t]=impz(num, den)$$
$$[h, t]=impz(num, den, n)$$
$$[h, t]=impz(num, den, n, Fs)$$
$$impz(num, den)$$

其中，num 和 den 分别为系统函数的多项式分子系数和分母系数；n 为采样点数，缺省时自动选择；Fs 为采样频率，默认为 1；h 为滤波器单位脉冲响应，缺省时，绘制滤波器脉冲响应曲线；t 为 h 对应的时间向量。

【例 3.10】 设计一个 8 阶的巴特沃斯带通滤波器，通带为 120～280 Hz，采样频率为 1 kHz，绘制滤波器的单位脉冲响应曲线。

MATLAB 程序如下：

```
%MATLAB PROGRAM 3-10
```

```
N=101;
Fs=1000;
[num, den]=butter(8, 2 * [120 250]/Fs);
Impz(num, den, N, Fs);
title('Impulse Response');
grid
```

程序运行结果如图 3.22 所示。

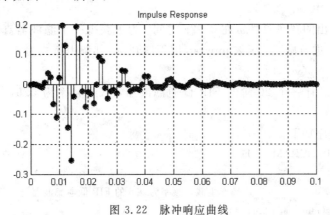

图 3.22　脉冲响应曲线

3.5.2　频域分析

频域分析主要包括幅频响应、相频响应和零极点位置等。

1. 滤波器的频率响应

MATLAB 提供了函数 freqs、freqz 等工具来分析滤波器的频率响应。

1) 函数 freqs

函数 freqs 用于求模拟滤波器的频率响应。其调用格式为

$\quad$ h=freqs(b, a, w)

$\quad$ [h, w]=freqs(b, a)

$\quad$ [h, w]=freqs(b, a, n)

$\quad$ freqs(b, a)

其中，b，a 分别为模拟滤波器传递函数的分子和分母系数向量；n 为频率点数，缺省值为 200；h 为频率响应，以复数表示，当输出缺省时，绘制模拟滤波器的幅频响应和相频响应曲线；w 为频率向量，以实数表示。

MATLAB 信号处理模块还提供了两个函数 abs(x) 和 angle(x)，以求取频率响应 $H(e^{j\omega})$ 的幅频响应 $|H(e^{j\omega})|$ 和相频响应 $\angle H(e^{j\omega})$，单位为弧度。

2) 函数 freqz

函数 freqz 用于求数字滤波器的频率响应。此函数已在第 1 章介绍了部分用法，其他调用格式为

$\quad$ [h, w]=freqz(num, den, n, Fs)

$\quad$ [h, w]=freqz(num, den, n, 'whole', Fs)

$$h = freqz(num, den, f, Fs)$$
$$freqz(num, den)$$

其中，num 和 den 分别为多项式分子系数和分母系数；n 为复频率响应的计算点数，默认为 512；Fs 为采样频率；h 为复频率响应；w 为 n 点频率矢量(弧度)；'whole'表示返回的 w 值为整个单位圆上的 N 点等间距的频率矢量；当函数 freqz 的返回值缺省时，绘制频率响应曲线。

3) 函数 unwrap

函数 freqz 输出的频率向量 ω 在 $0 \sim 2\pi$ 之间。为了获得一个滤波器真正的相频特性曲线，需对相位角 ω 进行修正。函数 unwrap 用于展开 ω，其调用格式为

$$P = unwrap(w)$$

【例 3.11】 设计一个 20 阶的 FIR 低通滤波器，截止频率为 0.5，求滤波器的频率响应。

MATLAB 程序如下：

```
%MATLAB PROGRAM 3-11
clc;
num=fir1(20, 0.4);              %产生截止频率为0.5的FIR低通滤波器
[h, w]=freqz(num, 1, 512);
magH=20 * log10(abs(h));
phaH1=unwrap(angle(h));
phaH=180 * phaH1/pi;
wnyq=w/pi;
subplot(2, 1, 1);
plot(wnyq, magH);
xlabel('频率 f'); ylabel('幅值(dB)'); grid;
subplot(2, 1, 2);
plot(wnyq, phaH);
xlabel('频率 f'); ylabel('相位(degree)'); grid;
```

程序运行结果如图 3.23 所示。

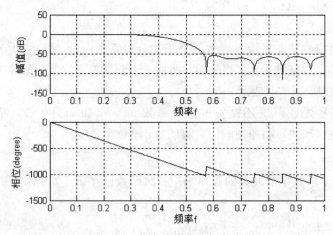

图 3.23　数字滤波器的频率响应

2. 零极点图

滤波器的零、极点位置决定了滤波器的稳定性和性能，MATLAB 信号处理模块提供有绘制离散时间系统零极点图的工具函数 zplane，其调用格式为

　　　　zplane(z, p)

　　　　zplane(num, den)

其中，z 和 p 分别为系统的零、极点向量；num 和 den 分别为系统函数的分子和分母系数向量。

3.6　数字滤波器的量化效应

有限字长的二进制数表示数字滤波系统的误差源主要有对系统中各系数的量化误差（受计算机中存储器的字长影响）、对输入模拟信号的量化误差（受 A/D 的精度或位数的影响）以及运算过程误差（如受计算机的精度影响导致溢出，舍入及误差累积等）。

3.6.1　二进制数的表示

1. 定点表示

整个运算中，若小数点在数码中的位置固定不变，则称为定点制。定点制总把数限制在 ± 1 之间，最高位为符号位，0 为正，1 为负，小数点紧跟在符号位之后。若数的本身只有小数部分，则称为"尾数"；定点数作加减法时结果可能会超出 ± 1，这称为"溢出"；乘法运算不溢出，但字长要增加一倍。为保证字长不变，乘法后，一般要对增加的尾数作截尾或舍入处理，这将带来误差。定点数的缺点是动态范围小，有溢出。

定点数的表示分为原码、反码及补码三种。

若设 $(b+1)$ 位码定点数为 $\beta_0 \beta_1 \beta_2 \cdots \beta_b$，则

（1）原码表示：

$$x = (-1)^{\beta_0} \sum_{i=1}^{b} \beta_i 2^{-i} \tag{3.35}$$

（2）反码表示：正数同原码，负数则将原码中的尾数按位求反。即

$$x = -\beta_0 (1 - 2^{-b}) + \sum_{i=1}^{b} \beta_i 2^{-i} \tag{3.36}$$

（3）补码表示：正数同原码，负数则将原码中的尾数求反加 1。即

$$x = -\beta_0 + \sum_{i=1}^{b} \beta_i 2^{-i} \tag{3.37}$$

2. 浮点表示

浮点表示为

$$x = \pm M \times 2^c \qquad \frac{1}{2} \leqslant M < 1 \tag{3.38}$$

式中，M 是尾数，c 为阶数。浮点制运算的优点是动态范围大，一般不溢出，但存在当执行相乘或相加运算时要对尾数作量化处理的缺点。

一般情况下，浮点数都用较长的字长，精度较高，因此讨论误差影响主要针对的是定点制。

3.6.2 定点制的量化误差

定点制中的乘法，运算完毕后会使字长增加。假定定点数是 b 位字长，则运算后将增长到 b_1 位，需对尾数作量化处理使 b_1 位字长降低到 b 位。量化处理包括截尾处理和舍入处理。

1. 截尾处理

截尾处理是保留 b 位，抛弃余下的尾数。用 $[\,\cdot\,]_T$ 表示截尾处理。量化宽度或量化阶 $q=2-b$，代表 b 位字长可表示的最小数。

1）正数

一个 b_1 位的正数的截尾误差为

$$E_T = [x]_T - x = -\sum_{i=b+1}^{b_1} \beta_i 2^{-i} \qquad -q \leqslant E_T \leqslant 0 \tag{3.39}$$

2）负数（$\beta_0 = 1$）

负数的三种码表示方式不同，所以误差也不同。

原码的截尾误差为

$$E_T = [x]_T - x = \sum_{i=b+1}^{b_1} \beta_i 2^{-i} \qquad 0 \leqslant E_T \leqslant q \tag{3.40}$$

补码的截尾误差为

$$E_T = \sum_{i=1}^{b} \beta_i 2^{-i} - \sum_{i=1}^{b_1} \beta_i 2^{-i} \qquad -q < E_T \leqslant 0 \tag{3.41}$$

反码的截尾误差为

$$E_T = [x]_T - x = -\sum_{i=b+1}^{b_1} \beta_i 2^{-i} + (2^{-b} - 2^{-b_1}) \qquad 0 \leqslant E_T < q \tag{3.42}$$

补码的截尾误差均是负值，原码、反码的截尾误差取决于数的正负，正数时为负，负数时为正。

【例 3.12】 试用 MATLAB 编写函数 a2dT，其功能是将原码十进制数转化为二进制数，对于这个二进制数，用给定位数进行截尾处理得到小数部分，并将结果表示为十进制。

MATLAB 程序如下：

```
%MATLAB PROGRAM 3 - 12
function beq=a2dT(d, n)
%产生一个十进制向量 d 的二进制表示的十进制等效 beq，其中 n 为截尾处理位数
m=1; d1=abs(d);
while fix(d1)>0
    d1=abs(d)/(10^m);
    m=m+1;
end
beq=0;
```

```
for k=[1: n]
    beq=fix(d1 * 2)/(2^k)+beq;
    d1=(d1 * 2)-fix(d1 * 2);
end
beq=sign(d). * beq * 10^(m-1);
```

2. 舍入处理

舍入处理就是按最接近的值取 b 位码,通过 $b+1$ 位上加 1 后作截尾处理实现。该法即为通常的四舍五入法,按最接近的数取量化,所以不论正数、负数,还是原码、补码、反码,误差总是在 $\pm q/2$ 之间,以 $[x]_R$ 表示对 x 作舍入处理。舍入处理的误差比截尾处理的误差小,所以对信号进行量化时多用舍入处理。

【例 3.13】 试用 MATLAB 编写函数 a2dR,其功能是将原码十进制数转化为二进制数,对于这个二进制数,用给定位数进行舍入处理得到小数部分,并将结果表示为十进制。

MATLAB 程序如下:

```
%MATLAB PROGRAM 3 - 13
function beq=a2dR(d, n)
%产生一个十进制向量 d 的二进制表示的十进制等效 beq,其中 n 为舍入处理位数
m=1; d1=abs(d);
while fix(d1)>0
    d1=abs(d)/(10^m);
    m=m+1;
end
beq=0; d1=d1 + 2^(-n-1);
for k=[1: n]
    beq=fix(d1 * 2)/(2^k) + beq;
    d1=(d1 * 2) - fix(d1 * 2);
end
beq=sign(d). * beq * 10^(m-1);
```

3.6.3 A/D 变换的量化效应

A/D 变换器分为采样和数字编码两部分。数字编码对采样序列作舍入或截尾处理,得到有限字长的数字信号 $\hat{x}(n)$。本节将讨论这一过程中的量化效应。

1. 量化噪声

对一个采样数据 $x(n)$ 作截尾和舍入处理,则截尾量化误差为

$$e_T(n) = -\sum_{i=b+1}^{\infty} \beta_i 2^{-i} \qquad -q < e_T(n) \leqslant 0 \qquad q = 2^{-b} \qquad (3.43)$$

舍入量化误差为

$$-\frac{q}{2} < e_R(n) \leqslant \frac{q}{2} \qquad (3.44)$$

式(3.43)和式(3.44)给出了量化误差的范围,但要精确知道误差的大小却很困难。一般总是通过分析量化噪声的统计特性来描述量化误差。对量化误差 $e(n)$ 的统计特性作如下

假定：

(1) $e(n)$是平稳随机序列，具有均匀等概率分布；

(2) $e(n)$与信号 $x(n)$不相关；

(3) $e(n)$序列中的任意两个值不相关，即为白噪声。

由上述假定知，量化误差是一个与信号序列完全不相关的白噪声序列，称为量化噪声。

截尾量化噪声的均值和方差分别为

$$m_e = \int_{-\infty}^{\infty} ep(e)\,\mathrm{d}e = \int_{-q}^{0} \frac{1}{q} e \,\mathrm{d}e = -\frac{q}{2}$$

$$\sigma_e^2 = \int_{-\infty}^{\infty} (e - m_e)^2 p(e)\,\mathrm{d}e = \frac{q^2}{12} \tag{3.45}$$

舍入量化噪声的均值和方差分别为

$$m_e = 0$$

$$\sigma_e^2 = \frac{q^2}{12} \tag{3.46}$$

由此可见，量化噪声的方差与 A/D 变换的字长直接有关，字长越长，量化噪声越小。

2. 量化信噪比

量化信噪比定义为

$$\frac{\sigma_x^2}{\sigma_e^2} = \frac{\sigma_x^2}{\frac{q^2}{12}} = (12 \times 2^{2b})\sigma_x^2 \tag{3.47}$$

式中，σ_x^2 为输入信号的方差，也即输入信号的功率；σ_e^2 为噪声的方差，也即量化噪声功率。量化信噪比用对数表示为

$$\mathrm{SNR} = 10 \lg\left(\frac{\sigma_x^2}{\sigma_e^2}\right) = 10 \lg\left[(12 \times 2^{2b})\sigma_x^2\right]$$

$$= 6.02(b+1) + 10 \lg(3\sigma_x^2) \tag{3.48}$$

由此可知，字长每增加 1 位，量化信噪比增加 6 个分贝；信号能量越大，量化信噪比越高。因信号本身有一定的信噪比，故单纯提高量化信噪比并无意义。

【例 3.14】 已知噪声在−1 至 1 之间均匀分布，求 $b=8$ 位和 $b=12$ 位时 A/D 的 SNR。

解 由于噪声均匀分布，故均值和方差分别为

$$E[x(n)] = 0$$

$$\sigma_x^2 = \int_{-1}^{1} \frac{1}{2} x^2 \,\mathrm{d}x = \frac{1}{3}$$

当 $b=8$ 位时，SNR=54 dB；

当 $b=12$ 位时，SNR=78 dB。

3. 量化噪声通过线性系统

为了单独分析量化噪声通过系统后的影响，可将系统近似看做完全理想的（即具有无限精度的线性系统）。在输入端线性相加的噪声，在系统的输出端也是线性相加的。系统的输出为

$$\hat{y}(n) = \hat{x}(n) * h(n) = x(n) * h(n) + e(n) * h(n) \tag{3.49}$$

输出噪声为

$$e_f(n) = e(n) * h(n) \tag{3.50}$$

若 $e(n)$ 为舍入噪声，则输出噪声的方差为

$$\sigma_f^2 = E[e_f^2(n)] = E\Big[\sum_{m=0}^{\infty} h(m)e(n-m) \sum_{l=0}^{\infty} h(l)e(n-l)\Big]$$

$$= \sum_{m=0}^{\infty} \sum_{l=0}^{\infty} h(m)h(l)E[e(n-m)e(n-l)] \tag{3.51}$$

由于 $e(n)$ 为白噪声，其各变量间互不相关，故

$$\sigma_f^2 = \sigma_e^2 \sum_{n=-\infty}^{\infty} |h(n)|^2$$

由帕斯维尔定理和留数定理得

$$\sigma_f^2 = \sigma_e^2 \sum_k \mathrm{Res}\Big[\frac{H(z)H(z^{-1})}{z}, z_k\Big] \tag{3.52}$$

则归一化输出噪声方差为

$$\sigma_{f,n}^2 = \frac{\sigma_f^2}{\sigma_e^2} = \sum_{n=-\infty}^{\infty} |h(n)|^2 \tag{3.53}$$

【例 3.15】　一个 8 位 A/D 变换器（$b=7$），其输出 $\hat{x}(n)$ 作为 IIR 滤波器的输入，求滤波器输出端的量化噪声功率和归一化噪声功率。已知 IIR 滤波器的系统函数为

$$H(z) = \frac{z}{z - 0.999}$$

解　由于 A/D 的量化效应，故滤波器输入端的噪声功率为

$$\sigma_e^2 = \frac{q^2}{12} = \frac{2^{-14}}{12} = \frac{2^{-16}}{3}$$

滤波器的输出噪声功率为

$$\sigma_f^2 = \frac{\sigma_e^2}{2\pi \mathrm{j}} \oint_c \frac{1}{(z - 0.999)(z^{-1} - 0.999)} \frac{\mathrm{d}z}{z}$$

其积分值等于单位圆内所有极点留数的和。单位圆内有一个极点 $z = 0.999$，故

$$\sigma_f^2 = \sigma_e^2 \frac{1}{\dfrac{1}{0.999} - 0.999} \cdot \frac{1}{0.999} = \frac{2^{-16}}{3} \frac{1}{1 - 0.999^2} = 2.5444 \times 10^{-3}$$

$$\sigma_{f,n}^2 = \frac{\sigma_f^2}{\sigma_e^2} = 500.2501$$

用 MATLAB 编写的求取归一化输出噪声方差程序如下：

```
%MATLAB PROGRAM 3-15
num=1;
den=[1, -0.999];
x=1;
order=max(length(num), length(den))-1;
si=[zeros(1, order)];
nvar=0; k=1;
```

```
while k>0.0000001
    [y, sf]=filter(num, den, x, si);
    si=sf; k=abs(y) * abs(y);
    nvar=nvar+k;
    x=0;
end
disp('归一化输出噪声方差：'); disp(nvar);
```

程序运行结果为

输出噪声方差：500.2501

3.6.4 有限字长运算对数字滤波器的影响

数字滤波器的实现涉及到相乘和求和两种运算。在定点制运算中，每一次乘法运算之后都要作一次舍入(截尾)处理，因此，引入了非线性。采用统计分析的方法，将舍入误差作为独立噪声 $e(n)$ 叠加在信号上。对舍入噪声 $e(n)$ 作如 A/D 变换量化误差相同的假设。根据假设，整个系统就可作为线性系统处理。每一个噪声可用第 1 章所讲的线性离散系统的理论求出其输出噪声，所有输出噪声经线性叠加后即可得到总的噪声输出。

1. IIR 的有限字长效应

由于 $e(n)$ 是叠加在输入端的，故由 $e(n)$ 造成的输出误差为

$$e_f = e(n) * h(n)$$

输出噪声方差

$$\sigma_f^2 = \frac{\sigma_e^2}{2\pi j} \oint_C H(z) H(z^{-1}) \frac{dz}{z} \tag{3.54}$$

【例 3.16】 已知一个二阶 IIR 低通数字滤波器，其系统函数为

$$H(z) = \frac{0.04}{(1-0.9z^{-1})(1-0.8z^{-1})}$$

要求采用定点制运算，尾数作舍入处理，分别计算其直接型、级联型和并联型三种结构的舍入误差。

解 (1)直接型：

$$H(z) = \frac{0.04}{1-1.7z^{-1}+0.72z^{-2}} = \frac{0.04}{B(z)}$$

直接型结构流图如图 3.24 所示。

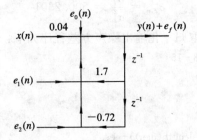

图 3.24　直接型结构流图

图中，$e_0(n)$、$e_1(n)$、$e_2(n)$ 分别为系数 0.04、1.7、-0.72 相乘后引入的舍入噪声。采用线性叠加方法，可看出输出噪声 $e_f(n)$ 是这三个舍入噪声通过网络 $H_0(z) = \dfrac{1}{B(z)}$ 形成的，因此

$$e_f(n) = (e_0(n) + e_1(n) + e_2(n)) * h_0(n)$$

其中，$h_0(n)$ 是 $H_0(z)$ 的单位脉冲响应。

输出噪声的方差为

$$\sigma_f^2 = 3\sigma_e^2 \cdot \frac{1}{2\pi j} \oint_c \frac{1}{B(z)B(z^{-1})} \frac{dz}{z}$$

将 $\sigma_e^2 = q^2/12$ 和 $B(z)$ 代入，利用留数定理可得

$$\sigma_f^2 = 22.4q^2$$

（2）级联型：

将 $H(z)$ 分解为

$$H(z) = \frac{0.04}{1 - 0.9z^{-1}} \cdot \frac{1}{1 - 0.8z^{-1}} = \frac{0.04}{B_1(z)} \cdot \frac{1}{B_2(z)}$$

级联型结构流图如图 3.25 所示。

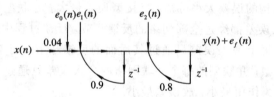

图 3.25　级联型结构流图

由图中可见，噪声 $e_0(n)$、$e_1(n)$ 通过网络 $H_1(z)$，噪声 $e_2(n)$ 只通过网络 $H_2(z)$。

$$H_1(z) = \frac{1}{B_1(z)B_2(z)}$$

$$H_2(z) = \frac{1}{B_2(z)}$$

则有

$$e_f(n) = (e_0(n) + e_1(n)) * h_1(n) + e_2(n) * h_2(n)$$

其中，$h_1(n)$ 和 $h_2(n)$ 分别是 $H_1(z)$ 和 $H_2(z)$ 的单位脉冲响应，因此

$$\sigma_f^2 = \frac{2\sigma_e^2}{2\pi j} \oint_c \frac{1}{B_1(z)B_2(z)B_1(z^{-1})B_2(z^{-1})} \frac{dz}{z} + \frac{\sigma_e^2}{2\pi j} \oint_c \frac{1}{B_2(z)B_2(z^{-1})} \frac{dz}{z}$$

将 $B_1(z) = 1 - 0.9z^{-1}$，$B_2(z) = 1 - 0.8z^{-1}$，$\sigma_e^2 = \dfrac{q^2}{12}$ 代入，得

$$\sigma_f^2 = 15.2q^2$$

（3）并联型：

将 $H(z)$ 分解为部分分式

$$H(z) = \frac{0.36}{1 - 0.9z^{-1}} + \frac{-0.32}{1 - 0.8z^{-1}} = \frac{0.36}{B_1(z)} + \frac{-0.32}{B_2(z)}$$

并联型结构流图如图 3.26 所示。

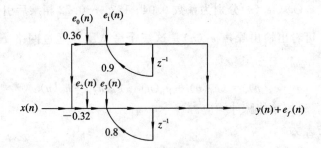

图 3.26　并联型结构流图

并联型结构有 4 个系数，故有 4 个舍入噪声，其中，$(e_0(n)+e_1(n))$ 只通过网络 $1/B_1(z)$，$(e_2(n)+e_3(n))$ 通过网络 $1/B_2(z)$。

输出噪声方差为

$$\sigma_f^2 = \frac{2\sigma_e^2}{2\pi\mathrm{j}} \oint_c \frac{1}{B_1(z)B_1(z^{-1})} \frac{\mathrm{d}z}{z} + \frac{2\sigma_e^2}{2\pi\mathrm{j}} \oint_c \frac{1}{B_2(z)B_2(z^{-1})} \frac{\mathrm{d}z}{z}$$

代入 $B_1(z)$ 和 $B_2(z)$ 及 σ_e^2 值，得

$$\sigma_f^2 = 1.34q^2$$

通过比较三种结构的误差大小可知，直接型误差最大，并联型误差最小。这是由于直接型结构的所有舍入误差都经过全部网络的反馈环节，反馈过程中误差积累，故输出误差很大；级联型结构的每个舍入误差只通过其后面的反馈环节，而不通过它前面的反馈环节，故误差小于直接型；并联型的每个并联网络的舍入误差只通过本身的反馈环节，与其他并联网络无关，积累作用最小，故误差最小。

因此，从有效字长效应看，直接型结构最差，运算误差最大，高阶时应避免采用；级联型结构较好；并联型结构最好，运算误差最小。

2. FIR 的有限字长效应

IIR 滤波器的分析方法同样适用于 FIR 滤波器，FIR 滤波器无反馈环节（频率采样型结构除外），不会造成舍入误差的积累，舍入误差的影响比同阶 IIR 滤波器小，不会产生非线性振荡。现以横截型结构为例分析 FIR 的有限字长效应。

1）舍入噪声

$N-1$ 阶 FIR 的系统函数为

$$H(z) = \sum_{m=0}^{N-1} h(m)z^{-m}$$

无限精度下，直接型结构的差分方程为

$$y(n) = \sum_{m=0}^{N-1} h(m)x(n-m)$$

有限精度运算时，直接型结构的差分方程为

$$\hat{y}(n) = y(n) + e_f(n) = \sum_{m=0}^{N-1} [h(m)x(n-m)]_R \tag{3.55}$$

每一次相乘后产生一个舍入噪声

$$[h(m)x(n-m)]_R = h(m)x(n-m) + e_m(n)$$

故

$$y(n) + e_f(n) = \sum_{m=0}^{N-1} h(m)x(n-m) + \sum_{m=0}^{N-1} e_m(n)$$

输出噪声为

$$e_f(n) = \sum_{m=0}^{N-1} e_m(n)$$

所有舍入噪声都直接加在输出端，因此输出噪声是这些噪声的简单和

$$\sigma_f^2 = N\sigma_e^2 = \frac{Nq^2}{12} \tag{3.56}$$

输出噪声方差与字长以及阶数有关，N 越高，运算误差越大；在运算精度相同的情况下，阶数越高的滤波器需要的字长越长。

【例 3.17】　计算当 $N=10$ 或 $N=1024$ 时，FIR 滤波器的输出噪声方差。其中，$b=17$。

解　当 $N=10$ 时，

$$\sigma_f^2 = \frac{Nq^2}{12} = 10 \times 2 - \frac{34}{12} = 4.85 \times 10^{-11} \quad (-103 \text{ dB})$$

当 $N=1024$ 时，

$$\sigma_f^2 = \frac{Nq^2}{12} = 1024 \times 2 - \frac{34}{12} = 4.97 \times 10^{-9} \quad (-83 \text{ dB})$$

因此，滤波器输出中，小数点后只有 4 位数字是有效的。

2）动态范围

定点运算时，动态范围的限制常导致 FIR 的输出结果发生溢出。利用比例因子，压缩信号的动态范围，可避免溢出。

3.6.5　舍入效应引起的极限环振荡

在 IIR 滤波器中，由于存在反馈环，舍入处理在一定条件下会引起非线性振荡，如零输入极限环振荡。

1. IIR 滤波器的零输入极限环振荡

量化处理是非线性的，在滤波器中由于运算过程中的尾数处理，使系统引入了非线性环节，数字滤波器变成了非线性系统。对于非线性系统，当系统存在反馈时，在一定条件下会产生振荡，数字滤波器也一样。

IIR 滤波器是一个反馈系统，在无限精度情况下，如果它的所有极点都在单位圆内，则这个系统总是稳定的，当输入信号为零后，IIR 数字滤波器的响应将逐步变为零。但同一滤波器，以有限精度进行运算，输入信号为零时，由于舍入引入的非线性作用，输出不会趋于零，而是停留在某一数值上，或在一定数值间振荡，这种现象即为"零输入极限环振荡"。

极限环振荡的幅度与量化阶成正比，与极点位置和滤波器阶数有关。增加字长，可减小极限环振荡。高阶 IIR 网络中，同样有这种极限环振荡现象，但振荡的形式更复杂。

2. 大信号极限环振荡

由于定点加法运算中的溢出，使数字滤波器输出产生的振荡称为大信号极限环振荡，

即溢出振荡。现以定点补码加法器为例来说明。

在2的补码运算中，二进制小数点左面的符号位若为1，则表示负数。如果两个正的定点数相加大于1，则进位后符号变为1，和数就变为负数。因此，2的补码累加器的作用就好比是对真实总和作了一个非线性变换，且输出具有循环的特性。

补码加法运算的一个重要特点是，只要最终结果不出现溢出，虽然在运算过程中可能发生溢出，但由于以上的循环特性，仍将保证最终结果是正确的。

克服溢出振荡较好的解决方法是，采用具有饱和溢出处理的补码加法器，如图3.27所示。当输入$|x|>1$时，把加法结果限制在最大值1，以消除溢出振荡。处理过程中，如检测到有溢出振荡，就把总和置于最大允许值。

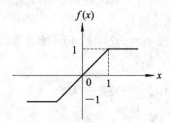

图 3.27　具有饱和溢出处理的补码加法器输入输出特性

3.6.6　系数量化对滤波器系数的影响

本节讨论第三种量化效应——系数的量化效应。由于滤波器的所有系数必须以有限长度的二进码形式存放在存储器中，所以必然对理想系数值取量化，造成实际系数存在误差，使零、极点位置发生偏离，影响滤波器性能。一个设计正确的滤波器，在实现时，由于系数量化，可能会导致实际滤波器的特性不符合要求，严重时甚至使单位圆内的极点偏离到单位圆外，从而使系统失去稳定性。

系数量化对滤波器的影响与字长以及滤波器的结构有关，选择合适的结构可改善系数量化的影响。

极点位置灵敏度指每个极点位置对各系数偏差的敏感程度。极点位置的变化将直接影响系统的稳定性。因此极点位置灵敏度可以反映系数量化对滤波器稳定性的影响。

设系数量化后的系统函数为

$$\hat{H}(z) = \frac{\sum_{i=1}^{N} \hat{a}_i z^{-i}}{1 - \sum_{i=1}^{N} \hat{b}_i z^{-i}} = \frac{A(z)}{B(z)} \tag{3.57}$$

量化后的系数

$$\hat{a}_i = a_i + \Delta a_i$$
$$\hat{b}_i = b_i + \Delta b_i \tag{3.58}$$

下面分析量化偏差 Δa_i、Δb_i 造成的极点位置偏差。设理想极点为 z_i，$i=1, 2, \cdots, N$，则

$$B(z) = 1 - \sum_{i=1}^{N} b_i z^{-i} = \prod_{i=1}^{N} (1 - z_i z^{-1}) \tag{3.59}$$

系数量化后，极点变为 $z_i + \Delta z_i$，位置偏差 Δz_i 是由 Δb_i 引起的。因每个极点都与 N 个 b_i 系数有关，$z_i = z_i(b_1, b_2, \cdots, b_N)$，故

$$\Delta z_i = \frac{\partial z_i}{\partial b_1} \Delta b_1 + \frac{\partial z_i}{\partial b_2} \Delta b_2 + \cdots + \frac{\partial z_i}{\partial b_N} \Delta b_N = \sum_{k=1}^{N} \frac{\partial z_i}{\partial b_k} \Delta b_k \qquad i = 1, 2, \cdots, N$$

$$(3.60)$$

$\dfrac{\partial z_i}{\partial b_k}$ 决定着量化影响的大小，反映极点 z_i 对系数 b_k 变化的敏感程度，其值越大，Δb_k 对 Δz_i 的影响越大，反之则影响越小，故称之为极点位置灵敏度。

下面由 $B(z)$ 求灵敏度 $\dfrac{\partial z_i}{\partial b_k}$。利用偏微分关系，有

$$\left. \frac{\partial B(z)}{\partial b_k} \right|_{z=z_i} = \left. \frac{\partial B(z)}{\partial z_i} \right|_{z=z_i} \left(\frac{\partial z_i}{\partial b_k} \right) \tag{3.61}$$

由此得到

$$\frac{\partial z_i}{\partial b_k} = \left. \frac{\dfrac{\partial B(z)}{\partial b_k}}{\dfrac{\partial B(z)}{\partial z_i}} \right|_{z=z_i} \tag{3.62}$$

由于

$$\frac{\partial B(z)}{\partial b_k} = -z^{-k}$$

$$\frac{\partial B(z)}{\partial z_i} = -z^{-N} \prod_{\substack{k=1 \\ k \neq i}}^{N} (z - z_k)$$

故

$$\frac{\partial z_i}{\partial b_k} = \frac{z_i^{N-k}}{\prod\limits_{\substack{k=1 \\ k \neq i}}^{N} (z_i - z_k)} \tag{3.63}$$

式(3.63)中，分母中每个因子是一个由极点 z_k 指向当前极点 z_i 的矢量，整个分母是所有极点指向极点 z_i 的矢量积，这些矢量越长，极点彼此间的距离越远，极点位置灵敏度越低；矢量越短，极点位置灵敏度越高。即极点位置灵敏度与极点间距离成反比。

影响极点位置灵敏度的几个因素：① 与零、极点的分布状态有关；② 极点位置灵敏度大小与极点间距离成反比；③ 与滤波器结构有关。

高阶直接型极点位置灵敏度高；并联或级联型的系数量化误差的影响小；高阶滤波器避免用直接型，尽量分解为低阶网络的级联或并联型。

3.7 小 结

本章介绍了数字滤波器的各种结构，重点阐述了 IIR 和 FIR 两类滤波器的结构，并相应介绍了实现这些结构的 MATLAB 函数。IIR 滤波器的基本结构主要有直接型、级联型和并联型；FIR 滤波器的基本结构主要有直接型、级联型、线性相位型和频率采样型。FIR 和 IIR 滤波器均具有的格型结构也予以了重点介绍。

最后对使用有限精度运算实现滤波带来的量化效应引起的各种问题也进行了阐述，主要包括 A/D 变换的量化效应、有限长运算、极限环振荡以及系数量化效应。

习　　题

3.1　已知 IIR 数字滤波器的系统函数为

$$H(z) = \frac{0.04566 + 0.1856z^{-1} + 0.2685z^{-2} + 0.1856z^{-3} + 0.05478z^{-4}}{1 - 0.7512z^{-1} + 0.685z^{-2} - 0.1926z^{-3} + 0.02868z^{-4}}$$

画出下面结构的实现流图：

(1) 直接 I 型；(2) 直接 II 型；(3) 级联型；(4) 并联型。

3.2　已知 FIR 数字滤波器的系统函数为

$$H(z) = 0.01 + 0.1166z^{-1} + 0.3655z^{-2} + 0.3755z^{-3} + 0.2277z^{-4}$$

画出下面结构的实现流图：

(1) 直接型；(2) 级联型；(3) 线性相位型；(4) 频率采样型。

3.3　设计一个 FIR 低通数字滤波器，对信号 $x(t) = \sin 2\pi f_1 t + 2\sin 2\pi f_2 t + w(t)$ 进行数字滤波。其中，$f_1 = 20\ \text{Hz}$，$f_2 = 60\ \text{Hz}$，$w(t)$ 为白噪声，要求除去信号中 50 Hz 以上的高频部分。试确定滤波器的传递函数和滤波后信号的频谱图。

3.4　已知一个滤波器的系统函数为

$$H(z) = \frac{0.1288(1 - 3z^{-1} + 4z^{-2} - 2z^{-3})}{1 + 0.3512z^{-1} + 0.6545z^{-2} + 0.226z^{-3}}$$

试绘制滤波器的幅频响应和相频响应曲线，并指出该滤波器的类型和功能。

第 4 章　工程数字滤波器设计

理想的数字滤波器是非因果的，因而物理上是不可实现的。数字滤波器的设计就是用一个因果稳定的离散线性时不变系统的系统函数去逼近理想滤波器的性能。

在设计数字滤波器的系统函数之前，有两个关键的问题需要考虑：一是分析使用数字滤波器的整个系统的需求，确定合理的滤波器频率响应指标；二是确定所设计的滤波器是有限长单位脉冲响应（FIR）滤波器，还是无限长单位脉冲响应（IIR）滤波器。

本书亦将有限长单位脉冲响应简称为有限冲激响应，无限长单位脉冲响应简称为无限冲激响应。

4.1　数字滤波器的技术指标与设计方法

4.1.1　数字滤波器的技术指标

理想滤波器是非因果的，物理上不可实现。为了物理上可实现，在通带与阻带之间应设置一定宽度的过渡带，并且在通带和阻带都允许一定的误差容限，即通带不一定是完全水平的，阻带不一定都绝对衰减到零。

物理上可实现的线性时不变系统是因果的，具有频率响应

$$H(\omega) = \frac{\sum_{k=0}^{M-1} b_k e^{-j\omega k}}{1 + \sum_{k=1}^{N} a_k e^{-j\omega k}} \tag{4.1}$$

数字滤波器设计的基本问题就是通过适当选取系数 a_k 和 b_k 来逼近任何理想频率响应特性。数字滤波器的幅频特性表示信号通过该滤波器后各频率成分的衰减情况；相频特性反映各频率成分通过滤波器后在时间上的延时情况。

物理上可实现的低通滤波器的幅频特性如图 4.1 所示，由通带、过渡带和阻带三部分组成，位于通带频率范围的信号可以无损通过。

从图 4.1 可知，数字低通滤波器的技术指标主要有：

(1) 通带截止频率 ω_p；

(2) 阻带截止频率 ω_s；

(3) 通带波纹 δ_1；

(4) 阻带波纹 δ_2；

(5) 通带内允许的最大衰减 α_p：

$$\alpha_p = -20 \lg(1 - \delta_1) = -20 \lg | H(e^{j\omega_p}) |$$

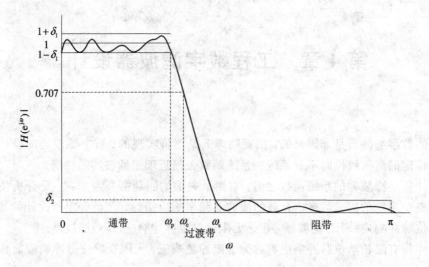

图 4.1　物理上可实现滤波器的幅度特性

(6) 阻带内允许的最小衰减 α_s：

$$\alpha_s = -20 \lg(1-\delta_2) = -20 \lg \mid H(e^{j\omega_s}) \mid$$

(7) 3 dB 通带截止频率 ω_c：当幅度 $\mid H(e^{j\omega}) \mid$ 下降到 0.707(即 3 dB)时对应的频率。

数字滤波器的设计问题就是基于上述技术指标，根据式(4.1)给出的频率响应特性，寻找一组系数 a_k 和 b_k，使其性能在某种意义上逼近系统所要求的特性。

4.1.2　数字滤波器的设计方法

在多数情况下，FIR 滤波器的阶数显著大于具有等效幅度响应的 IIR 滤波器的阶数，因而在很多应用中，在不要求滤波器具有严格的线性相位的情况下，通常会因计算简便而选择 IIR 滤波器。一种广泛应用的 IIR 滤波器设计方法是将一个模拟的原型传输函数转换为一个数字的传输函数。FIR 滤波器的设计原则是基于对指定幅度响应的直接逼近。

数字滤波器的一般设计步骤如下：

(1) 按照实际需要确定滤波器的性能要求；

(2) 用一个因果稳定系统的 $H(z)$ 或 $h(n)$ 去逼近该性能要求，即求 $h(n)$ 的表达式，再确定系数 a_i、b_i 或零、极点 c_i、d_i，以使滤波器满足给定的性能要求；

(3) 用一个有限精度的运算去实现这个系统函数，包括选择运算结构(如级联型、并联型、卷积型、频率采样型、快速卷积(FFT)型等)；

(4) 选择合适的字长和有效的数字处理方法，用数字电路或在计算机上编写软件实现所设计的 $H(z)$。

4.2　无限冲激响应(IIR)数字滤波器的设计

IIR 数字滤波器的设计方法主要有三种：经典设计(模拟滤波器变换)法、直接设计法以及最大平滑滤波器设计法。

　　经典设计法是借助于模拟滤波器的设计方法，即先设计一个合适的模拟滤波器，然后变换成满足给定指标的数字滤波器。在 IIR 滤波器设计中，经典设计法目前最为普遍。直接设计法是直接在频域或时域中进行设计，这是一种最优化设计法，但由于要解联立方程，因此需要计算机辅助进行设计。最大平滑滤波器设计法适用于一般化低通滤波器。

4.2.1　IIR 滤波器的经典设计

　　从模拟滤波器设计 IIR 数字滤波器，就是按照一定的转换关系将 s 平面上的 $H_a(s)$ 转换成 z 平面上的 $H(z)$。这种映射变换应遵循如下两个基本原则：

　　(1) $H(z)$ 的频响要能模仿 $H_a(s)$ 的频响，即 s 平面的虚轴应映射到 z 平面的单位圆 $e^{j\omega}$ 上。

　　(2) $H_a(s)$ 的因果稳定性映射成 $H(z)$ 后保持不变，即 s 平面的左半平面应映射到 z 平面的单位圆以内。

　　IIR 数字滤波器经典设计法的步骤如下：

　　(1) 将给定的数字滤波器的技术指标转换为模拟滤波器的技术指标；

　　(2) 估计模拟滤波器的最小阶数和边界条件，可利用 MATLAB 的工具函数 buttord、cheb1ord 等；

　　(3) 根据转换后的技术指标设计模拟低通滤波器原型，可利用 MATLAB 的工具函数 buttap、cheb1ap、ellipap 等；

　　(4) 由频率变换将模拟低通滤波器原型转化为所需的模拟滤波器(低通、高通、带通等)，可利用 MATLAB 的工具函数 lp2lp、lp2hp、lp2bp 等；

　　(5) 按照一定规则将模拟滤波器转换为数字滤波器。

　　从模拟滤波器到数字滤波器的转换有两种方法：脉冲响应不变法和双线性变换法。

　　1. 脉冲响应不变法

　　脉冲响应不变法是从滤波器的脉冲响应出发，使数字滤波器的单位脉冲响应序列 $h(n)$ 正好等于模拟滤波器的冲激响应 $h_a(t)$ 的采样值，即

$$h(n) = h_a(t)\,|_{t=nT} \tag{4.2}$$

式中，T 为采样周期。

　　因此，数字滤波器的系统函数 $H(z)$ 可由下式求得：

$$H(z) = \mathscr{Z}[h(n)] = \mathscr{Z}[h_a(nT)] \tag{4.3}$$

　　采用脉冲响应不变法将模拟滤波器变换为数字滤波器时，它所完成的 s 平面到 z 平面的变换，正是拉普拉斯变换到 $\mathscr{Z}$ 变换的标准变换关系 $z = e^{sT}$。这种映射关系反映的是 $H_a(s)$ 的周期延拓与 $H(z)$ 的关系，而不是 $H_a(s)$ 本身与 $H(z)$ 的关系。

　　脉冲响应不变法的数字角频率 ω 和模拟角频率 Ω 满足线性变换关系：$\omega = \Omega T$。

　　若模拟滤波器频响是带限的，则通过变换所得的数字滤波器的频响可以非常接近于模拟滤波器的频响。但任何一个实际模拟滤波器的频响都不可能是真正带限的，使通过变换所得的数字滤波器的频响不可避免地存在频谱混叠，与原模拟滤波器的频响相比，存在一定的失真。模拟滤波器频响在过渡带衰减越快，失真越小，采用脉冲响应不变法设计的数字滤波器才能获得良好的效果。

　　在 MATLAB 中，可用函数 impinvar 来实现脉冲响应不变法，调用格式为

　　　　[bz，az]＝ impinvar(b，a，fs)

　　　　[bz，az]＝ impinvar(b，a)

其中，b 和 a 分别为模拟滤波器的分子和分母多项式系数向量；fs 为采样频率，缺省值为 1 Hz；bz 和 az 分别为数字滤波器的分子和分母多项式系数向量。

　　【例 4.1】　用脉冲响应不变法设计一个巴特沃斯低通数字滤波器，设计指标为 $\omega_p＝$ 0.2 π，$\omega_s＝0.3\pi$，$r_p＝3$ dB，$r_s＝15$ dB，采样频率 $f_s＝10$ kHz。

　　MATLAB 程序如下：

```
％MATLAB PROGRAM 4 - 1
wp=0.2 * pi * 10000;              ％数字指标转化为模拟指标
ws=0.3 * pi * 10000;
rp=3;
rs=15;
fs=10000;
Nn=256;
[n，wn]=buttord(wp，ws，rp，rs，′s′);  ％计算阶数 n 和截止频率 wn
[z，p，k]=buttap(n);               ％设计模拟低通滤波器原型
[bap，aap]=zp2tf(z，p，k);          ％传递函数形式
[b，a]=lp2lp(bap，aap，wn);         ％低通到低通的频率变换
[bz，az]=impinvar(b，a，fs);        ％数字滤波器变换
freqz(bz，az，Nn，fs);
```

程序运行结果如图 4.2 所示。

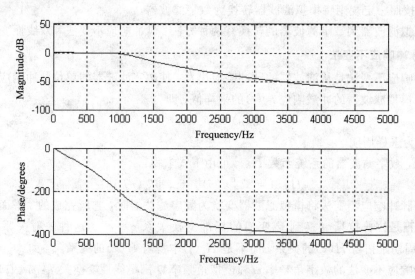

图 4.2　基于脉冲响应不变法的数字滤波器的频响图

　　脉冲响应不变法的最大缺点是有频谱周期延拓效应，因此，只能用于带限频响特性的滤波器设计，如衰减特性很好的低通或带通滤波器。

2. 双线性变换法

从 s 平面到 z 平面的双线性变换为

$$s = \frac{2}{T} \frac{1 - z^{-1}}{1 + z^{-1}} \tag{4.4}$$

$$z = \frac{1 + \dfrac{T}{2} s}{1 - \dfrac{T}{2} s} \tag{4.5}$$

式中，T 为采样周期。

双线性变换式(4.4)和式(4.5)具有一一对应的映射关系，它将 s 平面上的一点映射为 z 平面上的一点，或将 z 平面上的一点映射为 s 平面上的一点。系统函数 $H(z)$ 和原型模拟传输函数 $H_a(s)$ 之间的关系为

$$H(z) = H_a(s) \Big|_{s = \frac{2}{T} \frac{1-z^{-1}}{1+z^{-1}}} \tag{4.6}$$

双线性变换是通过应用梯形数值积分方法来从 $H_a(s)$ 的微分方程得到 $H(z)$ 的差分方程的一种变换。z 平面的 ω 与 s 平面的 Ω 之间呈非线性关系

$$\omega = 2 \arctan \frac{\Omega T}{2} \tag{4.7}$$

这种非线性关系导致双线性变换法的频率标度非线性失真，直接影响数字滤波器频响逼近模拟滤波器的频响。

在 MATLAB 中，可用函数 bilinear 实现双线性变换，根据不同形式的模拟滤波器原型，调用格式不同。

1) 零极点增益形式

[zd, pd, kd]= bilinear(z, p, k, fs)

[zd, pd, kd]= bilinear(z, p, k, fs, fp)

其中，z、p、k 和 zd、pd、kd 分别为 s 域和 z 域系统函数的零点、极点和增益，fs 为采样频率，fp 为预畸变频率。

2) 传递函数形式

[numd, dend]= bilinear(mun, den, fs)

[numd, dend]= bilinear(mun, den, fs, fp)

其中，numd，dend 和 num，den 分别为数字滤波器和模拟滤波器传递函数的分子和分母多项式系数向量，fs 和 fp 意义同上。

【例 4.2】　设计一个巴特沃斯低通数字滤波器，其通带截止频率为 0.2π，阻带边界频率为 0.3π，通带波纹小于 3 dB，阻带衰减大于 15 dB，采样频率为 10 kHz。

MATLAB 程序如下：

```
%MATLAB PROGRAM 4 - 2
wp=0.2 * pi;
ws=0.3 * pi;
rp=3;
rs=15;
fs=10000;
```

```
Nn=128;
wp=2*10000*tan(wp/2);                    %数字指标转化为模拟指标
ws=2*10000*tan(ws/2);
[n,wn]=buttord(wp,ws,rp,rs,'s');         %计算阶数 n 和截止频率 wn
[z,p,k]=buttap(n);                       %设计模拟低通滤波器原型
[bap,aap]=zp2tf(z,p,k);
[b,a]=lp2lp(bap,aap,wn);
[bz,az]=bilinear(b,a,fs);
freqz(bz,az,Nn,fs);
```

程序运行结果如图 4.3 所示。

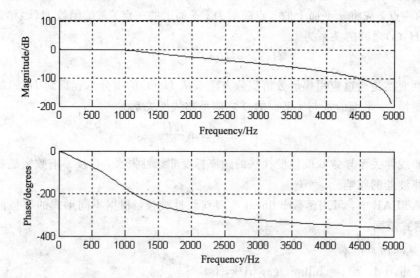

图 4.3 基于双线性变换法的数字滤波器的频响图

3. 最小阶数选择函数

在模拟滤波器和数字滤波器的设计中，一个重要的步骤就是确定滤波器的最小阶数和截止频率。滤波器的性能指标（通带边界频率、阻带边界频率、通带波纹、阻带衰减）与阶数之间存在着一定的函数关系。MATLAB 信号处理工具箱提供了工具函数来计算各类滤波器的最小阶数和截止频率。

（1）计算巴特沃斯滤波器最小阶数可选择函数 butter，调用格式为

[n, wn]=butter(wp, ws, rp, rs, 's')

[n, wn]=butter(wp, ws, rp, rs)

（2）计算切比雪夫 I 型滤波器最小阶数可选择函数 cheb1ord，调用格式为

[n, wn]= cheb1ord(wp, ws, rp, rs)

[n, wn]= cheb1ord(wp, ws, rp, rs)

（3）计算切比雪夫 II 型滤波器最小阶数可选择函数 cheb2ord，调用格式为

[n, wn]= cheb2ord(wp, ws, rp, rs, 's')

[n, wn]= cheb2ord(wp, ws, rp, rs)

（4）计算椭圆滤波器最小阶数可选择函数 ellipord，调用格式为

$$[n, wn] = \text{ellipord}(wp, ws, rp, rs, 's')$$

$$[n, wn] = \text{ellipord}(wp, ws, rp, rs)$$

其中，wp 为通带边界频率；ws 为阻带边界频率；rp 为通带波纹；rs 为阻带衰减；'s'表示模拟滤波器，缺省时表示数字滤波器；n 为最小阶数；wn 为截止频率。

模拟滤波器性能指标给出的通带和阻带边界频率的单位为 rad/s，数字滤波器性能指标给出的通带和阻带边界频率的单位为 rad。MATLAB 中常采用标准化频率，其取值范围为 0～1，标准化频率的 1 对应的数字频率为 π，对应的模拟频率为采样频率的一半。

对于带通和带阻滤波器存在两个过渡带，其通带和阻带的边界频率 wp 和 ws 均应为两个元素的行向量，这时，返回值截止频率 wn 也为两个元素的行向量 wn=[w1, w2]。

4. 频率变换

在模拟滤波器的设计中，可以通过归一化低通原型的变换，即利用 MATLAB 提供的四个工具函数 lp2lp、lp2hp、lp2bp 和 lp2bs 去分别设计各种实际的模拟低通、高通、带通或带阻滤波器，再借助 s 域到 z 域的变换来设计相应的 IIR 数字滤波器。这是一种重要的方法。

下面讨论另一种重要方法，即基于模拟滤波器低通原型，根据频率变换的基本原理，利用模拟滤波器设计函数和双线性变换，实现各类低通、高通、带通和带阻数字滤波器。MATLAB 提供了 butter、cheby1、cheby2 以及 ellip 四种函数分别一次完成巴特沃斯、切比雪夫Ⅰ型、切比雪夫Ⅱ型以及椭圆滤波器的设计，以此简化设计步骤。

1) 低通变换

在模拟滤波器的低通设计中，利用完全设计函数来设计模拟低通滤波器，利用双线性变换来得到数字低通滤波器。

【例 4.3】 设采样周期 $T = 250\ \mu s$，设计一个三阶巴特沃斯低通数字滤波器，其 3 dB 截止频率 $f_c = 1\ \text{kHz}$。

解　直接按 $\Omega_c = 2\pi f_c$ 设计模拟滤波器 $H_a(s)$。以截止频率 Ω_c 归一化的三阶巴特沃斯滤波器的传递函数为

$$H_a(s) = \frac{1}{1 + 2s + 2s^2 + s^3}$$

MATLAB 程序如下：

```
%MATLAB PROGRAM 4 - 3
N=3; fs=4000;
wn=2 * pi * 1000;
[B, A]=butter(N, wn, 's');
[num, den]=bilinear(B, A, fs);
[h, w]=freqz(num, den);
f=w/pi * 2000;              %转化为实际采样频率(Hz)
plot(f, 20 * log10(abs(h)));
xlabel('f/Hz');
ylabel('幅值/dB'); grid;
```

程序运行结果如图 4.4 所示。

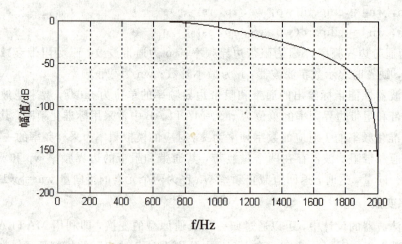

图 4.4　三阶巴特沃斯滤波器的幅频特性曲线

2) 高通变换

在模拟滤波器的高通设计中，低通至高通的变换就是 s 变量的倒置，这一关系同样可应用于双线性变换，只要将变换式中的 s 代之以 $1/s$，就可得到数字高通滤波器。由于倒数关系不改变模拟滤波器的稳定性，因此也不会影响双线性变换后的稳定条件，而且 $j\Omega$ 轴仍映射在单位圆上。

【例 4.4】　设计一个切比雪夫高通滤波器，它的通带为 400～500 Hz，通带内允许有 0.5 dB 的波动，阻带衰减在小于 317 Hz 的频带内至少为 19 dB，采样频率为1 kHz。

解

$$\Omega_c = \frac{T}{2} \cdot \cot \frac{2\pi \times 400}{2 \times 1000} = \frac{T}{2} \times 0.324\ 92$$

$$\Omega_r = \frac{T}{2} \cdot \cot \frac{2\pi \times 317}{2 \times 1000} = \frac{T}{2} \times 0.6498$$

$$\widetilde{\Omega}_c = \frac{\Omega_c}{T/2} = 0.324\ 92$$

$$\widetilde{\Omega}_r = \frac{\Omega_s}{T/2} = 0.6498 \approx 2\widetilde{\Omega}_c$$

$$H_a(\tilde{s}) = \frac{0.025\ 584\ 215\ 5}{\tilde{s}^3 + 0.412\ 734\ 6\tilde{s}^2 + 0.166\ 563\ 075\tilde{s} + 0.025\ 584\ 215\ 5}$$

$$\tilde{s} = \frac{s}{T/2} = \frac{1 + z^{-1}}{1 - z^{-1}}$$

$$H(z) = \frac{0.015\ 941\ 49(1 - z^{-1})^3}{1 + 1.974\ 860\ 24z^{-1} + 1.524\ 277\ 84z^{-2} + 0.453\ 767\ 86z^{-3}}$$

MATLAB 程序如下：

```
%MATLAB PROGRAM 4 - 4
wp=2 * 1000 * tan(2 * pi * 400/(2 * 1000));        %数字指标转化为模拟指标
ws=2 * 1000 * tan(2 * pi * 317/(2 * 1000));
rp=0.5; rs=19;
[N, wn]=cheb1ord(wp, ws, rp, rs, 's');
```

```
[B, A]=cheby1(N, 0.5, wn, 'high', 's');
[num, den]=bilinear(B, A, 1000);
[h, w]=freqz(num, den);
f=w/pi*500;
plot(f, 20*log10(abs(h)));
xlabel('f/Hz'); ylabel('幅度/dB'); grid;
```

程序运行结果如图 4.5 所示。

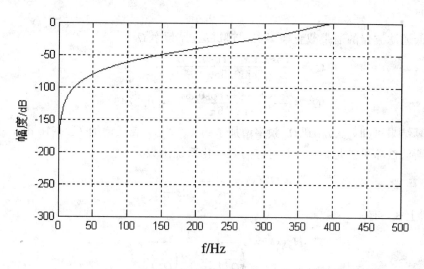

图 4.5　切比雪夫高通滤波器的幅频特性曲线

3）带通变换

若数字频域上带通滤波器的中心频率为 ω_0，则带通变换是将 s 的原点映射到 $z = e^{\pm j\omega_0}$，而将 $s = \pm j\infty$ 点映射到 $z = \pm 1$，满足这一要求的双线性变换为

$$s = \frac{(z - e^{j\omega_0})(z - e^{-j\omega_0})}{(z - 1)(z + 1)} = \frac{z^2 - 2z\cos\omega_0 + 1}{z^2 - 1} \tag{4.8}$$

带通变换关系为

$$\Omega = \frac{\cos\omega_0 - \cos\omega}{\sin\omega} \tag{4.9}$$

设计带通滤波器时，一般只给出上下边带的截止频率 ω_1、ω_2 作为设计要求。为了实现带通变换，先需将上下边带参数 ω_1、ω_2 换算成中心频率 ω_0 及模拟低通截止频率 Ω_c。为此将 ω_1 和 ω_2 代入变换关系式（4.9），并由 Ω_1 和 Ω_2 在模拟低通滤波器中是一对镜像频率（$\Omega_1 = -\Omega_2$）可得到

$$\cos\omega_0 = \frac{\sin(\omega_1 + \omega_2)}{\sin\omega_1 + \sin\omega_2} = \frac{\cos\dfrac{\omega_1 + \omega_2}{2}}{\cos\dfrac{\omega_1 - \omega_2}{2}} \tag{4.10}$$

又因 Ω_1 就是模拟低通滤波器的截止频率 Ω_c，故有

$$\Omega_c = \frac{\cos\omega_0 - \cos\omega_1}{\sin\omega_1} \tag{4.11}$$

【例 4.5】　设计一巴特沃斯带通滤波器，采样频率 $f_s = 400\ \text{kHz}$，其 3 dB 边界频率分

别为 $f_1 = 110$ kHz，$f_2 = 90$ kHz，在阻带 $f_3 = 120$ kHz 处最小衰减大于 10 dB。

解 确定数字频域的上下边带的角频率

$$\omega_1 = \frac{2\pi f_1}{f_s} = 0.55\pi \qquad \omega_2 = \frac{2\pi f_2}{f_s} = 0.45\pi \qquad \omega_3 = \frac{2\pi f_3}{f_s} = 0.6\pi$$

求得中心频率

$$\cos\omega_0 = \frac{\sin(0.45\pi + 0.55\pi)}{\sin 0.45\pi + \sin 0.55\pi}$$

$$\omega_0 = 0.5\pi$$

求得模拟低通滤波器的通带截止频率 Ω_c 与阻带边界频率 Ω_s 为

$$\Omega_c = \frac{\cos 0.5\pi - \cos 0.55\pi}{\sin 0.55\pi} = 0.1584$$

$$\Omega_s = \frac{\cos 0.5\pi - \cos 0.6\pi}{\sin 0.6\pi} = 0.3249$$

由计算结果可知，从 Ω_c 到 Ω_s 频率增加了约 1.05 倍，衰减增加了 3～10 dB，故选用二阶巴特沃斯滤波器可满足指标。其对应的归一化系统函数为

$$H'_a(s) = \frac{1}{s^2 + \sqrt{2}s + 1}$$

将 Ω_c 代入上式，有

$$H_a(s) = \frac{1}{\left(\dfrac{s}{\Omega_c}\right)^2 + \sqrt{2}\left(\dfrac{s}{\Omega_c}\right) + 1}$$

代入变换公式，有

$$s = \frac{z^2 - 2z\cos\omega_0 + 1}{z^2 - 1} = \frac{z^2 + 1}{z^2 - 1}$$

$$H(z) = \frac{(z^2 - 1)^2}{37.66z^4 + 84.25z^2 + 37.66}$$

MATLAB 程序如下：

```
%MATLAB PROGRAM 4-5
w1=2*400*tan(2*pi*90/(2*400));
w2=2*400*tan(2*pi*110/(2*400));
w4=2*400*tan(2*pi*120/(2*400));
w3=2*400*tan(2*pi*(90-10)/(2*400));
wp=[w1, w2]; ws=[w3, w4];
rp=3; rs=10;
[N, wn]=buttord(wp, ws, rp, rs, 's');
[B, A]=butter(N, wn, 's');
[num, den]=bilinear(B, A, 400);
[h, w]=freqz(num, den);
f=w/pi*200;
plot(f, 20*log10(abs(h)));
axis([40, 160, -30, 10]); xlabel('f/kHz'); ylabel('幅度/dB'); grid;
```

程序运行结果如图 4.6 所示。

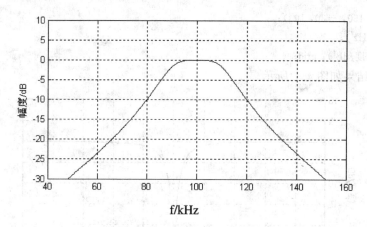

图 4.6　巴特沃斯带通滤波器的幅频特性曲线

4）带阻变换

将带通滤波器的频率关系倒置就得到带阻变换，即

$$\Omega_c = \frac{\sin\omega_1}{\cos\omega_1 - \cos\omega_0} \tag{4.12}$$

5. IIR 数字滤波器的完全设计函数

MATLAB 信号处理工具箱提供了 IIR 滤波器的完全设计函数，这种函数既可用于设计模拟滤波器，又可用于设计数字滤波器。针对数字滤波器的设计，下面简要介绍这些函数及其调用格式。

1）函数 butter

函数 butter 用于巴特沃斯滤波器的设计，调用格式为

　　　[b, a]＝butter(n, wn)

　　　[b, a]＝butter(n, wn, 'ftype')

　　　[z, p, k] ＝butter(…)

其中，b、a 为所要求的系统函数多项式的分子和分母系数向量；n 为滤波器的阶数；wn 为滤波器的截止频率。'ftype' 为滤波器的类型：若缺省则为低通或带通滤波器；'high' 为高通滤波器；'stop' 为带阻滤波器，截止频率 wn＝[w1, w2]。

【例 4.6】　设计一巴特沃斯带阻滤波器，采样频率 $f_s =$ 1 kHz，要滤除 100 Hz 的干扰，其 3 dB 的边界频率为 95 Hz 和 105 Hz，原型归一化低通滤波器为 $H_a(s) = \dfrac{1}{1+s}$。

MATLAB 程序如下：

```
%MATLAB PROGRAM 4 - 6
fs=1000;
w1=2 * 95/fs; w2=2 * 105/fs;
wn=[w1, w2];
[B, A]=butter(1, wn, 'stop');
[h, w]=freqz(B, A);
f=w/pi * 500;
plot(f, 20 * log10(abs(h)));
```

```
axis([50, 150, -30, 10]);
xlabel('f/Hz');
ylabel('幅度/dB'); grid;
```

程序运行结果如图 4.7 所示。

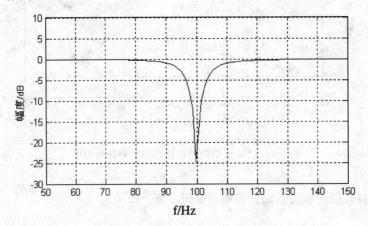

图 4.7　巴特沃斯带阻滤波器的幅频特性曲线

2) 函数 cheby1

函数 cheby1 用于切比雪夫 I 型滤波器的设计，调用格式为

```
[b, a]= cheby1(n, rp, wn)
[b, a]= cheby1(n, rp, wn, 'ftype')
[z, p, k]= cheby1(…)
```

其中，n 为滤波器阶数，rp 为通带波纹，其余各项同函数 butter。

3) 函数 cheby2

函数 cheby2 用于切比雪夫 II 型滤波器的设计，调用格式为

```
[b, a]= cheby2(n, rs, wn)
[b, a]= cheby2(n, rs, wn, 'ftype')
[z, p, k]= cheby2(…)
```

其中，n 为滤波器阶数，rs 为阻带衰减，其余各项同函数 butter。

【例 4.7】　设计一个带通切比雪夫 II 型数字滤波器，通带频率为 150～300 Hz，过渡带宽为 50 Hz，通带波纹小于 1 dB，阻带衰减为 20 dB，采样频率为 1 kHz。

MATLAB 程序如下：

```
%MATLAB PROGRAM 4 - 7
fs=1000;
wp=[150, 300] * 2/fs;                %数字指标标准化
rp=1; rs=20;
ws=[(150-50), (300+50)] * 2/fs;
[n, wn]=cheb2ord(wp, ws, rp, rs);    %计算最小阶数和截止频率
[b, a]=cheby2(n, rs, wn);
[h, w]=freqz(b, a);
f=w/pi * 500;
```

```
plot(f, 20 * log10(abs(h)));
axis([0, 500, -100, 2]);
xlabel('f/Hz'); ylabel('幅度/dB'); grid;
```

程序运行结果如图 4.8 所示。

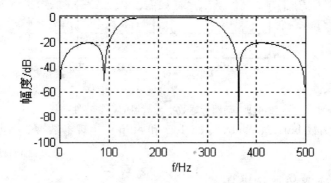

图 4.8　切比雪夫 II 型带通数字滤波器的幅频特性曲线

4) 函数 ellip

函数 ellip 用于椭圆滤波器的设计，调用格式为

$$[b, a] = ellip(n, rp, rs, wn)$$
$$[b, a] = ellip(n, rp, rs, wn, 'ftype')$$
$$[z, p, k] = ellip(\cdots)$$

其中，n 为滤波器阶数，rp 为通带波纹，rs 为阻带衰减，wn 为截止频率，其余各项同函数 butter。

【例 4.8】　设计一个椭圆带通数字滤波器，通带频率为 $150\sim400$ Hz，通带波纹小于 3 dB，阻带衰减为 40 dB，两边过渡带宽为 50 Hz，采样频率为 2 kHz。

MATLAB 程序如下：

```
%MATLAB PROGRAM 4-8
fs=2000;
wp=[150, 400] * 2/fs;              %数字指标标准化
rp=3; rs=40;
ws=[(150-50), (400+50)] * 2/fs;
[n, wn]=ellipord(wp, ws, rp, rs);  %计算最小阶数和截止频率
[b, a]=ellip(n, rp, rs, wn);
[h, w]=freqz(b, a);
f=w/pi * 500;
plot(f, 20 * log10(abs(h)));
xlabel('f/Hz');
ylabel('幅度/dB'); grid;
```

程序运行结果如图 4.9 所示。

若设计的是给定阶数的滤波器，且对截止频率的精度无特殊要求，则可以直接调用完全设计函数 butter、cheby1、cheby2 及 ellip 进行相关滤波器的设计，从而简化设计过程。

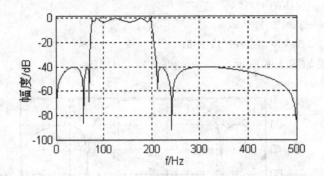

图 4.9 椭圆带通数字滤波器的幅频特性曲线

若完全设计函数 butter、cheby1、cheby2 和 ellip 中出现参数 's'，则可实现相应模拟滤波器的设计。

4.2.2 IIR 滤波器的直接设计

若所设计的 IIR 滤波器的幅频特性比较复杂，比如具有任意形状或多频带滤波器等，则经典设计法显得无能为力，此时可以采用最小二乘法拟合给定的幅频响应，使设计的滤波器的幅频特性逼近期望值，这种设计方法称为 IIR 滤波器的直接设计法。

在设计过程中，若对系数函数零、极点位置未进行任何约束，则零、极点可能在单位圆内，也可能在单位圆外。如果极点在单位圆外，那么滤波器不是因果稳定的，因此需要对这些单位圆外的极点进行修正。由于系统函数是一个有理函数，故零、极点均以共轭成对的形式存在。

MATLAB 信号处理工具箱提供了函数 yulewalk 直接设计 IIR 数字滤波器，调用格式为

$$[b, a] = yulewalk(n, f, m)$$

其中，n 为滤波器的阶数；f 为给定滤波器的频率点向量，标准化频率取值范围为 0~1，f 的第一个频率点必须是 0，最后一个频率点必须是 1，且 f 的频率点必须是递增的；m 为与频率向量 f 对应的理想幅值响应向量，m 和 f 必须是相同维数的向量；b 和 a 分别是滤波器系统函数的分子多项式和分母多项式系数向量。

函数 yulewalk 采用以下步骤计算分子多项式：

(1) 计算与分子多项式相应的幅值平方响应的辅助式；

(2) 由辅助分子式和分母多项式计算完全的频率响应；

(3) 计算滤波器的脉冲响应；

(4) 采用最小二乘法拟合脉冲响应，求取滤波器的多项式系数。

函数 yulewalk 允许自定义 f 和 m，因此可以设计出任意形状的幅频响应的滤波器，但它不能设计给定相位指标的滤波器。

【例 4.9】 用直接法设计一个多频带数字滤波器，幅频响应值如下：

```
f=[0  0.1  0.2  0.3  0.4  0.5  0.6  0.7  0.8  0.9  1];
m=[0  1  1  0  0  1  1  1  0  0]
```

MATLAB 程序如下：

```
%MATLAB PROGRAM 4 - 9
n=10;
f=[0; 0.1; 1];
m=[0, 1, 1, 0, 0, 1, 1, 1, 0, 0, 0];
[b, a]=yulewalk(n, f, m);
[h, w]=freqz(b, a, 256);
axes('position', [0.2, 0.2, 0.4, 0.4]);
plot(f, m, 'b—', w/pi, abs(h), 'r: ');
xlabel('频率(π)');
ylabel('幅值');
title('Direct IIR Filter Design-Yulewalk');
legend('b—', '理想波形', 'r: ', '实际波形');
grid;
```

程序运行结果如图 4.10 所示。

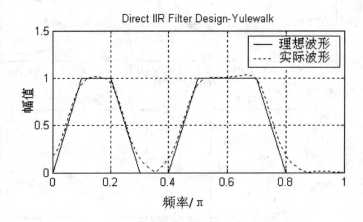

图 4.10　直接法设计的多频带滤波器幅频特性曲线

4.2.3　最大平滑 IIR 数字滤波器设计

最大平滑 IIR 数字滤波器是指通用巴特沃斯低通数字滤波器，其分子和分母的阶数不但可以不同，而且分子阶数可以高于分母，是更一般化的形式。这种滤波器的频率特性更加平滑，在实现上更加经济。

MATLAB 信号处理工具箱提供了函数 maxflat 来设计最大平滑数字滤波器，调用格式为

　　　　$[b, a] = \text{maxflat}(nb, na, wn)$

　　　　$b = \text{maxflat}(nb, 'sym', wn)$

　　　　$[b, a, b1, b2] = \text{maxflat}(nb, na, wn)$

　　　　$[b, a, b1, b2] = \text{maxflat}(nb, na, wn, 'design-flag')$

其中，nb 和 na 分别为滤波器分子和分母多项式的系数；wn 为滤波器 −3 dB 的截止频率，取值范围为 0～1；'sym' 表示对称型 FIR 巴特沃斯滤波器；b 为滤波器分子多项式系数向量；b1 为多项式系数向量，包含全部 z=−1 的零点；b2 为多项式系数向量，包含除 −1 外

的其余全部零点，b＝b1 ＊ b2。'design-flag'为监测设计过程标志：trace 为表格显示设计过程；plot 为绘制滤波器的幅频图，群延时和零、极点图。

【例 4.10】 设计通用巴特沃斯低通数字滤波器，其系统函数分子阶数为 6，分母阶数为 3，截止频率为 0.7π。

MATLAB 程序如下：

```
%MATLAB PROGRAM 4 - 10
nb＝6;
na＝3;
wn＝0.7 * pi;
[b, a]＝maxflat(nb, na, wn, 'plot');
```

程序运行结果如图 4.11 所示。

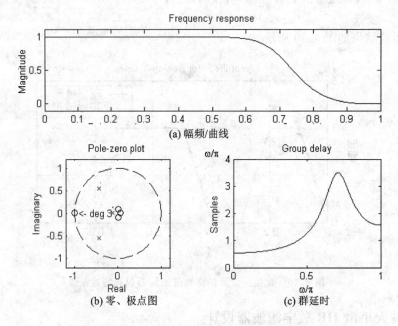

图 4.11　最大平滑巴特沃斯低通数字滤波器特性曲线

4.3　有限冲激响应(FIR)数字滤波器的设计

IIR 数字滤波器设计过程中只考虑了幅频特性，没有考虑相位特性，故所设计的滤波器相位特性一般是非线性的。为了得到线性相位特性，则要采用全通网络进行相位校正。

FIR 滤波器的设计是通过对理想滤波器的频率特性作某种逼近得到的，它是基于对指定幅度响应的直接逼近，通常还需加上线性相位的条件限制。FIR 数字滤波器很容易得到严格的线性相位。FIR 数字滤波器的单位脉冲响应是有限长的，因此总是稳定的。

常用的 FIR 滤波器设计方法有窗函数(时域逼近)法、频域采样(频域逼近)法以及最优化设计(等波纹逼近)法三种，此外还有约束最小二乘逼近等方法。

MATLAB 信号处理工具箱提供了 FIR 数字滤波器的设计函数，采用的设计方法和主要函数如表 4.1 所示。

表 4.1　FIR 数字滤波器的设计函数

设计方法	说　　明	设计函数
窗函数法	理想滤波器加窗处理	fir1（单带） fir2（多带） kaiserord
最优化设计法	最小平方误差最小化逼近理想幅频响应或 Park-McClellan 算法产生等波纹滤波器	firls remez remezord
约束最小二乘逼近法	在满足最大误差限制条件下，使整个频带最小平方误差最小化	fircls fircls1
任意响应设计法	具有任意响应的 FIR 滤波器，包括复响应和非线性相位	cremez
升余弦函数法	具有光滑、正弦过渡带的低通滤波器设计	firrcos

4.3.1　窗函数法设计 FIR 滤波器

窗函数法是根据给定的性能指标，通过对系统的单位脉冲响应 $h(n)$ 加窗来逼近理想的单位脉冲响应序列 $h_d(n)$，即

$$h_d(n) = \frac{1}{2\pi} \int_0^{2\pi} H_d(\mathrm{e}^{\mathrm{j}\omega}) \mathrm{e}^{\mathrm{j}\omega n} \,\mathrm{d}\omega \tag{4.13}$$

一般来说，理想频响 $H_d(\mathrm{e}^{\mathrm{j}\omega})$ 是分段恒定的，在边界频率处有突变点。因此，$h_d(n)$ 往往都是无限长序列，而且是非因果的。为了使系统变为物理可实现的 FIR，最简单的办法是直接截取一段 $h_d(n)$ 代替 $h(n)$，这种截取可以形象地想象为 $h(n)$ 是通过一个"窗口"所看到的一段 $h_d(n)$，因此，$h(n)$ 也可表达为 $h_d(n)$ 和一个"窗函数" $w(n)$ 的乘积，即

$$h(n) = h_d(n)w(n) \tag{4.14}$$

改变窗函数的形状，可改善滤波器的特性。窗函数有许多种，但需满足以下两点要求：

（1）窗谱主瓣宽度要窄，以获得较陡的过渡带；

（2）相对于主瓣幅度，旁瓣要尽可能小，以使能量尽量集中于主瓣，这样就可以减小肩峰和余振，提高阻带衰减和通带平稳性。

但实际上这两点不能兼得，一般总是通过增加主瓣宽度来换取对旁瓣的抑制。

下面给出几种常用的窗函数。

1. 矩形窗 $R_N(n)$

矩形窗可参考第 1 章 1.3.1 节矩形序列式（1.12）的内容。

$$w(n) = R_N(n) \tag{4.15a}$$

$$W_R(\omega) = \frac{\sin\left(\dfrac{\omega N}{2}\right)}{\sin\left(\dfrac{\omega}{2}\right)} \tag{4.15b}$$

2. 汉宁(Hanning)窗

汉宁窗又称升余弦窗。

$$w(n) = \frac{1}{2}\left[1 - \cos\left(\frac{2\pi n}{N-1}\right)\right]R_N(n) \tag{4.16a}$$

利用傅里叶变换的移位特性,汉宁窗频谱的幅度函数 $W(\omega)$ 可用矩形窗的幅度函数表示:

$$W(\omega) = 0.5W_R(\omega) + 0.25\left[W_R\left(\omega - \frac{2\pi}{N-1}\right) + W_R\left(\omega + \frac{2\pi}{N-1}\right)\right] \tag{4.16b}$$

三部分矩形窗频谱相加,使旁瓣互相抵消,能量集中在主瓣,旁瓣大大减小,主瓣宽度增加1倍,为 $8\pi/N$。

3. 汉明(Hamming)窗

汉明窗又称改进的升余弦窗。

$$w(n) = \left[0.54 - 0.46\cos\left(\frac{2\pi n}{N-1}\right)\right]R_N(n) \tag{4.17a}$$

其幅频响应的幅度函数为

$$W(\omega) = 0.54W_R(\omega) + 0.23\left[W_R\left(\omega - \frac{2\pi}{N-1}\right) + W_R\left(\omega + \frac{2\pi}{N-1}\right)\right] \tag{4.17b}$$

汉明窗是对汉宁窗的改进,在主瓣宽度(对应第一零点的宽度)相同的情况下,旁瓣进一步减小,可使99.96%的能量集中在窗谱的主瓣内。

4. 布莱克曼(Blackman)窗

$$w(n) = \left[0.42 - 0.5\cos\left(\frac{2\pi n}{N-1}\right) + 0.08\cos\left(\frac{4\pi n}{N-1}\right)\right]R_N(n) \tag{4.18a}$$

其幅频响应的幅度函数为

$$W(\omega) = 0.42W_R(\omega) + 0.25\left[W_R\left(\omega - \frac{2\pi}{N-1}\right) + W_R\left(\omega + \frac{2\pi}{N-1}\right)\right]$$

$$+ 0.04\left[W_R\left(\omega - \frac{4\pi}{N-1}\right) + W_R\left(\omega + \frac{4\pi}{N-1}\right)\right] \tag{4.18b}$$

布莱克曼窗增加一个2次谐波余弦分量,可进一步降低旁瓣,但主瓣宽度进一步增加为 $12\pi/N$。增加 N 可减少过渡带。

5. 凯塞(Kaiser)窗

以上四种窗函数,都是以增加主瓣宽度为代价来降低旁瓣的。凯塞窗则可自由选择主瓣宽度和旁瓣衰减,具有较强的适应性。

$$w(n) = \frac{I_o\left(\beta\sqrt{1 - \left[1 - 2n/(N-1)\right]^2}\right)}{I_o(\beta)} \qquad 0 \leqslant n \leqslant N-1 \tag{4.19}$$

$I_o(\beta)$ 是零阶修正贝塞尔函数,参数 β 可自由选择,决定主瓣宽度与旁瓣衰减。β 越大,$w(n)$ 窗越窄,其频谱的主瓣变宽,旁瓣变小。一般取 $4 < \beta < 9$。当 $\beta = 5.44$ 时,接近汉明窗;当 $\beta = 8.5$ 时,接近布莱克曼窗;当 $\beta = 0$ 时,为矩形窗。

用窗函数法设计 FIR 滤波器时,要根据给定的滤波器性能指标选择窗口宽度 N 和窗函数 $w(n)$。各种窗函数的性能如表 4.2 所示。

表 4.2　各种窗函数的性能指标

窗函数	主瓣宽度	过渡带宽	旁瓣峰值衰减 /dB	阻带最小衰减 /dB
矩形	$4\pi/N$	$1.8\pi/N$	-13	-21
汉宁	$8\pi/N$	$6.2\pi/N$	-31	-44
汉明	$8\pi/N$	$6.6\pi/N$	-41	-53
布莱克曼	$12\pi/N$	$11\pi/N$	-57	-74
凯塞	可调整	可调整	可调整	可调整

【**例 4.11**】　用凯塞窗设计一 FIR 低通滤波器，低通边界频率 $\omega_c=0.3\pi$，阻带边界频率 $\omega_r=0.5\pi$，阻带衰减 r_s 小于 50 dB。

解　首先求解 $h_d(n)$，根据指标要求，其边界频率应为

$$\omega_c' = \frac{\omega_c + \omega_r}{2} = \frac{0.3\pi + 0.5\pi}{2} = 0.4\pi$$

$$h_d(n) = \frac{1}{2\pi}\int_{-\omega_c'}^{\omega_c'} e^{-j\omega\alpha}\,e^{j\omega n}\,d\omega$$

$$= \begin{cases} \dfrac{\sin[\omega_c'(n-\alpha)]}{\pi(n-\alpha)} & n\neq\alpha \\[2mm] \omega_c'/\pi & n=\alpha \end{cases}$$

$$\Delta\omega = \omega_r - \omega_c = 0.2\pi$$

$$N = \frac{50-8}{2.285\times0.2\pi} \approx 30$$

$$\beta = 0.1102(50-8.7) = 4.55$$

MATLAB 程序如下：

```
%MATLAB PROGRAM 4-11
wn=kaiser(30，4.55);
nn=[0：1：29];
alfa=(30-1)/2;
hd=sin(0.4 * pi * (nn-alfa))./(pi * (nn-alfa));
h=hd. * wn';
[h1，w1]=freqz(h，1);
plot(w1/pi，20 * log10(abs(h1)));
axis([0，1，-80，10]);
xlabel('归一化频率/pi');ylabel('幅度/dB');grid;
```

程序运行结果如图 4.12 所示。

MATLAB 信号处理工具箱提供了基于上述原理的标准型 FIR 滤波器设计函数 fir1 和多频带 FIR 滤波器设计函数 fir2。

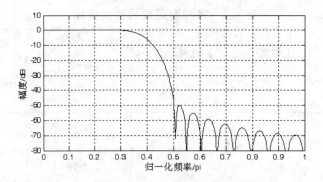

图 4.12　基于凯塞窗的 FIR 数字滤波器幅频特性曲线

1) 标准型设计函数 fir1

函数 fir1 用于设计标准的低通、带通、高通和带阻 FIR 滤波器。函数 fir1 的调用格式为

b= fir1(n, wc, 'ftype', windows)

其中，n 为滤波器阶数；wc 为截止频率，对于带通、带阻滤波器，wc＝[w1，w2]。'ftype' 为滤波器类型：'high' 为高通 FIR 滤波器，'stop' 为带阻 FIR 滤波器，缺省时为低通或带通滤波器。windows 指定窗函数类型，默认为汉明窗，可选汉宁窗、汉明窗、布莱克曼窗、三角窗(巴特利特窗)和矩形窗，每种窗都可以由 MATLAB 的相应函数生成。b 为 FIR 滤波器系数向量，长度为(n＋1)。用 fir1 设计的 FIR 滤波器的群延时为 n/2。

【例 4.12】　用汉明窗设计一个线性相位的 FIR 高通滤波器，通带边界频率为 0.6π，阻带边界频率为 0.5π，阻带衰减不小于 50 dB，通带波纹不大于 1 dB。

MATLAB 程序如下：

```
%MATLAB PROGRAM 4-12
wp=0.6*pi; ws=0.5*pi; wd=wp-ws;
N=ceil(8*pi/wd);         %计算滤波器长度
wn=(wp+ws)/2;            %计算滤波器截止频率
b=fir1(N, wn/pi, 'high', hamming(N+1)); freqz(b, 1, 512);
```

程序运行结果如图 4.13 所示。

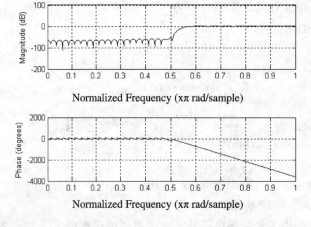

图 4.13　基于汉明窗的 FIR 高通滤波器的频率响应曲线

2) 多频带设计函数 fir2

函数 fir2 用于设计任意形状频率响应的 FIR 滤波器。函数 fir2 的调用格式为

　　　　b= fir2(n, f, m, npt, lap, windows)

其中，f 和 m 分别为滤波器期望幅频响应和幅值向量，取值在 0~1 之间，f 和 m 长度相同；npt 为对频率响应进行内插的点数，缺省值为 512；lap 定义一个区域尺寸，函数在重复频率点周围建立这个区域并提供光滑、陡峭的过渡频率响应，缺省值为 25；其他项同函数 fir1。

【例 4.13】　设计一个 30 阶的低通 FIR 滤波器，使之接近于以下理想频率特性：

　　　　f=[0　0.6　0.6　1]; m=[1　1　0　0]

MATLAB 程序如下：

```
%MATLAB PROGRAM 4 - 13
f=[0, 0.6, 0.6, 1];
m=[1, 1, 0 , 0];
b=fir2(30, f, m);
[h, w]=freqz(b, 1, 256);
plot(f, m, w/pi, abs(h));
```

程序运行结果如图 4.14 所示。

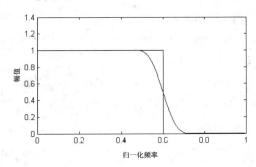

图 4.14　30 阶低通 FIR 滤波器的幅频响应曲线

4.3.2　频域采样法设计 FIR 滤波器

频域采样法是在频率域对理想滤波器 $H_d(e^{j\omega})$ 采样，在采样点上设计的滤波器 $H(e^{j\omega})$ 和理想滤波器 $H_d(e^{j\omega})$ 的幅度值相等，然后根据频域的采样值 $H(k)$ 求得实际设计的滤波器的频率特性 $H(e^{j\omega})$。

在工程设计中，由于经常给定频域上的技术指标，所以采用频域采样法设计更直接，一般处理方法是对理想滤波器的频率特性 $H_d(e^{j\omega})$ 在 $[0, 2\pi]$ 范围内等间隔地取样 N 个点。频域采样法得到的滤波器的单位脉冲响应 $h(n)$ 为

$$h(n) = \frac{1}{N} \sum_{k=0}^{N-1} H(k)e^{j\frac{2\pi}{N}kn} \qquad n = 0, 1, \cdots, N-1 \qquad (4.20)$$

为了设计线性相位的 FIR 滤波器，采样值 $H(k)$ 要满足一定的约束条件。具有线性相位的 FIR 滤波器的单位脉冲响应 $h(n)$ 是实序列，且满足 $h(n) = \pm h(N-1-n)$。由此得到的幅频和相频特性就是对 $H(k)$ 的约束。

【例 4.14】 用频域采样法设计一个带通滤波器，满足：低通带边沿 $\omega_{1p}=0.25\pi$；低阻带边沿 $\omega_{1s}=0.36\pi$；高通带边沿 $\omega_{2p}=0.68\pi$；高阻带边沿 $\omega_{2s}=0.85\pi$。设计过渡带中的频率样本值为 $T_1=0.108562$ 和 $T_2=0.58427685$。

MATLAB 程序如下：

```
%MATLAB PROGRAM 4-14
M=40;
al=(M-1)/2;
l=[0：M-1];
T1=0.108562;
T2=0.58427685;
Hrs=[zeros(1,5),T1,T2,ones(1,7),T2,T1,zeros(1,9),T1,T2,ones(1,7),T2,T1,
zeros(1,4)];
k1=[0：floor((M-1)/2)];
k2=[floor((M-1)/2)+1：M-1];
angh=[-al*(2*pi)/M*k1,al*(2*pi)/M*(M-k2)];
H=Hrs.*exp(j*angh);
h=real(ifft(H,M));
freqz(h,1,512,1000);
```

程序运行结果如图 4.15 所示。

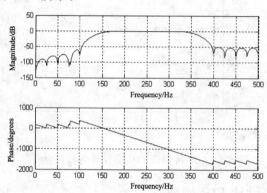

图 4.15 用频域采样法设计的 FIR 数字滤波器频率响应曲线

采用频域采样法设计的 FIR 数字滤波器在阻带内的衰减很小，在实际应用中往往达不到要求。产生这种现象的原因是通带边缘采样点的陡然变化引起起伏振荡。增加阻带衰减的方法是在通带和阻带的边界处增加一些过渡的采样点，从而可减小频带边缘的突变，也就减小了起伏振荡，增大了阻带最小衰减。

4.3.3 最优化法设计 FIR 滤波器

最优化设计的前提是最优准则的确定。在 FIR 滤波器最优化设计中，常用的准则有均方误差最小化准则和最大误差最小化准则。

1. 均方误差最小化准则

若以 $E(e^{j\omega})$ 表示逼近误差

$$E(\mathrm{e}^{\mathrm{j}\omega}) = H_d(\mathrm{e}^{\mathrm{j}\omega}) - H(\mathrm{e}^{\mathrm{j}\omega}) \tag{4.21}$$

则均方误差为

$$\varepsilon^2 = \frac{1}{2\pi}\int_{-\pi}^{\pi} \mid H_d(\mathrm{e}^{\mathrm{j}\omega}) - H(\mathrm{e}^{\mathrm{j}\omega}) \mid^2 \mathrm{d}\omega = \frac{1}{2\pi}\int_{-\pi}^{\pi} \mid E(\mathrm{e}^{\mathrm{j}\omega}) \mid^2 \mathrm{d}\omega \tag{4.22}$$

均方误差最小化准则就是选择一组时域采样值，使均方误差 ε^2 最小。这一方法注重的是在整个 $(-\pi \sim \pi)$ 频率区间内总误差的全局最小，但不能保证局部频率点的性能，有些频率点可能会有较大的误差。

窗函数法设计 FIR 滤波器，实际上是采用有限项的 $h(n)$ 逼近理想的 $h_d(n)$。逼近误差为

$$\varepsilon^2 = \sum_{n=-\infty}^{\infty} \mid h_d(n) - h(n) \mid^2 \tag{4.23}$$

MATLAB 信号处理模块提供了函数 firls 来设计基于均方误差最小化的 FIR 滤波器。函数 firls 是函数 fir1 和 fir2 的扩展，调用格式为

　　　　b＝firls(n, f, a, w, $'$d$'$)

其中，n 为滤波器阶数；f 为滤波器期望频率特性的频率向量标准化频率，取值为 0～1，递增向量，允许定义重复频率点；a 为滤波器所期望的幅值向量，f 与 a 同长度且为偶数；w 为权向量，为 f 和 a 向量的一半，一个频带必须对应一个权值，可缺省；$'$d$'$ 表示选择项，若所设计的滤波器为微分滤波器，则可缺省；b 为函数返回的滤波器系数，长度为 n+1，且具有对偶关系。

【例 4.15】 设计一个 25 阶的高通滤波器，通带边界频率为 0.55π，幅值为 1，阻带边界频率为 0.45π，幅值为 0。

MATLAB 程序如下：

```
%MATLAB PROGRAM 4-15
n=25;
f=[0, 0.45, 0.55, 1];
a=[0, 0, 1, 1];
b=firls(n, f, a);
[h, w]=freqz(b);
axes('position', [0.2, 0.2, 0.5, 0.5, ]);
plot(w/pi, abs(h));
xlabel('归一化频率'); ylabel('幅值'); grid;
```

程序运行结果如图 4.16 所示。

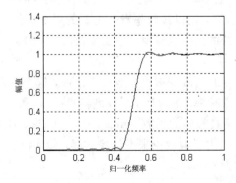

图 4.16　最优 FIR 高通滤波器幅频曲线

2. 最大误差最小化准则

最大误差最小化准则也称切比雪夫最佳一致逼近准则，表示为

$$\max | E(e^{j\omega}) | = \min \qquad \omega \in F \qquad (4.24)$$

式中，F 是根据要求预先给定的一个频率取值范围，可以是通带或阻带。

切比雪夫最佳一致逼近即选择 N 个频域采样值，在给定频带范围内，使频率响应的最大逼近误差达到最小，也叫等波纹逼近，它可保证局部频率点的性能也是最优的，误差分布均匀，相同指标下，可用最少的阶数达到最佳化。雷米兹(Remez)算法给出了求解切比雪夫最佳一致逼近问题的方法：

（1）在频率取值范围 F 上均匀等间隔地选取 $M+2$ 个频率值 ω_0，ω_1，$\cdots$，ω_{M+1} 作为初值，并计算 ρ：

$$\rho = \frac{\sum_{k=0}^{M+1} \alpha_k H_d(\omega_k)}{\sum_{k=0}^{M-1} (-1)^k \alpha_k / W(\omega_k)} \qquad (4.25)$$

式中

$$\alpha_k = \prod_{i=0, i \neq k}^{M+1} \frac{1}{\cos\omega_i - \cos\omega_k}$$

（2）由 ω_i 求 $H(\omega)$ 和 $E(\omega)$，利用重心形式的拉格朗日插值公式，可得

$$H(\omega) = \frac{\sum_{k=0}^{M+1} \frac{\alpha_k}{\cos\omega - \cos\omega_k} H(\omega_k)}{\sum_{k=0}^{M+1} \frac{\alpha_k}{\cos\omega - \cos\omega_k}} \qquad (4.26)$$

式中，

$$H(\omega_k) = H_d(\omega_k) - (-1)^k \frac{\rho}{W(\omega_k)} \qquad k = 0, 1, \cdots, M \qquad (4.27)$$

由此得到

$$E(\omega) = W(\omega)[H_d(\omega) - H(\omega)] \qquad (4.28)$$

若在 F 范围内，对所有频率都有 $|E(\omega)| \leqslant \rho$，则 ρ 为所求，ω_0，ω_1，$\cdots$，ω_{M+1} 可视为极值点频率。

（3）对上次确定的极值点频率 ω_0，ω_1，$\cdots$，ω_{M+1} 中的每一点，在其附近检查是否在某一频率处有 $|E(\omega)| > \rho$，若有，则以该频率点作为新的局部极值点。对 $M+2$ 个极值点频率依次进行检查，得到一组新的极值点频率。重复步骤（1）、（2），求出 ρ、$H(\omega)$、$E(\omega)$，完成一次迭代。

重复上述步骤，直到 ρ 的值改变很小，则迭代结束，这个 ρ 即为所求的 $h(n)$ 最大误差最小值。由最后一组极值点频率求出 $H(\omega)$，反变换得到 ω_c 和 ω_s，完成设计。

MATLAB 信号处理工具箱中的函数 remez 可实现 Parks-McClellan 算法，这种算法利用雷米兹交换算法和切比雪夫近似理论来设计滤波器，使实际频率响应拟合期望频率响应达到最优。函数调用格式为

```
b= remez(n, f, m)
b= remez(n, f, m, w, 'h')
```

b= remez(n, f, m, w, ′d′)

其中, ′h′ 为选择项, 表示设计的滤波器是奇对称线性相位滤波器, 滤波器可实现信号的赫尔伯特(Hilbert)变换。其他参数与函数 firls 相同。

函数调用根据所设计滤波器的最优形式的不同略有不同, 有基本形式的最优滤波器、加权最优滤波器、反对称(赫尔伯特)FIR 滤波器及微分滤波器。

【例 4.16】 采用 Parks-McClellan 算法, 设计一个 17 阶的带通滤波器, 并画出期望的幅频特性曲线和实际的幅频特性曲线。其中, f= [0 0.3 0.4 0.6 0.7 1]; m= [0 0 1 1 0 0]。

MATLAB 程序如下:

```
%MATLAB PROGRAM 4 - 16
f=[0, 0.3 , 0.4, 0.6, 0.7, 1];
m=[0, 0, 1, 1, 0, 0];
b=remez(17, f, m);
[h, w]= freqz(b, 1, 512);
plot(f, m, ′b−′, w/pi, abs(h), ′b:′);
xlabel(′归一化频率′); ylabel(′幅值′); grid;
legend(′desired′, ′remez′);
```

程序运行结果如图 4.17 所示。

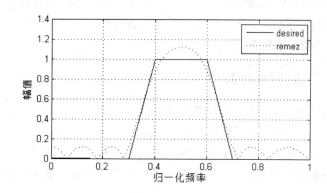

图 4.17 最优带通 FIR 滤波器的幅频特性曲线

【例 4.17】 利用函数 firls 和 remez 设计一个 23 阶的高通反对称线性相位滤波器, 并绘制其幅频特性图。其中, f=[0 0.2 0.3 1]; m=[0 0 1 1]。

MATLAB 程序如下:

```
%MATLAB PROGRAM 4 - 17
clf;
n=23;
f=[0, 0.2, 0.3, 1];
m=[0, 0, 1, 1];
b1=firls(n, f, m, ′h′);        %用 firls 设计 FIR 滤波器
[h1, w1]= freqz(b1, 1, 512);
b2=remez(n, f, m, ′h′);        %用 remez 设计 FIR 滤波器
[h2, w2]= freqz(b2, 1, 512);
```

plot(f, m, 'b—', w1/pi, abs(h1), 'k：', w2/pi, abs(h2), 'r—.');
xlabel('归一化频率'); ylabel('幅值'); grid;
legend('b—', 'desired', 'k：', 'firls', 'r—.', 'remez');

程序运行结果如图 4.18 所示。

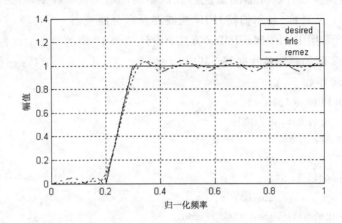

图 4.18　反对称高通 FIR 滤波器的幅频特性曲线

比较两种函数设计的滤波器可知，用函数 firls 设计的滤波器在整个频率范围内均具有较好的频响，但理想频响和实际频响的误差在带区内分布不均匀，且在边界频率处误差较大；用函数 remez 设计的滤波器在通带内有等纹波的特性，在边界频率 0.2π 和 0.3π 处及过渡带内更接近于理想频率响应。

4.3.4　约束最小二乘 FIR 滤波器

约束最小二乘(CLS)FIR 滤波器基于约束最小二乘法，即在给定滤波器幅频响应最大允许纹波的上下阈值约束条件下，使实际滤波器的幅频响应在整个频率范围内最小误差平方最小化。约束最小二乘法只需定义截止频率或通带和阻带的边界频率作为期望频响，而对幅频响应的过渡带没有明确定义。在给定约束条件下，最小二乘法作用于期望幅频响应的任何不连续区域。

MATLAB 信号处理工具箱提供了函数 fircls 实现多频带滤波器，函数 fircls1 实现低通和高通线性相位滤波器。

1. 函数 fircls

函数 fircls 用于实现基于约束最小二乘法的线性相位多频带、分段常数 FIR 滤波器，调用格式为

　　　　b=fircls(n, f, a, up, lo, 'flag')

其中，n 为滤波器的阶数；f 和 a 分别为给定滤波器的期望幅频特性向量和幅值向量，f 为标准化频率，在 0～1 之间，a 的长度为 length(f)—1；up 和 lo 分别为每个频带的上边界和下边界频率，均为向量，且长度等于 a 的长度；b 为返回的 FIR 滤波器系数向量，长度为 (n+1)；'flag' 为选择项，用于监视滤波器设计，trace 表示文字跟踪，plot 表示绘制滤波器的幅频图、群延时及零极点图。

【例 4.18】　利用 CLS 法设计一个 127 阶的多频带滤波器，满足以下要求：

当频率为 $0\sim0.25\pi$ 时，幅值为 0，允许变化范围为$[-0.005,0.005]$；

当频率为 $0.25\pi\sim0.45\pi$ 时，幅值为 0.5，允许变化范围为$[0.48,0.52]$；

当频率为 $0.45\pi\sim0.65\pi$ 时，幅值为 0，允许变化范围为$[-0.035,0.035]$；

当频率为 $0.65\pi\sim0.85\pi$ 时，幅值为 1，允许变化范围为$[0.97,1.03]$；

当频率为 $0.85\pi\sim1.0\pi$ 时，幅值为 0，允许变化范围为$[-0.04,0.04]$。

MATLAB 程序如下：

```
%MATLAB PROGRAM 4-18
n=127;
f=[0, 0.25, 0.45, 0.65, 0.85, 1];
a=[0, 0.5, 0, 1, 0];
f1=[0, 0.25, 0.25, 0.45, 0.45, 0.65, 0.65, 0.85, 0.85, 1];
a1=[0, 0, 0.5, 0.5, 0, 0, 1, 1, 0, 0];
up=[0.005, 0.52, 0.035, 1.03, 0.04];
lo=[-0.005, 0.48, -0.035, 0.97, -0.04];
b=fircls(n, f, a, up, lo);
[h, w]=freqz(b, 1, 512);
axes('position', [0.2, 0.2, 0.5, 0.5]);
plot(f1, a1, 'b-', w/pi, abs(h), 'm:');
xlabel('归一化频率'); ylabel('幅值'); grid;
legend('desired', 'fircls', 2);
```

程序运行结果如图 4.19 所示。

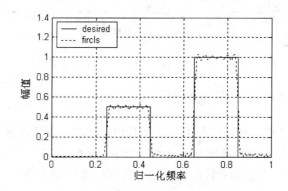

图 4.19　多频带滤波器的幅频特性曲线

2. 函数 fircls1

函数 fircls1 用于基本线性相位的低通和高通滤波器的设计，低通滤波器的调用格式为

　　　　b=fircls1(n, w0, dp, ds)

　　　　b=fircls1(n, w0, dp, ds, wt, 'flag')

其中，n 为滤波器的阶数；w0 为滤波器的截止频率，为标准化频率；dp 为通带距幅值为 1 的最大偏差；ds 为阻带距幅值为 0 的最大偏差；'flag' 为设计监测标志；b 为滤波器系数向量；wt 为一个定义频率，以确保设计的滤波器满足通带或阻带的边界要求。

高通滤波器的调用格式为

　　　　b=fircls1(n, w0, dp, ds, 'high')

$$b=fircls1(n,\ w0,\ dp,\ ds,\ wt,\ 'high',\ 'flag')$$

其中，$'high'$ 表示设计高通滤波器，其余各项意义同低通滤波器。

【例 4.19】 用 CLS 法设计一个 55 阶的高通滤波器，截止频率为 0.4π，通带允许最大波纹为 0.03 dB，阻带允许最大波纹为 0.009 dB。

MATLAB 程序如下：

```
%MATLAB PROGRAM 4 - 19
n=55;
w0=0.4;
dp=0.03;
ds=0.009
b=fircls1(n, w0, dp, ds, 'high', 'plot');
```

程序运行结果如图 4.20 所示。

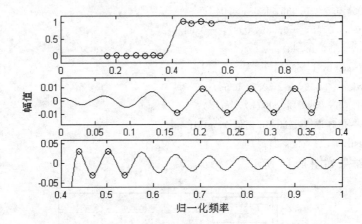

图 4.20　CLS 高通滤波器的幅频及偏差图

4.3.5　任意响应法设计 FIR 滤波器

MATLAB 信号处理工具箱提供了一个通用 FIR 滤波器设计函数 cremez。该函数可以设计任意复响应和非线性相位等波纹 FIR 的滤波器。函数利用扩展的雷米兹交换算法作为初始估计来优化切比雪夫误差；若此法失败，则该算法转化为递增—递减算法使最优解收敛。

1. 多频带复响应滤波器的设计

函数 cremez 最基本的调用格式为

$$b=cremez(n,\ f,\ 'frep')$$
$$b=cremez(n,\ f,\ \{'frep',\ p1,\ p2\cdots\},\ w)$$
$$b=cremez(n,\ f,\ a,\ w)$$

其中，n 为滤波器的阶数；f 为滤波器的多频带边界频率向量，取值可在 $-1\sim 1$ 之间；w 为权向量，对每个频段上幅值拟合度加权，为非负值，w 向量长度为频率向量 f 的一半；$'frep'$ 为滤波器预先定义的频率响应函数：

（1）lowpass（低通）、highpass（高通）、bandpass（带通）、bandstop（带阻）等用于设计标

准型滤波器。例如：

　　　　b＝cremez(n, f, 'lowpass', …)

　（2）multiband 用于设计多频带线性相位任意幅频响应滤波器。例如：

　　　　b＝cremez(n, f, {'multiband', a}, …)

其中，a 为边界频带向量 f 点上的期望幅值。

　（3）differentiator 用于设计线性相位微分器。例如：

　　　　b＝cremez(n, f, {'differentiator', Fs}, …)

其中，Fs 为采样频率，决定微分器响应斜率。

　（4）hilbfilt 用于设计线性相位赫尔伯特变换滤波器，且设计的零频必须在过渡带上。

例如：

　　　　b＝cremez(n, f, 'hilbfilt', …)

【例 4.20】　利用函数 cremez 设计一个 36 阶任意响应多频带滤波器。滤波器的边界频率

为 $f＝[-1 \quad -0.6 \quad -0.45 \quad 0.25 \quad 0.35 \quad 0.75]$；各频段幅值响应为 $a＝[5.5 \quad 1 \quad 2.5$

$2.5 \quad 2.5 \quad 1]$；各频段最优化权向量为 $w＝[1 \quad 10 \quad 5]$。

　　MATLAB 程序如下：

```
%MATLAB PROGRAM 4 - 20
n＝36;
f＝[-1, -0.6, -0.45, 0.25, 0.35, 0.75];
a＝[5.5, 1, 2.5, 2.5, 2.5, 1];
w＝[1, 10, 5];
b＝cremez(n, f, {'multiband', a}, w);
[h, wf]＝freqz(b, 1, 512, 'whole');
axes('position', [0.2, 0.2, 0.5, 0.5]);
plot(wf/pi-1, fftshift(abs(h)));
xlabel('归一化频率'); ylabel('幅值'); grid;
```

程序运行结果如图 4.21 所示。

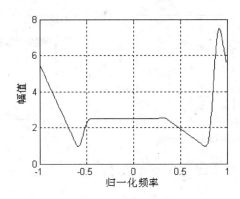

图 4.21　任意复响应滤波器的幅频特性曲线

2. 复响应滤波器群延时的设置

复响应滤波器的群延时可通过函数 cremez 中的参数 d 复位，以便滤波器的响应在单位采样间隔内的群延时为(n/2＋d)，d 可正可负。正的 d 产生较小的群延时；负的 d 产生

较大的群延时。函数的调用格式为

(1) 对于低通、高通、带通、带阻滤波器：

　　　b＝cremez(n, f, { 'lowpass', d}, …)

(2) 对于多频带任意响应滤波器：

　　　b＝cremez(n, f, { 'multiband', a, d}, …)

(3) 对于线性相位微分器：

　　　b＝cremez(n, f, { 'differentiator', Fs, d}, …)

(4) 对于赫尔伯特变换器：

　　　b＝cremez(n, f, { 'hilbfilt', d}, …)

【例 4.21】　利用函数 cremez 设计一个 59 阶的低通滤波器，通带边界频率为 0.45π，阻带频率为 0.56π，群延时比标准线性相位设计减少 16，绘制其幅频图和群延时图。

MATLAB 程序如下：

```
%MATLAB PROGRAM 4-21
n=59;
f=[0, 0.48, 0.52, 1];
d=-16;
b=cremez(n, f, {'lowpass', d});
[h, w]=freqz(b, 1, 512, 'whole');
subplot(221);
plot(w/pi-1, fftshift(abs(h)));        %幅频响应
xlabel('Normanized Frequency'); ylabel('Magnitude'); grid;
subplot(222);
[grd, wf]=grpdelay(b, 1, 512, 'whole');
plot(wf/pi-1, grd);                    %群延时
xlabel('Normanized Frequency'); ylabel('Group Delay'); grid;
```

程序运行结果如图 4.22 所示。

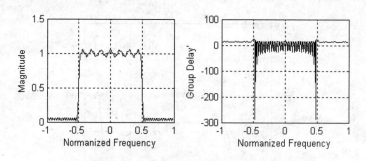

图 4.22　复响应滤波器的非线性相位设计

4.4 小　　结

　　本章结合实例，重点阐述了工程 IIR 和 FIR 数字滤波器的设计。利用 MATLAB 信号处理工具箱中提供的相关函数，完成了两类滤波器的设计，给出了源代码和仿真结果。总

体来说，两类滤波器各有其优点，在工程设计中，应根据设计指标选用合适的滤波器。

IIR 滤波器存在着输出对输入的反馈，因此可以用比 FIR 滤波器少的阶数来满足技术指标。因而，IIR 滤波器所用的存储单元和所需的运算次数都比 FIR 滤波器少。

FIR 滤波器可得到严格的线性相位，而 IIR 滤波器的选频特性越好，相位的非线性就越严重。如果要求 IIR 滤波器具有线性相位，同时又要求它满足幅度要求，那么就必须用一个全通网络进行相位校正，这必然会大大增加滤波器的节数和复杂性。因此在需要严格线性相位的情况下应该选择 FIR 滤波器。

IIR 滤波器必须采用递归结构实现，只有当所有极点都在单位圆内时滤波器才是稳定的。但实际中由于存在有限字长效应，滤波器有可能变得不稳定。而 FIR 滤波器主要采用的是非递归结构，因此从理论上以及实际的有限精度的运算中来看都是稳定的。另外，FIR 滤波器可以采用快速傅里叶变换(FFT)来实现，在相同阶数下，运算速度可以快得多。

习　题

4.1　用脉冲响应不变法和双线性变换法将下列模拟滤波器 $H(s)$ 转变为数字滤波器 $H(z)$。

(1) $H_a(s) = \dfrac{2}{(s+1)(s+5)}$，采样周期 $T = 0.5$ s；

(2) $H_a(s) = \dfrac{3}{s^2 + 3s + 1}$，采样周期 $T = 2$ s；

(3) $H_a(s) = \dfrac{s+3}{2s^2 + 5s + 1}$，采样周期 $T = 2$ s；

(4) $H_a(s) = \dfrac{3}{(s+1)^2 + 5}$，采样周期 $T = 1$ s。

4.2　用脉冲响应不变法和双线性变换法设计一个巴特沃斯低通数字滤波器，要求满足：通带为 $0 \leqslant \omega \leqslant 0.2566\,\pi$，通带波纹小于 2 dB；阻带为 $0.4522\pi \leqslant \omega \leqslant \pi$，阻带衰减大于 25 dB；采样周期 $T = 0.1$ s。

4.3　用双线性变换法设计一个三阶巴特沃斯滤波器：

(1) 高通滤波器，截止频率 $f_c = 1.5$ kHz，采样频率 $f_s = 6$ kHz；

(2) 带通滤波器，上截止频率 $f_1 = 100$ Hz，下截止频率 $f_2 = 300$ Hz，采样频率 $f_s = 1$ kHz。其中通带波纹为 3 dB，阻带衰减为 25 dB。

4.4　设计一个低通切比雪夫 I 型滤波器，通带边界频率为 1.5 kHz，通带波纹小于 3 dB，阻带边界频率为 2 kHz，阻带衰减为 35 dB，采样频率为 8 kHz，试绘出其频率特性图。

4.5　设计一个带通切比雪夫 II 型滤波器，通带边界频率为 $(0.4\pi \sim 0.5\pi)$，阻带边界频率为 0.3π 和 0.6π，通带波纹为 0.5 dB，阻带衰减为 40 dB。试绘制所设计滤波器的脉冲响应和幅频响应图，并绘制其零、极点图和群延迟。

4.6　用汉宁窗函数设计一个带阻 FIR 滤波器，性能指标为：阻带边界频率为 $(0.4\pi \sim 0.6\pi)$，通带边界频率为 0.3π 和 0.7π。绘制其频率特性图、脉冲响应图以及零、极点图，并设计一个序列进行滤波，检验此滤波器的滤波效果。

4.7 用 MATLAB 函数 firls 和 remez 设计一个带通滤波器，其理想频率响应对为：频率为[0 0.3 0.4 0.5 0.7 0.8 1]，幅值为[0 0 1 1 1 0 0]。绘制其理想幅频图，并与实际滤波器幅频图相比较。

4.8 已知周期信号 $x(t) = 0.85 + 3.5\cos2\pi ft + 2.8\cos4\pi ft + 1.8\sin3.5\pi ft + 3\sin8\pi ft$，其中，$f = 25/16$ Hz，若截断时间长度为信号最大周期的 0.9 和 1.1 倍，试绘制并比较采用下面的窗函数提取 $x(t)$ 的频谱：

(1) 矩形窗；(2) 汉宁窗；(3) 汉明窗；(4) 布莱克曼窗；(5) 凯塞窗；(6) 切比雪夫窗。

第 5 章　多采样率数字信号处理

　　在前面讨论的信号处理中，各种理论和算法都是把采样率 f_s 视为恒定值，即在一个数字系统中只有一个采样率。但在实际工程中，经常会遇到采样率转换问题，即要求一个数字系统工作在多采样率(multirate)状态。例如，对于高速无线通信系统，随着采样率的提高而带来的另外一个问题就是采样后的数据流的速率很高，导致后续的信号处理速度跟不上，特别是对有些同步解调算法，其计算量大，如果数据吞吐率太高是很难满足实时性要求的，所以很有必要对 A/D 转换后的数据流进行降速处理。多采样率信号处理技术为这种降速处理的实现提供了理论依据。

　　在多采样率信号处理中，最基本的理论是抽取和内插。降低采样率以去掉多余数据的过程称为信号的抽取(decimation)；提高采样率以增加数据的过程称为信号的内插(interpolation)。有理因子采样率转换是通过整数倍抽取和内插串联来实现的。多采样率的数字滤波器组常用于谱分析和信号综合。

5.1　信号的抽取与内插

　　多采样率数字信号处理，是有效地利用抽取和内插操作，以便与有处理带宽要求的信号处理系统的采样率相一致。多采样率转换过程即为"重构后重采样"。抽取和内插是其基本环节。抽取是以一个整数因子 D 将采样率降低的过程；内插是一个整数因子 I 提高采样率的过程。

5.1.1　信号的整数倍抽取

　　在时域中，若原始信号为 $x(n)$，抽取因子为 D，抽取后得到的信号为 $y(n)$，则整个信号的抽取过程可表示为

$$y(n) = x(Dn) \tag{5.1}$$

　　信号的抽取过程可分为两个步骤：第一步，将 $x(n)$ 与一个周期为 D 的采样脉冲序列相乘，即每 D 个点中保留一个点，其他$(D-1)$个点为零，以便得到采样信号 $\omega(n)$；第二步，去掉 $\omega(n)$ 中的零点后，便得到一个低速率的信号 $y(n)$。中间采样信号 $\omega(n)$ 为

$$\omega(n) = x(n) \sum_{k=-\infty}^{\infty} \delta(n - kD) \tag{5.2}$$

　　抽取后的信号为

$$y(n) = \omega(Dn) \tag{5.3}$$

　　【例 5.1】　设 $x(n) = 2\sin(0.089\pi n)$，抽取因子 D 为 3，求抽取输出信号 $y(n)$。
MATLAB 程序如下：

```
%MATLAB PROGRAM 5-1
clc;
n=[0:49];
m=[0:50*3-1];
x=2*sin(0.089*pi*m);
y=x([1:3:length(x)]);
subplot(211);
stem(n, x(1:50)); xlabel('n'); ylabel('x(n)');
subplot(212);
stem(n, y); xlabel('n'); ylabel('y(n)');
```

程序运行结果如图 5.1 所示。

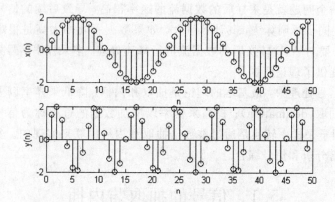

图 5.1   信号的整数倍抽取时域分析

为分析下行抽样信号的频谱，先计算 $\omega(n)$ 的频谱为

$$W(\omega) = \frac{1}{D} \sum_{k=0}^{D-1} X\left(\omega - \frac{2\pi k}{D}\right) \tag{5.4}$$

则抽取信号的频谱为

$$Y(\omega) = \sum_n \omega(Dn)\exp\{-j\omega n\} = W\left(\frac{\omega}{D}\right) = \frac{1}{D} \sum_{k=0}^{D-1} X\left(\frac{\omega - 2\pi k}{D}\right) \tag{5.5}$$

抽取信号的频谱与原来信号的频谱有以下关系：首先 $X(\omega)$ 作 $(D-1)$ 次及等间隔平移，其平移间隔为 $2\pi/D$，然后作叠加平均得到 $W(\omega)$，最后频谱拉伸 D 倍后即可得到抽取信号的频谱。

【例 5.2】   利用 MATLAB 的函数 fir2 构造一个带限输入序列：f=[0, 0.45, 0.49, 1]；幅值 mag=[0, 1, 0, 0]。试分析信号抽取因子 $D=2$ 的频域特性。

MATLAB 程序如下：

```
%MATLAB PROGRAM 5-2
freq=[0, 0.45, 0.49, 1];
mag=[0, 1, 0, 0];
x=fir2(101, freq, mag);
%求取并绘制输入谱
[Xz, w]=freqz(x, 1, 512);
subplot(211);
```

```
plot(w/pi, abs(Xz));
xlabel('\omega/\pi'); ylabel('|Xz(w)|'); grid;
y=x([1: 2: length(x)]);          %产生抽取输出谱
%求取并绘制抽取输出谱
[Yz, w]=freqz(y, 1, 512);
subplot(212);
plot(w/pi, abs(Yz));
xlabel('\omega/\pi'); ylabel('|Yz(w)|'); grid;
```

程序运行结果如图 5.2 所示。

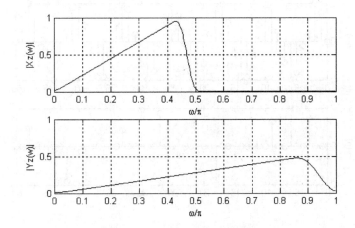

图 5.2　整数倍抽取频域分析

　　如果输入信号的频谱大于 π/D，则中间信号 $W(\omega)$ 将会产生混叠，由此会给抽取信号的频谱带来失真。由于抽取信号的采样率应满足香农采样定理，因此，在进行抽取操作前应进行"反混叠"滤波，该低通滤波器的截止频率应为 π/D。

5.1.2　信号的整数倍内插

　　将采样率增加到 I 倍可以通过在信号的两个连续值之间内插 $(I-1)$ 个样本来实现。内插过程可以由许多方式实现，下面介绍的是一个保持信号序列 $x(n)$ 的谱形状不变的方式。在时域中，若已知输入信号 $x(n)$，内插因子为 I，插值后得到的信号为 $y(n)$，则整个信号的内插过程可表示为

$$y(n)=\begin{cases} x\dfrac{n}{I} & n=0, \pm I, \pm 2I, \cdots \\ 0, & \text{其他} \end{cases} \tag{5.6}$$

内插过程是由"填零"方式进行的上行采样的过程。

　　【例 5.3】　设 $x(n)=2\sin(0.26\pi n)$，内插因子 I 为 3，求内插输出信号 $y(n)$。
MATLAB 程序如下：

```
%MATLAB PROGRAM 5-3
n=[0: 50];
x=2 * sin(0.26 * pi * n);
y=zeros(1, 3 * length(x));
```

```
y([1：3：length(y)])＝x;
subplot(211);
stem(n, x);
xlabel('n'); ylabel(' x(n) ');
subplot(212);
stem(n, y(1：length(x)));
xlabel('n'); ylabel(' y(n) ');
```

程序运行结果如图 5.3 所示。

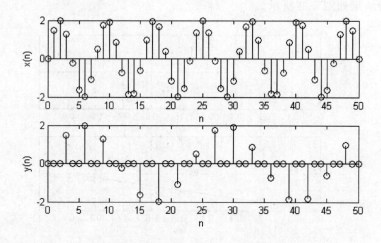

图 5.3 信号的整数倍内插时域分析

对输出信号进行傅里叶变换，得到信号 $y(n)$ 的频谱为

$$Y(\omega) = \sum_n y(n)\exp(-j\omega n) = \sum_n x(n)\exp(-j\omega In) = X(I\omega) \qquad (5.7)$$

由上式可知，已填充的信号频谱与经过频率轴压缩的输入信号频谱相关，它是原信号频谱的 I 倍压缩。下面举例说明上行内插的效果。

【例 5.4】 利用 MATLAB 的函数 fir2 构造一个带限输入序列：f＝[0, 0.46, 0.51, 1]；幅值 mag＝[0, 1, 0, 0]。试分析信号内插因子 $I=2$ 的频域特性。

MATLAB 程序如下：

```
%MATLAB PROGRAM 5 - 4
freq＝[0, 0.46, 0.51, 1];
mag＝[0, 1, 0, 0];
I＝2;
x＝fir2(99, freq, mag);
%求取并绘制输入谱
[Xz, w]＝freqz(x, 1, 512, 'whole');
subplot(211);
plot(w/pi, abs(Xz));
xlabel('\omega/\pi'); ylabel('|Xz(w)|'); grid;
%产生抽取输出谱
y＝zeros(1, I * length(x));
```

```
y([1: I: length(y)])=x;
%求取并绘制抽取输出谱
[Yz, w]=freqz(y, 1, 512, 'whole');
subplot(212);
plot(w/pi, abs(Yz));
xlabel('\omega/\pi');
ylabel('|Yz(w)|'); grid;
```

程序运行结果如图 5.4 所示。

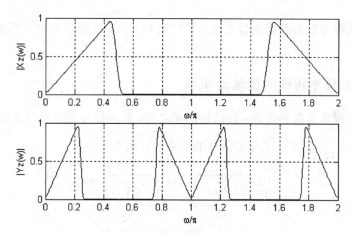

图 5.4　内插过程的频域分析

　　在实际的内插过程中，"插零"后填充的信号还要经过低通滤波，滤波的目的在于消除因填零过程而引起的"复制"。在时域中，可将滤波操作看做一个使得零采样值被非零采样值替代的平滑运算。一般情况下，让输出信号通过截止频率为 π/I 的低通滤波器。

5.2　有理因子采样率转换

　　对于有理因子 I/D 采样率转换的情形，可以通过抽取和内插串联来实现。先通过内插因子 I 插入信号，再利用抽取因子 D 来抽取信号。内插过程的平滑滤波器和抽取过程的反混叠滤波器可以合并为一个低通滤波器，理想情况下的频率响应为

$$H(\omega)=\begin{cases} I, & |\omega|\leqslant \min\left(\dfrac{\pi}{D}, \dfrac{\pi}{I}\right) \\ 0, & \text{其他} \end{cases} \tag{5.8}$$

式中，$\min\left(\dfrac{\pi}{D}, \dfrac{\pi}{I}\right)$ 为该低通滤波器的截止频率 ω_c。由此可知，先内插后抽取可以节省一个滤波器。

　　图 5.5 给出了采样率通过有理因子 I/D 改变的系统框图。

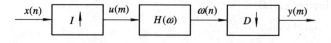

图 5.5　有理因子采样率转换的系统框图

对于上述有理因子采样率的转换，输出信号的频谱可表示为

$$Y(\omega) = \begin{cases} \dfrac{I}{D}X\left(\dfrac{\omega}{D}\right), & |\omega| \leqslant \min(\pi, \pi D/I) \\ 0, & \text{其他} \end{cases} \tag{5.9}$$

5.3 采样率转换的滤波器实现

下面介绍采样率转换的滤波器实现，并利用 MATLAB 信号处理工具箱中的函数来实现模拟仿真。

5.3.1 抽取采样率转换的滤波器实现

为消除抽取操作引起的混叠，在执行抽样之前，输入信号必须通过低通滤波器 $H(z)$ 将带宽限制到 $|\omega| < \dfrac{\pi}{D}$。因此，实际的信号抽取系统如图 5.6 所示。

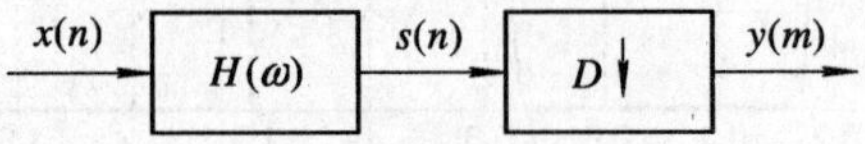

图 5.6 抽取过程的实际结构

该系统一般称为抽取器。由图可知：

$$s(n) = \sum_k x(k)h(n-k) \tag{5.10}$$

$$S(\omega) = X(\omega)H(\omega) \tag{5.11}$$

因此

$$Y(\omega) = \frac{1}{D}\sum_l X\left(\frac{\omega - 2\pi l}{D}\right)H\left(\frac{\omega - 2\pi l}{D}\right) \tag{5.12}$$

若"反混叠"滤波器为理想的滤波器

$$H(\omega) = \begin{cases} 1, & |\omega| \leqslant \dfrac{\pi}{D} \\ 0, & \text{其他} \end{cases} \tag{5.13}$$

则有

$$Y(\omega) = \frac{1}{D}X\left(\frac{\omega}{D}\right), \quad |\omega| < \pi \tag{5.14}$$

整个实际的抽取过程可看做信号 $X(\omega)$ 通过低通滤波器 $H(\omega)$，然后伸长 D 倍。

MATLAB 信号处理工具箱提供抽取函数 decimate 用于信号的整数倍抽取，调用格式为

```
y＝decimate(x, D)
y＝decimate(x, D, n)
y＝decimate(x, D, 'fir')
y＝decimate(x, D, n, 'fir')
```

其中，x 为输入信号；D 为抽取因子；'fir'为指定的 FIR 滤波器，缺省时采用切比雪夫 I 型低通滤波器压缩频带；n 为低通滤波器的阶数，当采用 FIR 滤波器时，缺省时为 30 点数，否则缺省为 8 阶。

【例 5.5】 调频信号 $x(t) = 2 \sin(k\pi t^2)$，$k=1$；$0 \leqslant t \leqslant T$；$T=4$；采样率为 f_s，采样点数 $N = Tf_s$；$f_s = 4f_c$。利用 MATLAB 编程，分析抽取因子分别为 2 和 4 时的情况。

MATLAB 程序如下：

```
%MATLAB PROGRAM 5-5
k=1;
T=4;
fc=k*T; fs=4*fc;
Ts=1/fs;
N=T/Ts;
x=zeros(1, N);
t=[0: N-1];
x=2*sin(k*pi*(t*Ts).^2);        %原始输入信号 x(n)
figure(1);
subplot(221);
stem(t*Ts, x);
D=2;                            %抽取因子为 2
y=decimate(x, D);              %抽取输出信号 y(n)
tnew=[0: N/D-1];
subplot(223);
stem(tnew*D*Ts, y);
X=fft(x);                      %原始输入信号频谱 X(ω)
X=fftshift(X);
subplot(222);
plot((t-N/2)*fs/N, abs(X));
Y=fft(y);                      %抽取输出信号频谱 Y(ω)
Y=fftshift(Y);
subplot(224);
plot((tnew-N/D/2)*fs/N, abs(Y));
figure(2);
D=4;                            %抽取因子为 4
y=decimate(x, D);              %抽取输出信号 y(n)
tnew=[0: N/D-1];
subplot(221);
stem(tnew*D*Ts, y);
Y=fft(y);                      %抽取输出信号频谱 Y(ω)
Y=fftshift(Y);
subplot(222);
plot((tnew-N/D/2)*fs/N, abs(Y));
```

程序运行结果如图 5.7 所示。

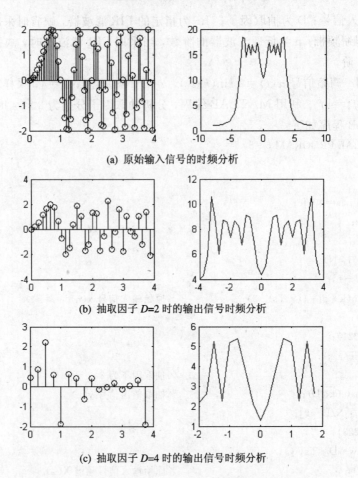

(a) 原始输入信号的时频分析

(b) 抽取因子 $D=2$ 时的输出信号时频分析

(c) 抽取因子 $D=4$ 时的输出信号时频分析

图 5.7　信号抽取过程的时频分析

原始信号的采样率为 $f_s=4f_c$，当抽取因子为 2 时，采样率降为 $2f_c$，仍然满足采样定理的要求，从图 5.7(b)中可看出信号的频谱没有太大变化。当抽取因子为 4 时，采样率降为 f_c，不满足采样定理的条件，从图 5.7(c)中可看出信号频谱有较大变化，信号波形损失较大，信号采样损失了部分有用信息。

5.3.2　内插采样率转换的滤波器实现

为消除内插"填零"过程中引起的"复制"，一般采用平滑滤波来处理。内插过程的实际结构如图 5.8 所示。

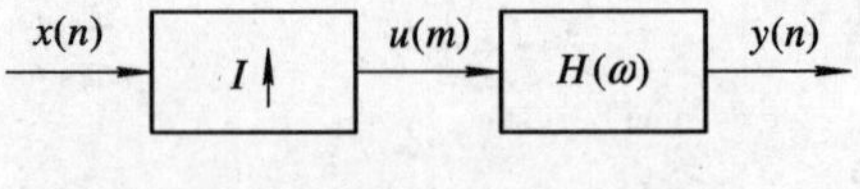

$$x(n) \longrightarrow \boxed{I\uparrow} \xrightarrow{\ u(m)\ } \boxed{H(\omega)} \xrightarrow{\ y(n)\ }$$

图 5.8　内插过程的实际结构

上述系统一般称为内插器。若滤波采用理想低通滤波器

$$H(\omega)=\begin{cases}1, & |\omega|\leqslant\dfrac{\pi}{I}\\[2mm]0, & \text{其他}\end{cases} \tag{5.15}$$

又因

$$y(n) = \sum_k u(k)h(n-k) \tag{5.16}$$

故有

$$Y(\omega) = U(\omega)H(\omega) = X(I\omega)H(\omega) \tag{5.17}$$

内插过程可以分为两个步骤：先用填零方式进行内插采样，然后再对填充后的信号进行低通滤波。从频域角度看，内插输出信号即为原信号在频域压缩 I 倍后经过低通滤波的结果。

MATLAB 信号处理工具箱提供内插函数 interp 用于信号的整数倍内插，调用格式为

　　　　y＝interp(x, I)

　　　　y＝interp(x, I, n, alpha)

　　　　[y, b]＝interp(x, I, n, alpha)

其中，x 为输入信号；I 为内插因子；n 为反混叠滤波器的长度，缺省值为 4；alpha 为截止频率，缺省值为 0.5；[y, b] 为返回反混叠滤波器的系数向量。

【例 5.6】　调频信号 $x(t) = 2\cos(k\pi t^2)$，$k=1$；$0 \leqslant t \leqslant T$；$T=4$；采样率为 f_s，采样点数 $N = Tf_s$；$f_s = 2.5f_c$。利用 MATLAB 编程，分析将采样率提高 3 倍时的情况。

MATLAB 程序如下：

```
%MATLAB PROGRAM 5 - 6
k=1;
T=4;
fc=k * T; fs=2.5 * fc;
Ts=1/fs; N=T/Ts;
x=zeros(1, N);
t=[0: N-1];
x=2 * cos(k * pi * (t * Ts).^2);      %原始输入信号 x(n)
subplot(221);
stem(t * Ts, x);
I=3;
y=interp(x, I);                       %内插输出信号 y(n)
tnew=[0: N * I-1];
subplot(223);
stem(tnew * Ts/I, y);
X=fft(x);                             %原始输入信号频谱 X(ω)
X=fftshift(X);
subplot(222);
plot((t-N/2) * fs/N, abs(X));
Y=fft(y);                             %内插输出信号频谱 Y(ω)
Y=fftshift(Y);
subplot(224);
plot((tnew-N * I/2) * fs/N, abs(Y));
```

程序运行结果如图 5.9 所示。

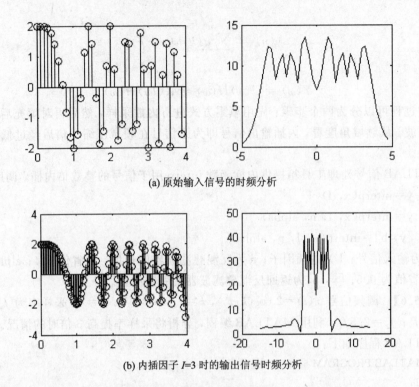

(a) 原始输入信号的时频分析

(b) 内插因子 $I=3$ 时的输出信号时频分析

图 5.9　信号内插过程的时频分析

由图可知，在内插过程中，采样率的提高不会增加信号的信息。

5.3.3　有理因子采样率转换的滤波器实现

利用一个内插器连接一个抽取采样器，就可以有效地实现一个比率为 I/D 的采样率转换器。MATLAB 信号处理工具箱提供了重采样函数 resample 用于有理因子的采样率转换，调用格式为

　　　　y＝resample(x, I, D)

　　　　y＝resample(x, I, D, n)

　　　　y＝resample(x, I, D, n, beta)

　　　　y＝resample(x, I, D, b)

　　　　[y, b]＝resample(x, I, D)

其中，x 为输入信号；I 为内插因子；D 为抽取因子；n 用于指定用 x 左右两边各 n 个数据作为重采样的领域；beta 指定凯塞窗 FIR 滤波器的设计参数，缺省值为 5；[y, b] 为重采样滤波器的系数向量。

【例 5.7】　调频信号 $x(t)=3\sin(k\pi t^2)$，$k=1$；$0\leqslant t\leqslant T$；$T=4$；采样率为 f_s，采样点数 $N=Tf_s$；$f_s=3f_c$。利用 MATLAB 编程，分析 $I=7$，$D=3$ 时有理因子的采样率转换。

MATLAB 程序如下：

```
%MATLAB PROGRAM 5 - 7
k=1;
```

```
T=4;
fc=k*T; fs=3*fc;
Ts=1/fs; N=T/Ts;
x=zeros(1, N);
t=[0: N−1];
x=3*sin(k*pi*(t*Ts).^2);          %原始输入信号 x(n)
subplot(221);
stem(t*Ts, x);
I=7; D=3;
y=resample(x, I, D);              %输出信号 y(n)
tnew=[0: N*I/D−1];
subplot(223);
stem(tnew*Ts/I*D, y);
X=fft(x);                         %原始输入信号频谱 X(ω)
X=fftshift(X);
subplot(222);
plot((t−N/2)*fs/N, abs(X));
Y=fft(y);                         %输出信号频谱 Y(ω)
Y=fftshift(Y);
subplot(224);
plot((tnew−N*I/D/2)*fs/N, abs(Y));
```

程序运行结果如图 5.10 所示。

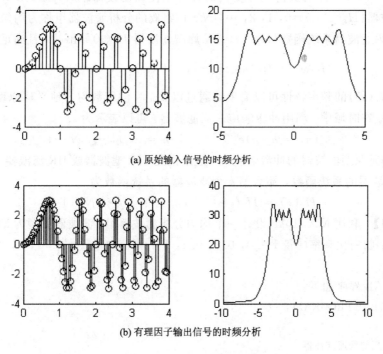

(a) 原始输入信号的时频分析

(b) 有理因子输出信号的时频分析

图 5.10　信号有理因子转换的时频分析

由图可知，采样率的提高不会增加信号的信息。

5.4　数字滤波器组

数字滤波器组是带有共同输入或相加输出的一组数字带通滤波器。一般来说，滤波器组可以分为两类：分析滤波器组和综合滤波器组。分析滤波器组由一组系统函数为$\{H_k(z)\}$的滤波器按图 5.11(a)排列成并行组构成，该滤波器组的频率响应特性将信号分成相应个数的子带。综合滤波器组由一组系统函数为$\{G_k(z)\}$、相应输入为$\{y_k(n)\}$的滤波器按图 5.11(b)排列组成，将各滤波器的输出相加起来构成信号$\{x(n)\}$。滤波器组经常用来实现谱分析和信号综合。

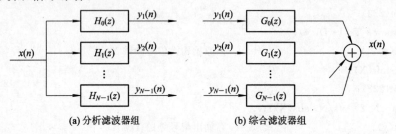

(a) 分析滤波器组　　　　　　　(b) 综合滤波器组

图 5.11　数字滤波器组

5.4.1　均匀滤波器组

当在序列$\{x(n)\}$的离散傅里叶变换的计算中使用滤波器组时，称为 DFT 滤波器组。由 N 个滤波器$\{H_k(z), k=0, 1, 2, \cdots, N-1\}$组成的分析滤波器组称为均匀 DFT 分析滤波器组，如果滤波器系统函数$\{H_k(z)\}$是从原型滤波器 $H_0(z)$ 导出的，且满足

$$H_k(\omega) = H_0\left(\omega - \frac{2\pi k}{N}\right), \quad k = 1, 2, \cdots, N-1 \tag{5.18}$$

则滤波器$\{H_k(z)\}$的频率特性可以简单地通过以 $2\pi/N$ 的倍数均匀地平移原型滤波器的频域响应得到。在时域中，利用冲激响应表征滤波器，可以表示为

$$h_k(n) = h_0(n)e^{j2\pi nk/N}, \quad k = 0, 1, \cdots, N-1 \tag{5.19}$$

式中，$h_0(n)$是原型滤波器的冲激响应，一般来说是 FIR 滤波器或 IIR 滤波器。如果 $H_0(z)$ 表示原型滤波器的系统函数，那么第 k 个滤波器的系统函数为

$$H_k(z) = H_0(ze^{-j2\pi k/N}), \quad 1 < k < N-1 \tag{5.20}$$

【例 5.8】　利用 MATLAB 设计一个均匀分析滤波器组，滤波器原型为 20 阶低通滤波器，且满足：归一化频率向量 f=[0, 0.3, 0.4, 1]；幅值向量 a=[1, 1, 0, 0]；权重 w=[10, 1]。

MATLAB 程序如下：

```
%MATLAB PROGRAM 5-8
clf;
%设计原型低通滤波器
b=remez(20, [0, 0.2, 0.25, 1], [1, 1, 0, 0], [10, 1]);
w=[0: 2 * pi/255: 2 * pi]; n=[0: 20];
```

```
for k=[1∶4];
    c=exp(2*pi*(k-1)*n*i/4);
    FB=b.*c;
    HB(k,∶)=freqz(FB,1,w);
end
```

%画出每个滤波器的幅度响应

subplot(221);

plot(w/pi,abs(HB(1,∶)));

xlabel('\omega/\pi');ylabel('振幅');

title('滤波器 No.1');axis([0,2,0,1.1]);

subplot(222);

plot(w/pi,abs(HB(2,∶)));

xlabel('\omega/\pi');ylabel('振幅');

title('滤波器 No.2');axis([0,2,0,1.1]);

subplot(223);

plot(w/pi,abs(HB(3,∶)));

xlabel('\omega/\pi');ylabel('振幅');

title('滤波器 No.3');axis([0,2,0,1.1]);

subplot(224);

plot(w/pi,abs(HB(4,∶)));

xlabel('\omega/\pi');ylabel('振幅');

title('滤波器 No.4');axis([0,2,0,1.1]);

程序运行结果如图 5.12 所示。

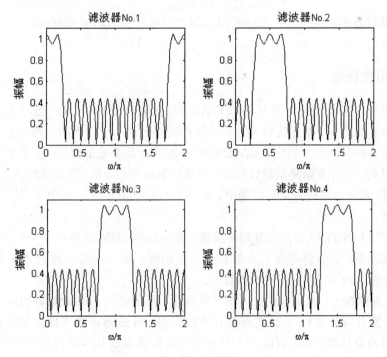

图 5.12　均匀分析滤波器组的设计

下面探讨均匀分析滤波器组与综合滤波器组的具体实现。对于均匀分析滤波器组来说，对每个带通滤波器的输出按因子 D 抽取，并用 $\exp(-j2\pi mk/N)$ 乘上 DFT 序列 $\{X_k(m)\}$，利用复指数调制将信号的谱从 $\omega_k = \dfrac{2\pi k}{N}$ 移到 $\omega_0 = 0$。图 5.13 为均匀分析滤波器组的实现图。

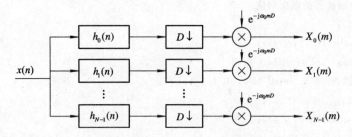

图 5.13　均匀分析滤波器组的实现

均匀分析滤波器组的输出可表示为

$$X_k(m) = \left[\sum_n x(n) h_0(mD-n) e^{j2\pi k(mD-n)/N} \right] e^{-j2\pi mkD/N} \tag{5.21}$$

对于均匀综合滤波器组来说，对输入序列先乘上复指数 $[\exp(j2\pi kmD/N)]$，接着按内插因子 $I=D$ 进行采样，然后所得序列经过具有如下冲激响应的带通内插器：

$$g_k(n) = g_0(n) e^{j2\pi nk/N} \tag{5.22}$$

式中，$\{g_0(n)\}$ 是原型滤波器的冲激响应。这些滤波器的输出加起来得到

$$v(n) = \frac{1}{N} \sum_{k=0}^{N-1} \left\{ \sum_m [Y_k(m) e^{j2\pi kmI/N}] g_k(n-mI) \right\} \tag{5.23}$$

在数字滤波器组的实现中，通过利用适用于抽取和内插的多相滤波器可以高效计算。当选取的抽取因子 D 等于频带数 N 时，称为精密采样 DFT 滤波器组。

5.4.2　复用转接器

数字复用转接器是用于时分复用(TDM)信号和频分复用(FDM)信号之间的转换设备。多路复用转接器由一个作为输入端的综合滤波器组和一个作为输出端的分析滤波器组构成。综合滤波器组由 L 个输入组成，分析滤波器组由 L 个输出组成，它们共同构成了一个多采样率结构。设计多路复用的目的是，确保对于所有的 k 值，第 k 个输入 $x_k[n]$ 的合理输出为 $y_k[n]$。在完全重构多路复用器中，$y_k[n] = a_k x_k[n-D]$，其中 a_k 是一个常数，D 是一个正整数。

为实现 FDM 到 TDM 转换的复用转接器，先将模拟 FDM 信号经过一个 A/D 转换器，再利用单边调制器(SSB)将数字信号解调到基带信号，最后对每个解调器的输出进行抽取，并将抽取值送到 TDM 系统的转换器中。

在 FDM 解调器中，基本构件块由频率转换器、低通滤波器和抽取器组成，如图 5.14 所示。频率转换可以通过 DFT 滤波器组有效地实现。低通滤波器和抽取器可以通过利用多相滤波器结构有效地实现。因此，FDM 到 TDM 转换器的基本结构具有一个 DFT 滤波器组分析器的形式。

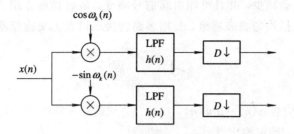

图 5.14　FDM 解调器结构

5.4.3　正交镜像滤波器组

L 通道正交镜像滤波器组如图 5.15 所示，它是由输入端的一个 L 通道分析滤波器和输出端的一个 L 通道综合滤波器组组成的。

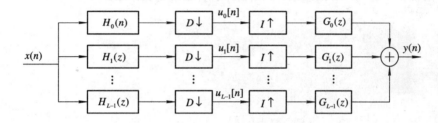

图 5.15　L 通道正交镜像滤波器组

分析滤波器的下抽样输出信号为 $u_k[n]$，称为子带信号，它的抽样率比正交镜像滤波器组的输入更低，因此可以更有效地处理。可以设计分析滤波器以及综合滤波器，使得正交镜像滤波器组是无混叠的，输入为 $x[n]$，输出为 $y[n]$。正交镜像滤波器组的常见应用是语音、音频、图像和视频信号的子带编码。

以双通道正交镜像滤波器组的设计为例，其分析滤波器组和综合滤波器组分别为

$$H_0(z) = \frac{1}{2}\{A_0(z^2) + z^{-1}A_1(z^2)\}, \quad H_1(z) = \frac{1}{2}\{A_0(z^2) - z^{-1}A_1(z^2)\}$$

$$G_0(z) = \frac{1}{2}\{A_0(z^2) + z^{-1}A_1(z^2)\}, \quad G_1(z) = \frac{1}{2}\{z^{-1}A_1(z^2) - A_0(z^2)\}$$

在 z 域中，正交镜像滤波器组的输入输出关系为

$$Y(z) = \frac{1}{4}A_0(z^2)A_1(z^2) \tag{5.24}$$

这表明该滤波器组是一个无混叠的幅度保持正交镜像滤波器组。

5.5　小　　结

在实际工程中，数字信号的采样率转换是经常会遇到的。本章先介绍了按整数因子降低采样率(抽取)和提高采样率(内插)，接着讨论了抽取和内插组合起来的按任一有理因子的采样率转换，并介绍了采样率转换的滤波器实现。抽取和内插操作均不会增加信号的信

息量，甚至在抽取时会减少，并且可能引起信号畸变。最后详细介绍了多速率信号处理中的数字滤波器组，包括均匀滤波器组、复用多路转接器以及正交镜像滤波器组。

习　题

5.1　离散时间信号 $x(n)=a^n u(n)$，$|a|<1$，试确定其频谱 $X(\omega)$，并对其以抽取因子 2 进行信号抽取重构，确定输出谱。

5.2　设计一个以因子 $D=5$ 对输入信号 $x(n)$ 下采样的抽取器。若 FIR 滤波器通带 $0\leqslant\omega\leqslant\pi/5$ 内的波纹为 0.1 dB，阻带至少有 30 dB 的衰减，试用雷米兹算法确定其系数。

5.3　设计一个以因子 $I=2$ 对输入信号上采样的内插器。若 FIR 滤波器通带 $0\leqslant\omega\leqslant\pi/2$ 内的波纹为 0.1 dB，阻带至少有 30 dB 的衰减，试用雷米兹算法确定其系数。

5.4　设计一个以因子 3/5 降低采样率的采样率转换器。若 FIR 滤波器通带波纹为 0.1 dB，阻带至少有 30 dB 的衰减，试用雷米兹算法确定其系数。

第 6 章　平稳随机信号处理与分析

前面各章讨论了确定性的时域离散信号，而实际中许多重要信号既不是有限能量的，也不是周期性的，它们不能用确定性的时间函数来描述，也不能准确地加以重现，这类信号称为随机信号或不确定信号。从本章开始将详细阐述随机信号处理及其 MATLAB 实现。

6.1　随机信号及其处理

随机信号处理是指采用统计方法对随机信号进行加工或变换，其数学基础是统计学中的判决理论和统计估计理论。随机信号处理的目的是从各种实际信号中提取有用的信号。信号处理的主要对象是物理信号，如电信号、光信号、声信号及震动信号等。这些信号表现为一个或多个物理量，它们随着另外一些变量（如时间、空间位置或频率等）的变化而变化。

随机信号处理在各个领域都有着广泛的应用，如生物医学工程、声学、声纳、雷达、地震学、语音通信、数据通信、核子科学等，充分显示了它的重要性。

6.1.1　随机信号处理的发展历程

随机信号处理的发展可分为两个阶段：经典随机信号处理阶段和现代随机信号处理阶段。

第一阶段为经典随机信号理论和技术的生长、发展和成熟期。

随机信号用统计的方法来研究是从 20 世纪 40 年代开始的。维纳和柯尔莫哥罗夫将随机过程和数理统计的观点引入通信、雷达和控制中，建立了维纳滤波理论。通过解维纳-霍夫方程，在最小均方差准则下，求得线性滤波器的最优传递函数。

第二阶段为现代随机信号处理理论与技术起步和大发展的时期。现代随机信号处理主要有下列八个方面：

（1）20 世纪 60 年代初出现了卡尔曼（Kalman）滤波理论，这一理论引进状态空间法，突破了噪声必须是平稳过程的限制。

（2）以非参量统计推断为基础的非参量检测与估计。20 世纪 60 年代和 70 年代发展了噪声特性基本未知情况下的随机信号处理问题。

（3）鲁棒检测。这是对噪声特性部分已知情况下的随机信号处理的问题。

（4）现代谱估计理论。经典谱估计理论实质是傅里叶分析法，是由布莱克曼-图基（Blackman-Tukey）于 1958 年提出的利用维纳相关法从采样数据序列的自相关函数来得到功率谱的方法，通常称为 BT 法。由 FFT 发展起来的信号谱估计法，直接对采样数据进行傅里叶变换来估计功率谱，通常称为周期图法。为了解决经典谱估计法频率分辨力低的问题，伯格(Burg)于 1967 年提出最大熵谱分析法，帕曾(E. Parzen)于 1968 年提出自回归模型(AR)谱估计法，此后又出现了许多高分辨力的谱估计方法，如谐波分析最大似然法、自回归移动平均(ARMA)法等。随机信号谱估计进入了现代谱估计阶段。

（5）多维信号处理与分析。这方面涉及图像处理理论、多维变换理论及多维数字滤波等。

（6）非线性检测与估计问题。频率调制和相位调制等许多调制方法以及相位检波和向参积累，实际上都是非线性检测与估计问题。

（7）自适应理论。威德罗(B. Widrow)等于 1967 年提出自适应滤波，自适应滤波已广泛应用于系统模型识别、通信信道的自适应均衡、雷达和声纳的波束形成、自适应干扰对消和自适应控制等方面，并且已经研究出在某种意义下类似生命系统和生物适应过程的自适应自动机。

（8）随着光纤通信、其他激光技术的发展，量子信道、量子检测、量子估计理论也逐渐应用到了随机信号处理中。

6.1.2 随机信号及其特征描述

随机信号（或序列）是一个随机过程，在它的每个时间点上的取值都是随机的，可用一个随机变量表示。一个随机过程是一个随机试验所产生的随机变量依时序组合得到的序列。随机信号 $X(t)$ 是依赖时间 t 的随机变量，可以用描述随机变量的方法来描述随机信号。

当 t 在时间轴上取值 t_1, t_2, $\cdots$, t_m 时，可得到 m 个随机变量 $X(t_1)$, $X(t_2)$, $\cdots$, $X(t_m)$，该随机信号可利用 m 维的概率分布函数（或概率密度）来描述：

$$P_X(x_1, x_2, \cdots, x_m; t_1, t_2, \cdots, t_m) = P\{X(t_1) \leqslant x_1, X(t_2) \leqslant x_2, \cdots, X(t_m) \leqslant x_m\}$$

$$(6.1)$$

对随机信号 $X(t)$ 离散化，可得到离散随机信号 $X(n)$。在工程实际中，要想得到某一随机信号的高维分布函数（或概率密度）是相当困难的，且计算也十分繁琐。因此在实际工作中，对随机信号的描述，除了采用较低维的分布函数（如一维和二维）外，主要使用其一阶和二阶的数字特征。

1. 均值（一阶矩）

离散随机信号 $X(n)$ 的所有样本函数，在同一时刻取值的统计平均值称为集平均，简称均值。即

$$m_X(n) = \mu_n = E[X(n)] = \lim_{N \to \infty} \frac{1}{N} \sum_{i=1}^{N} x(n, i) \qquad (6.2)$$

2. 方差（二阶矩）

方差用于说明随机信号各可能值对其平均值的偏离程度，是随机信号在均值上下起伏变化的一种度量，它定义为可能值偏离其均值平方的数学期望。方差表示为

$$\sigma_X^2(n) = E[\,|\,X(n) - m_X(n)\,|^2\,] = \lim_{N \to \infty} \frac{1}{N} \sum_{i=1}^{N} |\,x(n, i) - m_X(n)\,|^2 \qquad (6.3)$$

方差的平方根称为均方差或标准差，即

$$\sigma_X(n) = \sqrt{E\big[\,|\,X(n) - m_X(n)\,|^2\,\big]} \tag{6.4}$$

3. 均方值

均方值描述了离散随机信号的强度或功率。即

$$D_X^2(n) = E\big[\,|\,X(n)\,|^2\,\big] = \lim_{N \to \infty} \frac{1}{N} \sum_{i=1}^{N} |\,x(n,\,i)\,|^2 \tag{6.5}$$

均方值与离散随机信号的均值和方差的关系为

$$\sigma_X^2 = D_X^2 - \mu_n^2 \tag{6.6}$$

4. 自相关函数

自相关函数可表示为

$$\phi_X(n_1,\,n_2) = E[X^*(n_1)X(n_2)] = \lim_{N \to \infty} \frac{1}{N} \sum_{i=1}^{N} x^*(n_1,\,i)x(n_2,\,i) \tag{6.7}$$

5. 自协方差函数

自协方差函数可表示为

$$\gamma_X(n_1,\,n_2) = E\{[X(n_1) - m_X(n_1)]^*[X(n_2) - m_X(n_2)]\} \tag{6.8}$$

随机信号的自相关函数 $\phi_X(n_1,\,n_2)$ 描述了信号 $X(n)$ 在 n_1、n_2 这两个时刻的相互关系，是一个重要的统计量。

对于两个随机信号 $X(n)$、$Y(n)$，其互相关函数和互协方差函数分别为

（1）互相关函数：

$$\phi_{XY}(n_1,\,n_2) = E[X^*(n_1)Y(n_2)] \tag{6.9}$$

（2）互协方差函数：

$$\gamma_{XY}(n_1,\,n_2) = E\{[X(n_1) - m_X(n_1)]^*[Y(n_2) - m_Y(n_2)]\} \tag{6.10}$$

6.2　平稳随机信号的时域描述

随机信号分为平稳和非平稳两大类。平稳随机信号又分为各态遍历和非各态遍历。本章讨论的随机信号是平稳且是各态遍历的。在研究无限长信号时，总是取某段有限长信号作分析，有限长信号称为样本，无限长信号称为随机信号总体。各态历经平稳随机过程中的一个样本的时间均值和集平均值相等，因此，一个样本统计特征代表随机信号的总体。

6.2.1　平稳随机信号的数字特征

平稳随机信号是一类重要的随机信号。在实际工作中，经常把随机信号视为平稳的，从而使问题得以大大简化。实际上，自然界中的绝大部分随机信号都被认为是平稳的。

一个离散随机信号 $X(n)$，如果其均值与时间 n 无关，其自相关函数 $\phi_X(n_1,\,n_2)$ 与 n_1 和 n_2 的选取无关，而仅与 n_1 和 n_2 之差有关，那么称 $X(n)$ 为广义平稳随机信号。狭义的平稳随机信号是指概率特性不随时间的平移而变化（与时间基准点无关）的随机信号。只有当 $X(n)$ 是高斯随机过程时，才是狭义的平稳。

对于平稳随机信号，其均值、方差及均方值描述如下。

1. 均值

均值可表示为

$$E[X(n)] = \mu_n = \lim_{N \to \infty} \frac{1}{N} \sum_{n=0}^{N} x(n) \tag{6.11}$$

对于有限长平稳随机信号序列，为计算其均值估计，均值可表示为

$$E[X(n)] = \hat{\mu}_n = \frac{1}{N} \sum_{n=0}^{N} x(n) \tag{6.12}$$

MATLAB 提供了函数 mean 来计算随机离散信号的均值，调用格式为

    y＝mean(x)

其中，x 为离散随机序列，y 为其均值。

2. 方差

方差可表示为

$$\sigma_X^2(n) = \sigma_X^2 = E[\mid x(n) - \mu_X \mid^2] \tag{6.13}$$

MATLAB 提供了函数 std 来计算随机离散信号的均方差（标准差），调用格式为

    y＝std(x)
    y＝std(x, flag)

其中，x 为离散随机序列；y 为方差；flag 为控制符，用来控制计算均方差的算法，当 flag＝0 时，计算无偏均方差

$$y = \left[\frac{1}{N-1} \sum_{n=1}^{N} (x(n) - \mu_X)^2 \right]^{\frac{1}{2}} \tag{6.14}$$

当 flag＝1 时，计算有偏均方差为

$$y = \left[\frac{1}{N} \sum_{n=1}^{N} (x(n) - \mu_X)^2 \right]^{\frac{1}{2}} \tag{6.15}$$

3. 均方值

均方值可表示为

$$D_X^2(n) = D_X^2 = E[\mid X(n) \mid^2] \tag{6.16}$$

【例 6.1】 利用 MATLAB 编程计算长度 $N = 100000$ 的正态分布高斯随机噪声的均值、均方值、均方根值、方差以及均方差。

MATLAB 程序如下：

```
%MATLAB PROGRAM 6-1
N=10^5；
x=randn(1, N)；      %产生正态分布高斯随机噪声
disp('均值')；x_mean=mean(x)
disp('均方值')；x_2p=x＊x'/N
disp('均方根值')；x_sq=sqrt(x_2p)
disp('均方差')；x_std=std(x, 1)
disp('方差')；x_d= x_std.＊ x_std
```

程序运行结果为

均值

x_mean = 0.0019
均方值
x_2p = 0.9956
均方根值
x_sq = 0.9978
均方差
x_std = 0.9978
方差
x_d = 0.9955

6.2.2　相关函数和协方差

对于平稳随机信号来说，相关函数分为自相关函数和互相关函数；协方差分为自协方差和互协方差。

1. 自相关函数

对于随机信号 $x(t)$，自相关函数为

$$\phi_X(n_1, n_2) = \phi_X(m) = E[X^*(n)X(n+m)] \qquad m = n_2 - n_1 \qquad (6.17)$$

2. 自协方差函数

对于随机信号 $x(t)$，其自协方差函数为

$$\gamma_X(n_1, n_2) = \gamma_X(m) = E\{[X(n) - m_X]^*[X(n+m) - m_X]\} \qquad (6.18)$$

3. 互相关函数

两个平稳随机信号 $X(n)$、$Y(n)$ 的互相关函数为

$$\phi_{XY}(m) = E[X^*(n)Y(n+m)] \qquad (6.19)$$

4. 互协方差函数

两个平稳随机信号 $X(n)$、$Y(n)$ 的互协方差函数为

$$\gamma_{XY}(m) = E\{[X(n) - m_X]^*[Y(n+m) - m_Y]\} \qquad (6.20)$$

MATLAB 信号处理工具箱提供了计算随机信号相关函数的函数 xcorr 和协方差的函数 xcov。函数 xcorr 用于计算随机序列的互相关和自相关函数。计算互相关函数的调用格式为

    c=xcorr(x, y)
    c=xcorr(x, y, 'option')
    c=xcorr(x, y, maxlags, 'option')
    [c, lags]=xcorr(x, y, maxlags, 'option')

其中，x 和 y 为两个独立的随机信号序列，长度均为 N；c 为 x 和 y 的互相关函数估计；maxlags 为 x 和 y 之间的最大延迟，函数返回值 c 长度是(2 * maxlags+1)，缺省时，c 长度为(2N−1)。'option'为选择项：

(1) 'biased'，计算有偏互相关函数估计：

$$c_{xy,\,biased}(m) = \frac{1}{N}c_{xy}(m) \qquad (6.21)$$

(2) 'unbiased'，计算无偏互相关函数估计：

$$c_{xy,\,\text{unbiased}}(m) = \frac{1}{N-|m|}\, c_{xy}(m) \tag{6.22}$$

（3）'coeff'，序列归一化，使零延迟的自相关函数为1。

（4）'none'，option 缺省情况，此时，函数 xcorr 按下式执行非归一化计算行相关：

$$c_{xy} = \begin{cases} \sum\limits_{n=0}^{N-|m|-1} x_{n+1}\,y_{n+m+1}, & m \geqslant 0 \\ c_{xy}^{*}(-m), & m < 0 \end{cases} \tag{6.23}$$

【例 6.2】 已知两个周期信号：$x(t)=2\sin(2\pi f t)$，$y(t)=\sin(2\pi f t+85°)$。其中，$f=8$ Hz，求两信号的互相关函数。

MATLAB 程序如下：

```
%MATLAB PROGRAM 6-2
clf;
N=500;
n=[0：N-1];
fs=500;
t=n/fs;
lag=200;
x=2 * sin(2 * pi * 8 * t);
y=sin(2 * pi * 8 * t+85 * pi/180);
[c, lags]=xcorr(x, y, lag, 'unbiased');
subplot(221);
plot(t, x, 'r—', t, y, 'b：');
xlabel('t'); ylabel('x(t) y(t)'); title('原始随机序列');
legend('x(t)', 'y(t)');
grid;
subplot(222)
plot(lags/fs, c);
xlabel('t'); ylabel('Rxy(t)'); title('互相关函数');
grid;
```

程序运行结果如图 6.1 所示。

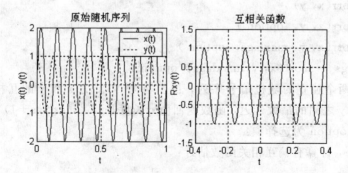

图 6.1 同频率周期信号的互相关函数

由图可知，$R_{xy}(t)$也是同周期余弦信号。由此可得到互相关函数的一个重要特性：两个均值为零且具有相同频率的周期信号，其互相关函数保留原信号频率、相位差和幅值信息。

函数 xcorr 用于求一个随机信号序列 $x(n)$ 的自相关函数时的调用格式为

    c＝xcorr(x)

    c＝xcorr(x, maxlags)

【例 6.3】 已知正弦信号为 $x(t)=\sin(2\pi ft)$，$f=8$ Hz，求一白噪声加该信号的自相关函数以及白噪声的自相关函数。

MATLAB 程序如下：

```
%MATLAB PROGRAM 6 - 3
clf;
N=1000;
n=[0：N-1];
fs=500;
t=n/fs;
lag=100;
%信号加噪声
x=sin(2 * pi * 8 * t) + 0.85 * randn(1, length(t));
[c, lags]=xcorr(x, lag, 'unbiased');
subplot(221);
plot(t, x); xlabel('t'); ylabel('x(t) ');
title('Original signal x'); grid;
subplot(222)
plot(lags/fs, c);
xlabel('t'); ylabel('Rx(t)');
title('Autocorrelation'); grid;
%噪声
d= randn(1, length(x));
[c, lags]=xcorr(d, lag, 'unbiased');
subplot(223);
plot(t, d); xlabel('t'); ylabel('d(t) ');
title('Noise signal d'); grid;
subplot(224)
plot(lags/fs, c);
xlabel('t'); ylabel('Rd(t)');
title('Autocorrelation'); grid;
```

程序运行结果如图 6.2 所示。

由此可见，含有周期成分和干扰噪声信号的自相关函数在 $t=0$ 时具有最大值，且在 t 较大时仍具有明显的周期性，其频率和周期成分的周期相同；而不含周期成分的纯噪声信号在 $t=0$ 时也具有最大化值，但在稍大时明显衰减至零。自相关函数的这一性质被用来识别随机信号中是否含有周期信号成分和它们的频率。

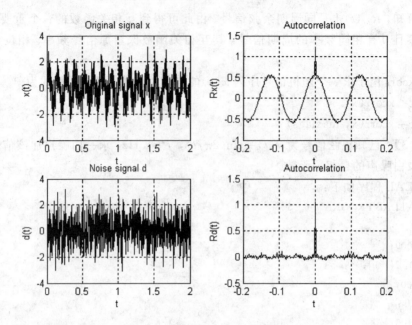

图 6.2　不同信号的自相关函数

　　MATLAB 提供了函数 xcov 来计算两个离散序列的互协方差函数或一个序列的自协方差函数，调用格式与 xcorr 相同。协方差函数和相关函数的差别就在于前者去除了均值，后者没有去除均值。

　　【例 6.4】　已知正弦信号为 $x(t)=\sin(2\pi ft)$，归一化频率 $f=0.1\,\text{Hz}$，利用 MATLAB 编程产生两个正弦加白噪声序列，求取两序列的协方差函数。

　　MATLAB 程序如下：

```
%MATLAB PROGRAM 6-4
clf;
N=256; t=[0: N-1];
f=0.1; a1=5; a2=3;
Mlag=N/4;
%产生两个正弦加白噪声的数据
x=a1 * sin(2 * pi * f * t)+2 * randn(1, N);
y=a2 * sin(2 * pi * f * t)+randn(1, N);
subplot(311);
plot(x(1: N/2)); grid;
subplot(312);
plot(y(1: N/2)); grid;
%求这两个数据向量的协方差函数
covxy=xcov(x, y, Mlag, 'biased');
subplot(3, 1, 3);
plot((-Mlag: 1: Mlag), covxy);
```

程序运行结果如图 6.3 所示。

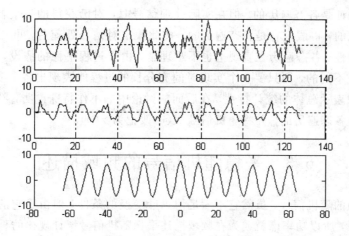

图 6.3　两序列的互协方差函数

6.2.3　平稳随机信号的各态遍历性

对一平稳随机信号 $X(n)$，如果它的所有样本函数在某一固定时刻的一阶和二阶统计特性与单一样本函数在长时间内的统计特性一致，则称 $X(n)$ 为各态遍历信号。单一样本函数随时间变化的过程可以包括该信号所有样本函数的取值遍历。

设 $x(n)$ 是各态遍历信号 $X(n)$ 的一个样本函数，对 $X(n)$ 的数字特征可定义如下：

$$m_X = E[X(n)] = \lim_{M \to \infty} \frac{1}{2M+1} \sum_{n=-M}^{M} x(n) = m_x \tag{6.24}$$

$$\phi_X(m) = E[X(n)X(n+m)] = \lim_{M \to \infty} \frac{1}{2M+1} \sum_{n=-M}^{M} x(n)x(n+m) = \phi_x(m) \tag{6.25}$$

式(6.24)和式(6.25)右边的计算都是使用单一样本函数 $x(n)$ 求和，因此称为"时间平均"，对各态遍历信号，其一阶和二阶的集合平均等于相应的时间平均。

【例 6.5】　讨论随机相位正弦序列 $X(n) = A \sin(2\pi f n T_s + \varphi)$ 的各态遍历性。

解　对 $X(n) = A \sin(2\pi f n T_s + \varphi)$，其单一的时间样本 $x(n) = A \sin(2\pi f n T_s + \varphi)$，$\varphi$ 为一常数，对 $X(n)$ 作时间平均，显然：

$$m_x(n) = \lim_{M \to \infty} \frac{1}{2M+1} \sum_{n=-M}^{M} A \sin(2\pi f n T_s + \varphi) = 0 = m_x$$

$$\phi_x(m) = \lim_{M \to \infty} \frac{1}{2M+1} \sum_{n=-M}^{M} A^2 \sin(2\pi f n T_s + \varphi) \sin[2\pi f(n+m)T_s + \varphi]$$

$$= \lim_{M \to \infty} \frac{1}{2M+1} \sum_{n=-M}^{M} \frac{A^2}{2} [\cos(2\pi f m T_s) - \cos(2\pi f(n+n+m)T_s + 2\varphi)]$$

由于上式是 n 对求和，故求和号中的第一项与 n 无关，而第二项应等于零，所以

$$\phi_x(m) = \frac{A^2}{2} \cos(2\pi f m T_s) = \phi_X(m)$$

因此，随机相位正弦波既是平稳的，也是各态遍历的。

由上面的讨论可知，具有各态遍历性的随机信号，由于能使用单一的样本函数来做时间平均，求其均值和自相关函数，所以在分析和处理信号时比较方便。实际中所观测的物

理现象并不能保证是各态遍历的。但在实际处理信号时，对已获得的一个物理信号，往往先假定它是平稳的，再假定它是各态遍历的。按此假定对信号处理后，可再用处理结果来检验假定的正确性。各态遍历在直观上也不难理解，由于过程平稳的假设，保证了不同时刻的统计特性是不同的，即只要一个实现时间充分长的过程能表现出各个实现的特征，就可用一个实现来表示总体的统计特性。在后面的讨论中如不作特殊说明，都认为所讨论的对象是平稳的及各态遍历的，并将随机信号 $X(n)$ 改记为 $x(n)$。

6.3　平稳随机信号的频域描述

作为功率型的随机信号，虽然它不满足傅里叶变换的条件，但由于它的任何一个样本信号功率都有限，所以功率谱就成为在频域描述平稳随机信号统计规律的重要特征参量。

功率谱密度 $P(\omega)$ 用来描述离散随机信号的功率在频域上的分布情况，反映了单位频带信号功率的大小，是频率的函数。设 $\phi_x(m)$、$\phi_{xy}(m)$ 分别为离散随机信号 $x(n)$ 的自相关函数以及 $x(n)$ 和 $y(n)$ 的互相关函数，则有

$$P_x(\omega) = \sum_{m=-\infty}^{\infty} \phi_x(m) \mathrm{e}^{-\mathrm{j}\omega m} \tag{6.26}$$

$$P_{xy}(\omega) = \sum_{m=-\infty}^{\infty} \phi_{xy}(m) \mathrm{e}^{-\mathrm{j}\omega m} \tag{6.27}$$

$P_x(\omega)$ 称为离散随机信号的自功率谱；$P_{xy}(\omega)$ 称为离散随机信号 $x(n)$ 和 $y(n)$ 的互功率谱。假设离散随机信号的功率是有限的，那么其功率谱密度的反变换必然存在，为其相关函数，即

$$\phi_x(m) = \frac{1}{2\pi} \int_{-\pi}^{\pi} P_x(\omega) \mathrm{e}^{\mathrm{j}m\omega} \, \mathrm{d}\omega \tag{6.28}$$

而

$$\phi_x(0) = \sigma_x^2 = \frac{1}{2\pi} \int_{-\pi}^{\pi} P_x(\omega) \mathrm{d}\omega = E[|x(n)|^2] \tag{6.29}$$

$E[|x(n)|^2]$ 代表信号的平均功率，这说明 $P_x(\omega)$ 在 $-\pi \leqslant \omega \leqslant \pi$ 频域内的积分面积正比于信号的平均功率。因此，$P_x(\omega)$ 是 $x(n)$ 的平均功率密度，$P_x(\omega)$ 又称为功率谱密度。

功率谱具有如下重要性质：

(1) 功率谱密度函数 $P_x(\omega)$ 是 ω 的实函数，它不含相位信息；

(2) 若 $x(n)$ 是实的，则功率谱密度是 ω 的偶函数；

(3) 功率谱密度 $P_x(\omega)$ 对于所有的 ω 都是非负的；

(4) $x(n)$ 与 $y(x)$ 的互功率谱密度为 $P_{xy}(\omega) = P_{yx}(-\omega)$；

(5) 功率谱曲线在 $[-\pi, \pi]$ 内的面积等于信号的均方值。

工程实际中所遇到的功率谱可分为三种：一种是平谱，即功率谱是均匀分布的，称为白噪声谱；第二种是"线谱"，即由一个或多个正弦信号所组成的信号的功率谱；第三种介于二者之间，既有峰点又有谷点的谱，这种谱称为"ARMA 谱"。

一个平稳随机序列 $u(n)$，如果其功率谱 $P_u(\mathrm{e}^{\mathrm{j}\omega})$ 在 $|\omega| \leqslant \pi$ 的范围内始终为一常数，如 σ_u^2，则称该序列为白噪声序列，其自相关函数为

$$\phi_u(m) = \frac{1}{2\pi} \int_{-\pi}^{\pi} P_u(e^{j\omega}) e^{j\omega m} \, d\omega = \sigma_u^2 \delta(m) \tag{6.30}$$

由自相关函数的定义，$\phi_u(m) = E[u(n)u(n+m)]$，这说明白噪声序列在任意两个不同的时刻是不相关的。若 $u(n)$ 是高斯型的，那么它在任意两个不同时刻又是相互独立的。这说明，白噪声序列是最随机的，也即由 $u(n)$ 无法预测 $u(n+1)$。白噪声是一种理想化的噪声模型，实际中并不存在。

MATLAB 信号处理工具箱提供了函数 psd 和函数 csd，分别用来计算单信号的自功率谱和两个信号的互功率谱。其调用格式参考第 7 章内容。

【例 6.6】　一白噪声序列分别通过一个低通滤波器和一个高通滤波器。低通滤波器性能指标为 $f = [0\ 0.6\ 0.7\ 1]$，$a = [1\ 1\ 0\ 0]$，$w_1 = [1, 10]$；高通滤波器指标为 $f = [0\ 0.5\ 0.7\ 1]$，$a = [0\ 0\ 1\ 1]$，$w_2 = [10\ 1]$；$f_s = 1$。两个滤波器的输出分别是 x 和 y，求它们的自功率谱和互功率谱。

MATLAB 程序如下：

```
%MATLAB PROGRAM 6-6
clc;
%构造低通滤波系数 b1 和高通滤波序列 b2
Fs=1; N=1024;
a=[1, 1, 0, 0]; f=[0, 0.6, 0.7, 1];
weigh=[1, 10];
b1=remez(42, f, a, weigh);
a=[0, 0, 1, 1];
f=[0, 0.5, 0.7, 1];
weigh=[10, 1];
b2=remez(42, f, a, weigh);
[h1, w]=freqz(b1, 1, 256, 1);
h1=abs(h1);
h1=20 * log10(h1);
subplot(331); plot(w, h1); grid;
[h2, w]=freqz(b2, 1, 256, 1);
h2=abs(h2);
h2=20 * log10(h2);
subplot(334); plot(w, h2); grid;
%将高斯白噪通过两个滤波器，并分别计算自功率谱
r=randn(16384, 1);
x1=filter(b1, 1, r);
x=x1(50：50+N);
[xpsd, F]=psd(x, N/4, Fs);
xpsd=10 * log10(xpsd);
subplot(332); plot(F, xpsd); grid;
y1=filter(b2, 1, r);
y=y1(50：50+N);
[ypsd, F]=psd(y, N/4, Fs);
```

```
ypsd＝10 * log10(ypsd);
subplot(333); plot(F, ypsd); grid;
％估计 x 和 y 的互功率谱
[pxy, w]＝csd(x, y, N/4, Fs, hamming(N/4), 0, 'mean');
pxy＝20 * log10(abs(pxy));
subplot(335);
plot(w, pxy); grid;
```

程序运行结果如图 6.4 所示。

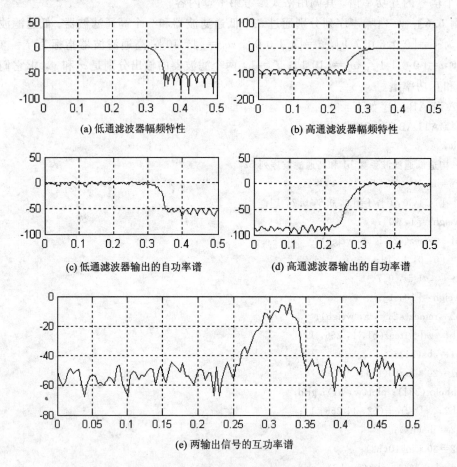

(a) 低通滤波器幅频特性　　　　　　　(b) 高通滤波器幅频特性

(c) 低通滤波器输出的自功率谱　　　　(d) 高通滤波器输出的自功率谱

(e) 两输出信号的互功率谱

图 6.4　离散随机序列的功率谱

6.4　线性系统对随机信号的响应

设 $x(n)$ 为一平稳随机信号，它通过一线性时不变系统 $H(z)$ 后，输出 $y(n)$：

$$y(n) = x(n) * h(n) = \sum_{k=-\infty}^{\infty} x(k)h(n-k) \tag{6.31}$$

因此，$y(n)$ 也是平稳随机的。若 $x(n)$ 是确定性信号，则

$$Y(e^{j\omega}) = X(e^{j\omega})H(e^{j\omega}) \tag{6.32}$$

由于随机信号不存在傅里叶变换，因此需从相关函数和功率谱的角度来研究随机信号

通过线性系统的行为。现假设 $x(n)$ 是实信号，则 $y(n)$ 也是实的。$y(n)$ 的均值为

$$m_y = E[y(n)] = E\Big[\sum_{k=-\infty}^{\infty} h(k)x(n-k)\Big] = \sum_{k=-\infty}^{\infty} \cdot E[h(k)x(n-k)] \tag{6.33}$$

因为 $x(n)$ 是平稳随机过程，有

$$E[x(n)] = E[x(n-k)] = m_x \tag{6.34}$$

故

$$m_y = \sum_{k=-\infty}^{\infty} h(k)m_x = m_x H(\mathrm{e}^{\mathrm{j}0}) \tag{6.35}$$

即当 m_x 是与时间无关的常数时，m_y 也是与时间无关的常数。

6.4.1　自相关函数及自功率谱

假设输出 $y(n)$ 是平稳的，则 $y(n)$ 的自相关函数 $\phi_y(m)$ 为

$$\phi_y(n,\,n+m) = E[y(n)y(n+m)] = E\Big[\sum_{k=-\infty}^{\infty} h(k)x(n-k)\sum_{r=-\infty}^{\infty} h(r)x(n+m-r)\Big]$$

$$= \sum_{k=-\infty}^{\infty} h(k)\sum_{r=-\infty}^{\infty} h(r)E[x(n-k)x(n+m-r)]$$

$$= \sum_{k=-\infty}^{\infty} h(k)\sum_{r=-\infty}^{\infty} h(r)\phi_x(m+k-r) \tag{6.36}$$

由于求和结果与 n 无关，故输出自相关序列也只与时间差 m 有关。因此对于一个线性非时变系统来说，如果用一个平稳随机信号激励，则输出信号也将是一个平稳随机信号。$h(n)$ 是一个确定的序列，没有平均统计的含义，其自相关函数是 $h(n)$ 与 $h(-n)$ 的卷积，具有相关函数的形式，说明了系统特性的前后波及性。随机过程可表述为：$x(n)$ 与 $h(n)$ 卷积的自相关等于 $x(n)$ 的自相关和 $h(n)$ 的自相关的卷积。

自功率谱密度为

$$P_y(\omega) = |H(\mathrm{e}^{\mathrm{j}\omega})|^2 P_x(\omega) \tag{6.37}$$

该式又称为维纳-辛钦定理。它表明：一个随机信号通过系统 $H(z)$，其输出功率谱密度等于输入功率谱密度与 $H(\mathrm{e}^{\mathrm{j}\omega})$ 的模平方的乘积。$|H(\mathrm{e}^{\mathrm{j}\omega})|^2$ 是 ω 的非负、实、偶函数。

6.4.2　互相关函数和互功率谱

下面探论关于线性非时变系统的输入和输出之间的互相关函数 $\phi_{xy}(m)$。由定义可知

$$\phi_{xy}(m) = E[x(n)y(n+m)] = E\Big[x(n)\sum_{k=-\infty}^{\infty} h(k)x(n+m-k)\Big]$$

$$= \sum_{k=-\infty}^{\infty} h(k)\phi_x(m-k) = \phi_x(m) * h(m) \tag{6.38}$$

该式又称为输入－输出互相关定理。输出自相关函数为

$$\phi_y(m) = \phi_y(m) * h(m) * h(-m) = \phi_{xy}(m) * h(-m) \tag{6.39}$$

式(6.38)与式(6.39)说明了一个线性非时变系统的输入与输出间的互相关函数 $\phi_{xy}(m)$ 和输入自相关函数 $\phi_x(m)$，以及输出自相关函数 $\phi_y(m)$ 间的关系：$\phi_{xy}(m)$ 等于 $\phi_x(m)$ 与 $h(m)$ 的卷积，而 $\phi_y(m)$ 等于 $\phi_{xy}(m)$ 与 $h(-m)$ 的卷积。当 $\phi_x(m) = \delta(m)$ 时，可以

从 $\phi_{xy}(m)$ 求得 $h(m)$。

设 $m_x = 0$（自相关函数的 Z 变换存在），将式(6.38)与式(6.39)转换到 z 域有：

$$\Phi_{xy}(z) = H(z)\Phi_x(z) \tag{6.40}$$

$$\Phi_y(z) = H(z^{-1})\Phi_{xy}(z) \tag{6.41}$$

用功率谱表示为

$$P_{xy}(\omega) = H(e^{j\omega})P_x(\omega) \tag{6.42}$$

$$P_y(\omega) = H(e^{-j\omega})P_{xy}(\omega) \tag{6.43}$$

当输入为白噪声时，其功率谱密度 $P_x(\omega)$ 为常数，按式(6.26)有

$$\sigma_x^2 = \frac{1}{2\pi}\int_{-\pi}^{\pi} P_x(\omega)\,d\omega = P_x(\omega)\,\frac{1}{2\pi}\int_{-\pi}^{\pi} d\omega = P_x(\omega) \tag{6.44}$$

式(6.44)表明这个常数是 σ_x^2，故在白噪声情况下有

$$P_x(\omega) = \sigma_x^2 = E[x^2(n)] \tag{6.45}$$

$$\phi_x(m) = \frac{1}{2\pi}\int_{-\pi}^{\pi} P_x(\omega)e^{jm\omega}\,d\omega = \sigma_x^2\delta(m) \tag{6.46}$$

式(6.45)说明白噪声的功率在频率轴上的分布密度处处相同（等于 σ_x^2），并且它就等于输入信号的平均功率。将式(6.46)代入式(6.38)，得

$$\phi_{xy}(m) = \sigma_x^2 h(m) \tag{6.47}$$

代入式(6.42)，得

$$P_{xy}(\omega) = H(e^{j\omega})P_x(\omega) = \sigma_x^2 H(e^{j\omega}) \tag{6.48}$$

式(6.47)与式(6.48)说明由白噪声激励的线性非时变系统，其输入、输出互相关函数正比于系统的冲激响应 $h(m)$，而其输入、输出的互功率谱正比于系统的频率响应 $H(e^{j\omega})$。因此，两式常通过估计 $\phi_{xy}(m)$ 或 $P_{xy}(\omega)$ 来得到线性非时变系统的冲激响应或频率响应。

MATLAB 信号处理工具箱提供了函数 tfe 来估计 LSI 系统的频率响应，调用格式为

[H, F]=tfe(x, y, Nfft, Fs, windows, noverlap, dflag)

其中，x 是系统的输入；y 是系统的输出；H 是所求的系统的频率响应；F 是频率横坐标；Fs 是采样频率；Nfft 是对 x，y 作 FFT 时的长度；windows 是所选用的窗函数；noverlap 是估计 x，y 的自功率谱及互功率谱时每一段叠合的长度；dflag 是对每一段数据在加窗前预处理的方式，可以是 linear、mean 或 none。

【例 6.7】 x 是一均匀分布的白噪声，它通过一个低通滤波器的输出为 y。该滤波器的性能指标为：频率 $f = [0\ 0.5\ 0.7\ 1]$，幅值 $a = [1\ 1\ 0\ 0]$，权重 $w = [1\ 10]$；归一化采样频率 $f_s = 1$ Hz。试估计该系统的频率响应。

MATLAB 程序如下：

```
%MATLAB PROGRAM 6-7
clc;
%求已知系统的幅频响应
Fs=1; N=256;
a=[1, 1, 0, 0]; f=[0, 0.6, 0.7, 1];
weigh=[1, 10];
b=remez(42, f, a, weigh);
[h, w]=freqz(b, 1, N, 1);
```

```
h=20 * log10(abs(h));
subplot(221); plot(w, h); grid;
r=rand(4096, 1);
x=filter(b, 1, r);
M=N * 2;
%由函数 tfe 辨识出的系统的幅频响应
[H, w]=tfe(r, x, M, Fs, hamming(M), 0, 'mean');
H=20 * log10(abs(H));
subplot(222);
plot(w, H); grid;
```

程序运行结果如图 6.5 所示。由图可知，函数 tfe 辨识出的幅频响应的通带有"毛刺"，但大体的波形还是一致的。

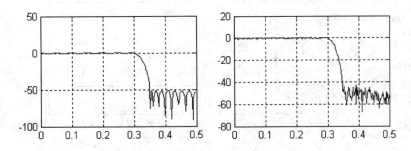

图 6.5　函数 tfe 实现系统辨识

互相关函数的另一个工程应用是通过测定信号的时移来检测速度。若信号 $x(t)$ 和信号 $y(t)$ 是同类信号且有时移，则用互相关函数可以准确地计算出两个信号的时移大小。这种特性使得互相关函数广泛应用于工程测量技术中。

【例 6.8】　两个 sinc 信号：$x(t)=80 \, \text{sinc}(2\pi f(t-0.1))$；$y(t)=40 \, \text{sinc}(2\pi f(t-0.3))$，其中，$f=250 \text{ Hz}$，$N=1000$，$f_s=500 \text{ Hz}$。试用互相关函数计算两信号时移的大小。

MATLAB 程序如下：

```
%MATLAB PROGRAM 6-8
clf
N=1000; n=[0: N-1]; Fs=500; t=n/Fs;          %数据个数采样频率和时间序列
f=250;
Lag=200;                                       %最大延迟单位数
x=90 * sinc(pi * (n-0.1 * Fs));               %第一个原始信号，延迟 0.1 s
y=50 * sinc(pi * (n-0.3 * Fs));               %第二个原始信号，延迟 0.3 s
[c, lags]=xcorr(x, y, Lag, 'unbiased');       %计算两个函数的互相关
subplot(2, 1, 1), plot(t, x, 'r');            %绘第一个信号
hold on; plot(t, y, 'b: ');                    %在同一幅图中绘第二个信号
legend('x(t)', 'y(t)');                        %绘制图例
xlabel('t/s'); ylabel('x(t) y(t)');
title('原始信号'); hold off
subplot(2, 1, 2), plot(lags/Fs, c, 'r');      %绘制互相关信号
xlabel('t/s'); ylabel('Rxy(t)');
```

title('信号 x 和 y 的相关');

　　程序运行结果如图 6.6 所示。由图可知，第二个信号 $y(t)$ 相对于第一个信号 $x(t)$ 延迟了近 0.2 s，即在 -0.2 s 处出现了相关极大值。因此可以采用该项技术检测延迟信号。

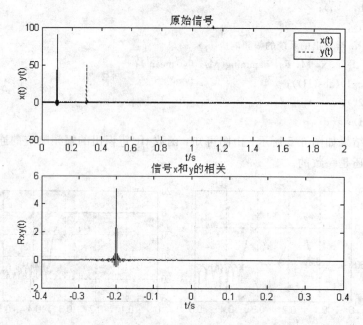

图 6.6　互相关函数测定信号时移

6.5　平稳随机信号的模型

　　"模型"是可用于解释或描述组织或约束物理数据产生的内在规律。随机过程用模型表示的思想就是，强相关时间序列 $u(n)$ 可用独立的随机序列作用于一个线性滤波器产生。通常假设激励是一个零均值、方差为常数的高斯分布的随机序列，这样的随机序列构成一个纯随机过程，通常指高斯白噪声。

6.5.1　ARMA 模型

　　在实践中，随机过程经常用有理传递函数建模。有理传递函数模型通常用于其他类型的随机过程的近似表示。用有理传递函数表示的随机过程可以通过白噪声驱动具有有理传递函数的系统产生。输入 $u(n)$ 和输出 $x(n)$ 的关系可表示为

$$x(n) = -\sum_{k=1}^{p} a_n x(n-k) + \sum_{k=0}^{q} b_k u(n-k) \tag{6.49}$$

式中，$u(n)$ 是均值为 0、功率为 σ_u^2 的白噪声。这样的随机过程称做自回归滑动平均（AutoRegressive Moving Average，ARMA）。a_i 就是自回归参数，b_i 称做动平均参数。为了明确地指出分子、分母的阶数，称这样的随机过程为 ARMA(p, q)。这个系统的传递函数为

$$H(z) = \frac{B(z)}{A(z)} = \frac{b_0 + b_1 z^{-1} + \cdots + b_q z^{-q}}{1 + a_1 z^{-1} + a_2 z^{-2} + \cdots + a_p z^{-p}} \tag{6.50}$$

式中，假定 $A(z)$ 的收敛域在单位圆内，以保证 $H(z)$ 是稳定的和因果的。这个假定是保证输出序列 $x(k)$ 是平稳的必要条件。利用维纳-辛钦定理给出其功率谱密度为

$$\Phi_x(z) = H(z)H(z^{-1})\Phi_u(z) \tag{6.51}$$

又因 $\Phi_u(z) = \sigma_u^2$，故有

$$\Phi_x(z) = \sigma_u^2 \frac{B(z)B(z^{-1})}{A(z)A(z^{-1})} \tag{6.52}$$

类似地，功率谱为

$$P_x(\omega) = \sigma_u^2 \left| \frac{B(e^{j\omega})}{A(e^{j\omega})} \right|^2 \tag{6.53}$$

若假定多项式的分子、分母的首项系数为 1，又因横向滤波器的增益可以被噪声功率 σ_u^2 "吸收"，所以习惯上将用于产生 ARMA 过程的系统 $H(z)$ 叫做 ARMA 的"综合滤波器"。若 ARMA 过程的 $x(n)$ 作为滤波器 $H^{-1}(z)$ 的输入，则可将驱动噪声 $u(n)$ 恢复出来。这个逆滤波器是 ARMA 的"分析滤波器"。

6.5.2　MA 模型

如果去掉滤波器的自回归部分，即除 $a_0 = 1$ 外，其他所有 a_i 都等于零，并且假设 $b_0 = 1$，则输入 $u(n)$ 和输出 $x(n)$ 的关系为

$$x(n) = 1 + \sum_{k=1}^{q} b_k u(n-k) \tag{6.54}$$

这称为滑动平均模型，记作 MA(q)，则产生 MA(q) 过程的系统的传递函数为

$$H(z) = B(z) = 1 + \sum_{k=1}^{q} b_k z^{-k} \tag{6.55}$$

其功率谱为

$$P_x(\omega) = \sigma_u^2 \left| B(e^{j\omega}) \right|^2 \tag{6.56}$$

传递函数 $B(z)$ 称为 MA 过程的"综合滤波器"，它是一个 q 阶全零点滤波器。驱动噪声可以用时间序列 $x(k)$ 作用于全零点滤波器 $B^{-1}(z)$，即分析滤波器恢复出来。

6.5.3　AR 模型

如果去掉 ARMA 模型的滑动平均部分，即除 $b_0 = 1$ 外，所有 b_i 全为零，则输入 $u(n)$ 和输出 $x(n)$ 的关系为

$$x(n) = -\sum_{k=1}^{p} a_k x(n-k) + u(n) \tag{6.57}$$

这称为自回归模型，记为 AR(p)，则产生 AR(p) 过程的系统传递函数为

$$H(z) = \frac{1}{A(z)} = \frac{1}{1 + a_1 z^{-1} + a_2 z^{-2} + \cdots + a_p z^{-p}} \tag{6.58}$$

其功率谱为

$$P_x(\omega) = \sigma_u^2 \left| \frac{1}{A(e^{j\omega})} \right|^2 \tag{6.59}$$

传递函数 $A(z)$ 即为 AR 过程的综合滤波器，可以看出它是一个 p 阶的全极点滤波器。

可利用时间序列 $x(n)$ 作用于滤波器 $A^{-1}(z)$ 来恢复驱动噪声，这个滤波器称为分析滤波器。

由于 MA 模型是通过一个全零点滤波器产生的，当有零点接近单位圆时，MA 谱可能是一个深谷。类似地，当极点接近单位圆时，AR 谱对应的频率处会是一个尖峰，ARMA 谱有尖峰和深谷。

6.6 小　　结

本章首先介绍了随机信号及其处理的研究现状，其次阐述了平稳随机信号的定义及其描述方法，主要包括时域描述和频域描述，重点是相关函数和功率谱的概念。同时联系时频分析介绍了维纳-辛钦定理，该定理说明相关函数和功率谱是一对傅里叶变换。由于随机信号不满足傅里叶变换的条件，因而在对随机信号进行频域分析时，只能在平稳随机过程的条件下，间接地通过相关函数的傅里叶变换进行功率谱分析。然后介绍了平稳随机信号通过线性系统的输出频率响应。最后介绍了平稳随机信号的三种模型。

习　　题

6.1　已知信号 $x(t) = 3\cos(2\pi f_1 + \pi/6) + 0.4\cos(2\pi f_2 + \pi/6)$，$f_1 = 10$ Hz，$f_2 = 100$ Hz。试用 MATLAB 编程计算信号 $x(t)$ 的自相关函数，绘制自相关函数并分析。

6.2　已知平稳随机过程 $\{x(n)\}$ 的自相关函数为

$$\phi_x(m) = 100\mathrm{e}^{-10|m|} + 100$$

求 $\{x(n)\}$ 的均值、均方值和方差。

6.3　已知两个频率均为 50 Hz、相位差为 60° 的余弦信号，试计算两者的互相关函数，并绘制互相关函数图。

6.4　已知 x 是均匀分布的白噪声，它通过一个高通滤波器的输出为 y。该滤波器的性能指标为：频率 $f = [0\ 0.6\ 0.8\ 1]$，幅值 $a = [0\ 0\ 1\ 1]$，权重 $w = [1\ 10]$；归一化采样频率 $f_s = 1$ Hz。试用互相关函数估计该系统的频率响应。

第 7 章 功率谱估计

随机信号在各时间点上的值是不能先验确定的,它的每个实现往往是不同的,因此无法像确定信号那样用数学表达式或图表精确地表示它,而只能用它的各种统计平均量来表征它。功率谱密度就是随机信号的一种最重要的表征形式。

由于实际中的随机信号长度总是有限的,用这种有限长度信号所得到的功率谱只是随机信号真实功率谱的一种估计,因此称为功率谱估计。相关分析是在时域内根据有限数据提取被淹没在噪声中的有用信号;而功率谱估计则是在频域内提取被淹没在噪声中的有用信息。

7.1 功率谱估计及其分析方法

如果用 $\phi_{xx}(m)$ 表示随机信号 $x(n)$ 的自相关函数,$P_{xx}(\omega)$ 表示它的功率谱密度,则有

$$P_{xx}(\omega) = \sum_{m=-\infty}^{\infty} \phi_{xx}(m)e^{-j\omega m} \tag{7.1}$$

对于平稳随机过程,根据各态遍历假设,集合的平均可以用时间的平均代替,于是上式可写成

$$P_{xx}(\omega) = \lim_{N\to\infty} \frac{1}{2N+1} \left[\sum_{n=-N}^{N} x(n)e^{-j\omega n} \right]^2 \tag{7.2}$$

在 $N\to\infty$ 的极限情况下,$P_{xx}(\omega)$ 是不可能收敛的,这是因为对于无限时域的随机信号,它的傅里叶变换是不存在的。

由于实际的随机信号只能是它的一个实现或一个样本序列的片段,因此,根据有限个样本序列估计的信号功率谱密度为

$$\hat{P}_{xx}(\omega) = \sum_{m=0}^{N-1} \hat{\phi}_{xx}(m)e^{-j\omega m} \tag{7.3}$$

式中,$\hat{\phi}_{xx}(m)$ 为

$$\hat{\phi}_{xx}(m) = \frac{1}{N} \sum_{n=0}^{N-1} x(n)x(n+m) \tag{7.4}$$

故

$$\hat{P}_{xx}(\omega) = \frac{1}{N} \left| \sum_{n=0}^{N-1} x(n)e^{-j\omega n} \right|^2 = \frac{1}{N} \left| X_N(\omega) \right|^2 \tag{7.5}$$

式中,$X_N(\omega)$ 是有限长序列 $X_N(n)(n=0, 1, \cdots, N-1)$ 的傅里叶变换。

功率谱估计已被广泛地应用于各种信号处理中。在信号处理的许多场所,要求预先知道信号的功率谱密度。例如,在最佳线性过滤问题中,要设计一个维纳滤波器,首先就要

求估计出信号与噪声的功率谱密度。功率谱估计也常被用来得到线性系统的参数估计。例如，当需了解某一系统的幅频特性 $H(\omega)$ 时，可用一白噪声 $\omega(n)$ 通过该系统，再从该系统的输出样本 $y(n)$ 估计功率谱密度 $P_{yy}(\omega)$。由于白噪声的自功率谱 PSD 为一常数，即 σ_ω^2，于是有

$$P_{yy}(\omega) = \sigma_\omega^2 \mid H(\omega) \mid^2 \tag{7.6}$$

因此，通过估计输出信号的自功率谱（PSD），可以估计出系统的频率特性 $\mid H(\omega) \mid$。

功率谱估计还有一个重要用途是从宽带噪声中检测窄带信号。但是这要求功率谱估计有足够好的频率分辨率，否则就不一定能够清楚地检测出来。

功率谱估计可以分成经典谱估计法与现代谱估计法。经典法实质上就是传统的傅里叶分析法，它可分成两种。一种是间接法：先通过对自相关函数进行估计（一般都需要窗函数将自相关值加权，以减小自相关序列截段的影响），然后再作傅里叶变换得到功率谱估计值，这种方法简称为 BT PSD 估计法。另一种是直接法：它是将观察到的有限个样本数据，利用 FFT 算法作傅里叶变换直接进行功率谱估计，这种方法称为周期图法。

周期图作为功率谱估计的方法可利用 FFT 进行计算，因而有计算效率高的优点，在谱分辨率要求不高的地方常用这种方法进行谱估计。但它的一个主要缺点是频率分辨率低，这是由于周期图法在计算中把观察到的有限长的 N 个数据以外的数据都认为是零。相当于用一个长度为 N 的矩形窗截断原信号。由于矩形窗的幅频特性由主瓣和一些旁瓣组成，且矩形窗长度 N 越短，主瓣越宽，导致周期图法的谱估计产生两种后果：其一是 PSD 主瓣内的能量"泄漏"到旁瓣，将使谱估计的方差增大；其二是与旁瓣卷积得到的信号功率谱完全属于干扰。在严重的情况下，强信号与旁瓣的卷积可以大于弱信号与主瓣的卷积，使弱信号淹没在干扰的强信号中，而无法检测出来。

Burg 提出的以最大熵谱分析法为代表的现代谱估计法，不认为在观察到的 N 个数据以外的数据全为零，克服了经典法的这个缺点，提高了谱估计的分辨率。它可归结为通过 Yule-Walker 方程求解自回归模型的系数问题。目前常用的求自回归模型（AR）系数的算法有三种：Levinson 递推算法，Burg 递推算法和正反向线性预测最小二乘算法。除了最大熵谱分析法外，如模型法中还有滑动平均（MA）模型法与自回归滑动平均（ARMA）模型法。另外，还有 Pisarenko 谐波分解法、Prony 提取极点法、Prony 谱线分解法以及 Capon 最大似然法等。

7.2　经典谱估计法

经典功率谱估计法可分成两种：一种是自相关函数估计法，或称为 BT 法；另一种是基于 DFT 的周期图法，或称为直接法。

7.2.1　自相关函数估计法

设观察到 N 个样本序列 $\{x_n\}$ 的值为 $x(0)$，$x(1)$，…，$x(N-1)$，现需由此 N 个数据来估计自相关函数 $\phi_{xx}(m)$。由于 x_n 只能观察到 $0 \leqslant n \leqslant N-1$ 的 N 个值，而 $n < 0$ 与 $n > N-1$ 时的 x_n 值是未知的，一般只能假定为零。根据自相关函数的定义得到

$$\hat{\phi}_{xx}(m) = \frac{1}{N} \sum_{n=0}^{N-1} x(n)x(n+m) \tag{7.7}$$

由于 $x(n)$ 只有 N 个观测值，因此对于每一个固定延迟 m，可以利用的数据只有 $(N-|m|-1)$ 个，且在 $[0, N-1]$ 范围内，所以实际计算 $\hat{\phi}_{xx}(m)$ 为

$$\hat{\phi}_{xx}(m) = \frac{1}{N} \sum_{n=0}^{N-|m|-1} x(n)x(n+m) \tag{7.8}$$

考虑乘积项的长度，自相关序列的估计为

$$\hat{\phi}_{xx}(m) = \frac{1}{N-|m|} \sum_{n=0}^{N-|m|-1} x(n)x(n+m) \qquad |m| \leqslant N-1 \tag{7.9}$$

式中，m 取绝对值是因为 $\phi_{xx}(m) = \phi_{xx}(-m)$，$m$ 为负值时上式仍适用。规定的求和上下限的原则是保持充分利用全部数据。

由于信号的功率谱与相关函数互为傅里叶变换关系，因此，信号的功率谱估计可以先通过对自相关函数进行估计，然后按式(7.3)作傅里叶变换得到功率谱估计值，这种方法称为自相关函数估计法，由 Blackman 和 Tukey 于 1958 年提出，故也称为 BT 法，又称为间接法。

【例 7.1】　采用自相关函数估计法，求带有白噪声干扰的频率为 10 Hz 的正弦信号的功率谱。

MATLAB 程序如下：

```
%MATLAB PROGRAM 7 - 1
clf; f=10;
N=1000; Fs=500;                          %数据长度和采样频率
n=[0: N-1]; t=n/Fs;                      %时间序列
Lag=100;                                 %延迟样本点数
randn('state', 0);                       %设置产生随机数的初始状态
x=sin(2 * pi * f * t)+0.6 * randn(1, length(t)); %原始信号
[c, lags]=xcorr(x, Lag, 'unbiased');     %对原始信号进行无偏自相关估计
subplot(311), plot(t, x);                %绘原始信号 x
xlabel('t/s'); ylabel('x(t)'); grid;
legend('含噪声的信号 x(t)');
subplot(312); plot(lags/Fs, c);          %绘 x 信号自相关, lags/Fs 为时间序列
xlabel('t/s'); ylabel('Rxx(t)');
legend('信号的自相关 Rxx');
grid;
Pxx=fft(c, length(lags));                %利用 FFT 变换计算信号的功率谱
fp=(0: length(Pxx)-1)' * Fs/length(Pxx); %求功率谱的横坐标 f
Pxmag=abs(Pxx);                          %求幅值
subplot(313);
plot(fp(1: length(Pxx)/2), Pxmag(1: length(Pxx)/2)); %绘制功率谱曲线
xlabel('f/Hz'); ylabel('|Pxx|');
grid;
legend('信号的功率谱 Pxx');
```

程序运行结果如图 7.1 所示。

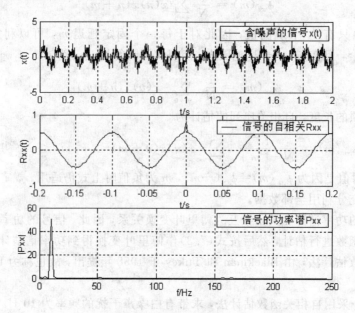

图 7.1　自相关函数估计间接法求功率谱密度

7.2.2　周期图法

周期图法是直接将离散信号 $x(n)$ 进行傅里叶变换来求取功率谱估计。假设 $x(n)$ 为有限长随机信号序列，其功率谱估计可表示为

$$\hat{P}_{xx}(\omega) = \hat{P}_{xx}(-\omega) = \sum_{m=-\infty}^{\infty} \hat{\phi}_{xx}(m) e^{-j\omega m}$$

$$= \frac{1}{N} \sum_{m=-\infty}^{\infty} \sum_{n=-\infty}^{N-|m|-1} x_N(n) x_N(n+m) e^{j\omega m} \tag{7.10}$$

式中，$x_N(n)$ 与 $x_N(n+m)$ 的下标 N 表示它们是有限长序列。

令 $l=n+m$，则

$$\hat{P}_{xx}(\omega) = \frac{1}{N} \left[\sum_{n=-\infty}^{\infty} x_N(n) e^{-j\omega n} \right] \left[\sum_{l=-\infty}^{\infty} x_N(l) e^{-j\omega l} \right]$$

$$= \frac{1}{N} X_N(e^{j\omega}) X_N^*(e^{j\omega})$$

$$= \frac{1}{N} |X(\omega)|^2 \tag{7.11}$$

式中，

$$X_N(\omega) = X_N(e^{j\omega}) = \sum_{n=-\infty}^{\infty} x_N(n) e^{-j\omega n} = \sum_{n=0}^{N-1} x(n) e^{-j\omega n} \tag{7.12}$$

即 $X_N(\omega)$ 是有限长序列 $x(n)$ 的傅里叶变换。显然，$X_N(\omega)$ 是周期性的。直接将 $X_N(\omega)$ 的模的平方除以 N 求得功率谱的估计称为周期图，并用 $I_N(\omega)$ 表示为

$$\hat{P}_{xx}(\omega) = I_N(\omega) = \frac{1}{N} |X_N(\omega)|^2 \tag{7.13}$$

如果观察到 $x(n)$ 的 N 个值为 $x(0)$，$x(1)$，$\cdots$，$x(N-1)$，则可以先通过 FFT 直接求得频率离散化的 $X_N(e^{j\omega})$，然后按照式(7.13)直接求得 $\hat{P}_{xx}(\omega)$。这种将周期图作为功率谱估计的方法的主要优点是计算方便，它可以直接用 FFT 算法从 $x(n)$ 得到 $X_N(\omega)$，从而得到 $\hat{P}_{xx}(\omega)$。该方法的这个优点使其成为一种十分通用的方法。

【例 7.2】 利用 FFT 算法求信号 $x(t)=\sin(2\pi f_1 t)+\cos(2\pi f_2 t)+u(t)$ 的功率谱。其中，$f_1=40$ Hz，$f_2=80$ Hz，$u(t)$ 为白噪声，采样频率 $f_s=1$ kHz。信号长度取 256 和 1024。

MATLAB 程序如下：

```
%MATLAB PROGRAM 7-2
clf;
Fs=1000;
f1=40; f2=80;
%Case 1: N=256
N=256; Nfft=256;
n=[0: N-1];
t=n/Fs;
xn=sin(2*pi*f1*t)+cos(2*pi*f2*t)+randn(1, N);
Pxx=10*log10(abs(fft(xn, Nfft).^2)/(N+1));
f=(0: length(Pxx)-1)*Fs/length(Pxx);
subplot(211);
plot(f, Pxx);
xlabel('f/Hz');
ylabel('功率谱/dB');
title('N=256');
grid;
% Case 2: N=1024
N=1024; Nfft=1024;
n=[0: N-1];
t=n/Fs;
xn=sin(2*pi*f1*t)+cos(2*pi*f2*t)+randn(1, N);
Pxx=10*log10(abs(fft(xn, Nfft).^2)/N);
f=(0: length(Pxx)-1)*Fs/length(Pxx);
subplot(212);
plot(f, Pxx);
xlabel('f/Hz');
ylabel('功率谱/dB');
title('N=1024');
grid;
```

程序运行结果如图 7.2 所示。由图可以看出，在频率 40 Hz 和 80 Hz 处功率谱有两个峰值，说明信号中含有 40 Hz 和 80 Hz 的周期成分。但是功率谱密度都在很大范围内波动，而且并没有因信号取样点数 N 的增加而有明显改进。

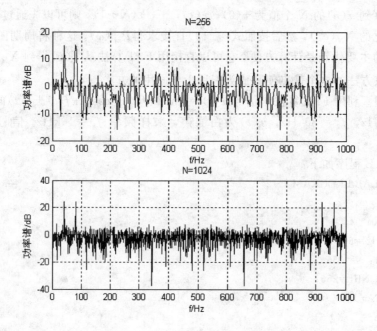

图 7.2 DFT 周期图法功率谱估计

周期图的数学期望值可表示为

$$E[\hat{\phi}_{xx}(m)] = \frac{1}{N} \sum_{n=-\infty}^{\infty} E[x_N(n)x_N(n+m)]$$

$$= \frac{1}{N} \sum_{n=-\infty}^{\infty} R_N(n)R_N(n+m) \cdot E[x(n)x(n+m)] \qquad (7.14)$$

式中，R_N 代表矩形序列。

令

$$\omega(m) = \frac{1}{N} \sum_{n=-\infty}^{\infty} R_N(n)R_N(n+m) = \frac{1}{N}[R(m) * R(-m)] \qquad (7.15)$$

$\omega(m)$ 是两个矩形函数的卷积，为一个三角函数，称为巴特利特（Bartlett）窗函数。

周期图作为功率谱的估计，当 $N \to \infty$ 时是无偏的，但周期图不满足一致估计的条件。因此周期图不是对功率谱最好的估计。对于无限能量的随机序列，它的傅里叶变换是不存在的，因此在 $N \to \infty$ 的极限情况下是不可能使用的。故也就不能期望当 $N \to \infty$ 时，$I_N(\omega)$ 会等于它的真值 $P_{xx}(\omega)$ 而满足一致估计的条件。

周期图法的一个主要缺点是频率分辨率低。这是由于周期图法在计算中把观察到的有限长的 N 个数据以外的数据都认为是零。这显然与事实不符。把观察不到的值认为是零，相当于将 $x(n)$ 在时域里乘上了一个矩形窗函数，在频域里相当于扩充了一个与之卷积的 sinc 函数，由于 sinc 函数与 δ 函数比较有两方面的差别，其一是其主瓣不是无限窄，其二是有旁瓣，因此卷积的结果必然造成失真。

7.3 改进的非参数化方法

为了使周期图作为功率谱估计满足一致估计的条件，必须将周期图进行平滑处理。平滑的主要方法有两种。一种是平均周期图的方法，即先将数据分段，再求各段周期图的平均值。另一种是在 FFT 出现并广泛应用以前，主要用窗口处理法进行平滑，即选择适当的窗函数作为加权函数进行加权平均来加快收敛速度。前一种方法又称为 Bartlett 方法，是当前用得最多的一种平滑方法。Welch 对 Bartlett 方法进行了改进并提出了用 FFT 计算的具体方法。

7.3.1 分段平均周期图法

如果 $x_1, x_2, \cdots, x_L$ 是不相关的随机变量，每一个具有期望值 μ，方差 σ^2，则它们的数学平均的期望值等于 μ，数学平均的方差等于 σ^2/L，即

$$E[\overline{x}] = \frac{1}{L}E[x_1 + x_2 + \cdots + x_L] = \frac{1}{L} \cdot L\mu = \mu \tag{7.16}$$

$$\mathrm{Var}[\overline{x}] = E[(\overline{x} - E(\overline{x}))^2] = E[\overline{x}^2] - (E[\overline{x}])^2 = \frac{\sigma^2}{L} \tag{7.17}$$

当 $L \to \infty$ 时，$\mathrm{Var}[\overline{x}] \to 0$，可达到一致谱估计的目的。因而降低估计量方差的一种有效方法是将若干个独立估计值进行平均。把这种方法应用于谱估计就是 Bartlett 平均周期图法。

Bartlett 平均周期图法是将序列 $x(n)(0 \leqslant n \leqslant N-1)$ 分段求周期图再平均。设将 $x(n)$ 分成 L 段，每段有 M 个样本，因而 $N=LM$，第 i 段样本序列可写成

$$x^i(n) = x(n + iM - M) \qquad 0 \leqslant n \leqslant M-1, 1 \leqslant i \leqslant L \tag{7.18}$$

第 i 段的周期图为

$$I_M^i(\omega) = \frac{1}{M}\left| \sum_{n=0}^{M-1} x^i(n)\mathrm{e}^{-j\omega n} \right|^2 \tag{7.19}$$

一般可假定各段的周期图 $I_M^i(\omega)$ 是相互独立的。谱估计可定义为 L 段周期图的平均，即

$$\hat{P}_{xx}(\omega) = \frac{1}{L}\sum_{i=1}^{L} I_M^i(\omega) \tag{7.20}$$

它的数学期望值为

$$E[\hat{P}_{xx}(\omega)] = \frac{1}{L}\sum_{i=1}^{L} E[I_M^i(\omega)] = E[I_M^i(\omega)] \tag{7.21}$$

由此得到

$$E[\hat{P}_{xx}(\omega)] = \frac{1}{2\pi}\int_{-\pi}^{\pi} P_{xx}(\theta)W_B(\mathrm{e}^{j(\omega-\theta)})\mathrm{d}\theta$$

$$= \frac{1}{2\pi M}\int_{-\pi}^{\pi} P_{xx}(\theta)\left[\frac{\sin(\omega-\theta)M/2}{\sin(\omega-\theta)/2}\right]^2 \mathrm{d}\theta \tag{7.22}$$

式中，$M=N/L$，因此 Bartlett 估计的期望值是真实谱 $P_{xx}(\omega)$ 与三角窗函数的卷积。由于三角窗函数不等于 δ 函数，所以 Bartlett 估计也是有偏估计，但当 $N \to \infty$ 时是无偏估计。

假定各段周期图是相互独立的，可得到周期图的方差为

$$\mathrm{Var}[\hat{P}_{xx}(\omega)] = \frac{1}{L}\mathrm{Var}[I_M(\omega)] \approx \frac{1}{L}P_{xx}^2(\omega)\left[1 + \left(\frac{\sin(\omega M)}{M\sin\omega}\right)^2\right] \tag{7.23}$$

由此可见，随着 L 的增加，$\mathrm{Var}[\hat{P}_{xx}(\omega)]$ 是下降的，当 $L \to \infty$ 时，$\mathrm{Var}[\hat{P}_{xx}(\omega)] \to 0$。因此 Bartlett 估计是一致估计。

比较 $E[\hat{P}_{xx}(\omega)]$ 与 $E[I_N(\omega)]$，可见在两种情况下的估计量的期望值都是真值 $P_{xx}(\omega)$ 与窗函数 $W_B(e^{j\omega})$ 的卷积形式，但后者将前者 W_B 中 N 改为 M，$M=N/L<N$，因而使 $W_B(e^{j\omega})$ 主瓣的宽度增大。由于主瓣的宽度愈窄愈接近 δ 函数，故偏差愈小。一个固定的记录长度 N，周期图分段的数目 L 愈大将使方差愈小，但 M 也愈小，因而使偏差愈大，谱分辨率变得愈差。因此，Bartlett 方法中的谱分辨率和估计量的方差间是有互换关系的。M 和 N 的选择一般是由对所研究的信号的预先了解来指导的。例如，如果已知谱有一个窄峰，同时若分辨出这个峰是重要的，那么必须选择足够大的 M。另外，从方差的表达式可以确定谱估计的可接受的方差所要求的记录长度 $N(=LM)$。由此可见，Bartlett 法使谱估计的方差减小是用增加偏差以及降低谱分辨率的代价换来的。

【例 7.3】 利用分段平均周期图法求信号 $x(t)=\sin(2\pi f_1 t)+\sin(2\pi f_2 t)+u(t)$ 的功率谱。其中，$f_1=60$ Hz，$f_2=120$ Hz，$u(t)$ 为白噪声，采样频率 $f_s=1$ kHz，信号长度为 1024。

MATLAB 程序如下：

```
%MATLAB PROGRAM 7-3
clf;
Fs=1000;
f1=60; f2=120;
N=1024; Nsec=256;        %分四段
n=[0: N-1]; t=n/Fs;
xn=sin(2 * pi * f1 * t)+sin(2 * pi * f2 * t)+randn(1, N);
Pxx1=abs(fft(xn(1: 256), Nsec).^2)/Nsec;
Pxx2=abs(fft(xn(257: 512), Nsec).^2)/Nsec;
Pxx3=abs(fft(xn(513: 768), Nsec).^2)/Nsec;
Pxx4=abs(fft(xn(769: 1024), Nsec).^2)/Nsec;
Pxx=10 * log10((Pxx1+Pxx2+Pxx3+Pxx4)/4);
f=(0: length(Pxx)-1) * Fs/length(Pxx);
subplot(211); plot(f, Pxx);
xlabel('f/Hz'); ylabel('功率谱/dB');
title('N=256 * 4'); grid;
```

程序运行结果如图 7.3 所示。

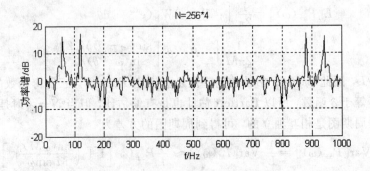

图 7.3　分段平均周期图法功率谱估计

在实际中，功率谱密度的真值是未知的，但功率谱的窗函数和功率谱密度的某些信息往往是预先知道的。通过改变 M 和 L 以及利用预先已知的条件，可以更好地选择分段和窗函数。

平均周期图法还可以对信号 $x(n)$ 进行重叠分段，例如按 2∶1 重叠分段，即前一段信号和后一段信号有一半是重叠的。可对每一小段信号序列进行功率谱估计，然后再取平均值作为整个序列 $x(n)$ 的功率谱估计。重叠分段的估计曲线一般会更平滑。平均周期图的方法特别适合于 FFT 算法。

7.3.2　加窗平均周期图法

采用一合适的窗函数 $W(e^{j\omega})$ 与周期图 $I_N(\omega)$ 卷积，可得到谱估计的另一种常用方法——平滑周期图。

$$\hat{P}_{xx}(\omega) = \frac{1}{2\pi} \int_{-\pi}^{\pi} I_N(\theta) W(e^{j(\omega-\theta)}) d\theta \qquad (7.24)$$

或

$$\hat{P}_{xx}(\omega) = \sum_{m=-(M-1)}^{M-1} \hat{\phi}_{xx}(m)\omega(m)e^{-j\omega m} \qquad (7.25)$$

式中，$\hat{\phi}_{xx}(m)$ 与 $\omega(m)$ 分别是 $I_N(\omega)$ 与 $W(e^{j\omega})$ 的傅里叶反变换。$\hat{P}_{xx}(\omega)$ 是一个实偶非负函数，必有窗函数 $\omega(m)$ 是一个非矩形窗的偶序列，其长度为 $(2M-1)$，且其傅里叶变换非负。

由于窗函数 $\omega(m)$ 具有低通特性，可以平滑 $I_N(\omega)$，滤除 $I_N(\omega)$ 中的快变化成分。故称 $\hat{P}_{xx}(\omega)$ 为加窗平滑周期图。

加窗平均周期图法就是结合分段平均周期图法对加窗平滑周期图的改进。即在信号序列 $x(n)$ 分段后，用非矩形窗对每一小段信号序列进行预处理，再采用分段平均周期图法进行整个信号序列的功率谱估计。这种方法减小了"频率泄漏"，增加了频峰宽度，提高了频谱分辨率。使用的非矩形窗函数又称为平滑窗函数，在 $m=0$ 处有峰值，并随 $|m|$ 的增加而单调下降。

MATLAB 信号处理工具箱提供了 8 种窗函数用于滤波器设计，调用格式分别为

(1) 矩形窗：w＝boxcar(N)；

(2) 汉宁窗：w＝hanning(N)；

(3) 汉明窗：w＝hamming(N)；

(4) 巴特利特窗：w＝bartlett(N)；

(5) 三角窗：w＝triang(N)；

(6) 布莱克曼窗：w＝blackman(N)；

(7) 凯塞窗：w＝ kaiser (N, Beta)；

(8) 切比雪夫窗：w＝ chebwin(N, r)。

其中，N 为窗长度；w 为返回的窗函数序列；Beta 是凯塞窗的参数；r 是切比雪夫窗的旁瓣幅值在主瓣以下的分贝数。

【例 7.4】　利用加窗平均周期图法求例 7.3 的随机信号序列的功率谱。

MATLAB 程序如下：

```
%MATLAB PROGRAM 7 - 4
clf;
Fs=1000;
f1=60; f2=120;
N=1024; Nsec=256;            %分四段
n=[0: N-1];
t=n/Fs;
xn=sin(2 * pi * f1 * t)+sin(2 * pi * f2 * t)+randn(1, N);
w=triang(256)';             %采用三角窗加窗处理
Pxx1=abs(fft(w. * xn(1: 256), Nsec). ^2)/norm(w)^2;
Pxx2=abs(fft(w. * xn(257: 512), Nsec). ^2)/norm(w)^2;
Pxx3=abs(fft(w. * xn(513: 768), Nsec). ^2)/norm(w)^2;
Pxx4=abs(fft(w. * xn(769: 1024), Nsec). ^2)/norm(w)^2;
Pxx=10 * log10((Pxx1+Pxx2+Pxx3+Pxx4)/4);
f=(0: length(Pxx)-1) * Fs/length(Pxx);
subplot(211);
plot(f, Pxx);
xlabel('f/Hz');
ylabel('功率谱/dB');
title('N=256 * 4');
grid;
```

程序运行结果如图 7.4 所示。相比分段平均周期图法，采用加窗处理后，谱峰加宽，而噪声谱均在 0 dB 附近，更为平坦。

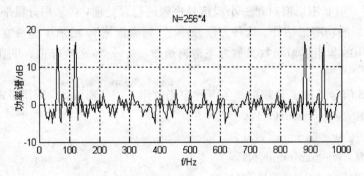

图 7.4　加窗平均周期图法功率谱估计

7.3.3　Welch 法

Welch 法采用信号重叠分段、加窗函数以及 FFT 等算法来计算一个信号序列的自功率谱（PSD）和两个信号序列的互功率谱（CSD）。在重叠分段的基础上，选择适当的窗函数 $\omega(n)$，加进周期图计算中，得到每一段的周期图

$$I_M^{(i)}(\omega) = \frac{1}{MU} \left| \sum_{n=0}^{M-1} x^i(n)\omega(n)e^{-j\omega n} \right|^2 \qquad i = 0, 1, \cdots, k \qquad (7.26)$$

式中，$U = \dfrac{1}{M} \sum\limits_{n=0}^{N-1} W^2(n)$ 为归一化因子，这使得无论什么样的窗函数均可使谱估计非负。

分段重叠处理会使方差减小，一般取重叠部分长度为分段度度的二分之一。

MATLAB 提供了函数 pwelch，用于 Welch 法作信号功率谱估计，调用格式为

$$[Px, F] = pwelch(x, windows, Noverlap, Nfft, Fs)$$

其中，x 是随机信号；Fs 是采样频率，缺省时为 2；Nfft 是对 x 作 FFT 时的长度，缺省时为 256；windows 是选用的窗函数，缺省时为汉宁窗；Noverlap 是估计 x 的功率谱时每一段叠合的长度，缺省时为 0；Px 为功率谱估计；F 是频率轴坐标。

【例 7.5】　对一个 256 点的白噪声序列，取每一分段长度为 64，重叠点数为 32，利用 Welch 法求其功率谱估计。绘制该功率谱曲线，并与 256 点一次求周期图的功率谱曲线进行比较。

MATLAB 程序如下：

```
%MATLAB PROGRAM 7-5
clc;
N=256；Fs=1；
u=rand(1, N);
u=u-mean(u);
%用 Welch 法平均估计实验数据的功率谱
[xpsd, w]=pwelch(u, hamming(64), 32, 4096, 1);
mmax=max(xpsd);
xpsd=xpsd/mmax;
xpsd=10 * log10(xpsd+0.000001);
subplot(211);
plot(w, xpsd);
xlabel('f/Hz');
ylabel('功率谱/dB');
title('重叠分段，分段值为 64');
grid;
%256 点一次求周期图的功率谱
[xpsd, w]=pwelch(u, hamming(256), 0, 4096, 1);
mmax=max(xpsd);
xpsd=xpsd/mmax;
xpsd=10 * log10(xpsd+0.000001);
subplot(212);
plot(w, xpsd);
xlabel('f/Hz');
ylabel('功率谱/dB');
title('全周期 N=256');
grid;
```

程序运行结果如图 7.5 所示。从图中可以看出，Welch 法比周期图法的曲线更平滑，功率谱估计效果最好。

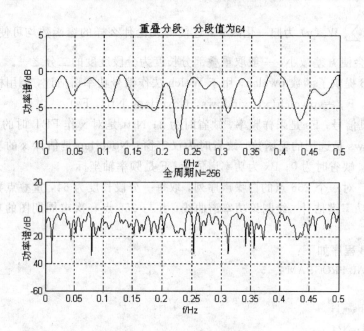

图 7.5 Welch 法的功率谱估计

MATLAB 还可以利用函数 psd 和 csd 来实现 Welch 法的功率谱估计。

(1) 函数 psd 利用 Welch 法来估计一个信号的自功率谱，调用格式为

Pxx＝psd(x)

Pxx＝psd(x, Nfft)

Pxx＝psd(x, Nfft, Fs, windows, Noverlap)

[Pxx, F]＝psd(x, Nfft, Fs, windows, Noverlap, dflag)

psd(x, …, dflag)

其中，x 为信号序列；windows 定义窗函数和 x 分段序列的长度，窗函数长度必须小于或等于 Nfft，否则会出错；dflag 为取出信号趋势分量的选择项：linear—去除直线趋势分量，mean—去除均值分量，none—不作去除趋势处理。其余参数与函数 pwelch 中的相同。

若信号序列 x 是实序列，则函数 psd 仅计算频率为正的功率谱估计。函数的输出长度为：当 Nfft 为偶数时，长度为 Nfft/(2+1)；当 Nfft 为奇数时，长度为 Nfft/2。若 x 是复序列，则函数 psd 计算正负频率的功率谱估计。利用函数 plot(f, Pxx)可方便地绘出功率谱密度曲线。

【例 7.6】 求取随机信号序列 $x(n) = \sin(2\pi nf) + \mathrm{e}^{-0.2n} + u(n)$，$n = 0, 1, \cdots, N-1$ 的功率谱估计，其中，$u(n)$ 为白噪声序列，归一化频率 $f = 0.3$，$N = 1024$。

MATLAB 程序如下：

```
%MATLAB PROGRAM 7-6
clf;
Fs=1; f=0.3;
N=1024; Nfft=256; n=[0: N-1];
xn=sin(2 * pi * f * n)+exp(-0.2 * n)+randn(1, N);
windows=hanning(256);
```

```
noverlap=128；
dflag='none'；
[Pxx, F]=psd(xn, Nfft, Fs, windows, noverlap, dflag)；
plot(F, 10 * log10(Pxx))；
xlabel('f/Hz')；ylabel('功率谱/dB')；
title('Welch Method(N=1024)')；grid；
```

程序运行结果如图 7.6 所示。由图可知，采用 Welch 法求得的功率谱与前面所述方法相比，效果最好，使信号得以突出，从而抑制了噪声。

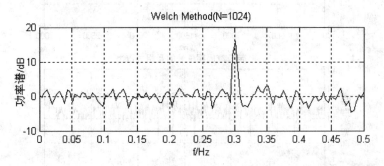

图 7.6　函数 psd 实现 Welch 法功率谱估计

(2) 函数 csd 利用 Welch 法估计两个随机信号的互功率谱密度，调用格式为

```
Pxy=csd(x, y)
Pxy=csd(x, y, Nfft)
Pxy=csd(x, y, Nfft, Fs, windows, Noverlap)
[Pxy, F]=csd(x, Nfft, Fs, windows, Noverlap, dflag)
csd(x, y, …, dflag)
```

其中，x 和 y 分别为随机信号；Γ_{xy} 为 x 和 y 的互功率谱估计。其他参数同函数 psd。

【例 7.7】　产生两个长度为 8000 的白噪声信号和一个带有白噪声的 1 kHz 的周期信号，求两个白噪声信号及白噪声与带有噪声的周期信号的互功率谱，并绘制互功率谱曲线。FFT 所采用的长度为 1024，采用 500 个点的三角窗，并且没有重叠，采样频率 $f_s=$ 6 kHz。

MATLAB 程序如下：

```
%MATLAB PROGRAM 7 - 7
clf；
Fs=6000；              %信号采样频率
randn('state', 0)；    %设置随机状态初始值
x = randn(8000, 1)；   %产生第一个白噪声信号
y = randn(8000, 1)；   %产生第二个白噪声信号
z=2 * sin(2 * pi * 1000 * [1：8000]'/Fs)+randn(8000, 1)；%产生含周期成分的噪声信号
[Pxy, f]=csd(x, y, 1024, Fs, triang(500), 0)；   %白噪声信号互功率谱，无重叠三角窗
[Pxz, f]=csd(x, z, 1024, Fs, triang(500), 0)；   %噪声与周期信号互功率谱，无重叠三角窗
subplot(211)；plot(f, 10 * log10(Pxy))；grid；    %绘制 x, y 信号互功率谱
xlabel('f/Hz')；ylabel('互相关谱/dB')；title('噪声信号的互功率谱')；
```

subplot(212)；plot(f, 10 * log10(Pxz))；grid；   %绘制 x, z 信号的互相关谱

xlabel('f/Hz')；ylabel('互相关谱/dB')；title('带噪声周期信号的互相关谱')；

程序运行结果如图 7.7 所示。

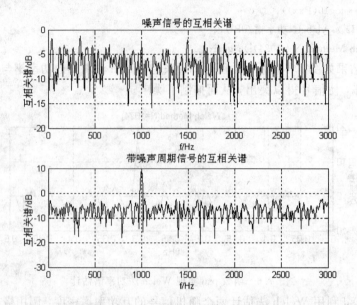

图 7.7   两个噪声信号及噪声信号和含噪声周期信号的互功率谱

由图可知，两个白噪声信号的互功率谱杂乱无章，看不出周期成分，大部分功率谱在 -5 dB 以下。然而，白噪声与带有噪声的周期信号的功率谱在其周期（频率为 1000 Hz）处有一峰值，表明了该周期信号的周期或频率。因此，利用未知信号与白噪声信号的互功率谱也可以检测未知信号中所含有的频率成分。

7.3.4   多窗口法

多窗口法（Multitaper Method，MTM 法）利用多个正交窗口（tapers）获得各自独立的近似功率谱估计，然后综合这些估计最终得到一个序列的功率谱估计。相对于普通的周期图法，这种功率谱估计具有更大的自由度，并在估计精度和估计波动方面均有较好的效果。普通的功率谱估计只利用单一窗口，因此在序列始端和末端均会丢失相位信息，而且无法找回。MTM 法估计采用增加窗口的方法用来找回这些丢失的信息。

MTM 法简单地采用一个参数——时间带宽积（Time-bandwidth Product）NW，该参数用以定义计算功率谱所用窗的数目为（$2 * NW - 1$）。NW 越大，功率谱计算次数越多，而估计的波动越小。由于窗宽度与 NW 成比例关系，因此随着 NW 的增大，每次估计均具有更多的频率泄漏，而总功率谱估计的偏差也将增大。对于每一个数据组，通常有一个最优的 NW 使得在估计偏差和估计波动两方面可取得一致。

MATLAB 信号处理工具箱提供函数 pmtm 实现 MTM 法估计功率谱密度，调用格式为

Pxx＝pmtm(x)

Pxx＝pmtm(x, nw, Nfft)

$$[Pxx, F]=pmtm(x, nw, Nfft, Fs)$$

其中，x 为信号序列；nw 为时间带宽积，缺省值为 4，通常可取 2、5/2、3、7/2 等；Nfft 为 FFT 的长度；Fs 为采样频率。

【例 7.8】 采用多窗口（MTM）法求取例 7.3 中随机信号序列的功率谱估计。

MATLAB 程序如下：

```
%MATLAB PROGRAM 7-8
clf；
Fs=1000；
f1=60；f2=120；
N=1024；Nfft=256；n=[0：N-1]；t=n/Fs；    %数据长度，分段数据长度，时间序列
randn('state', 0)；                       %设置产生随机数的初始状态
xn=sin(2 * pi * f1 * t)+sin(2 * pi * f2 * t)+randn(1, N)；
[Pxx1, F]=pmtm(xn, 4, Nfft, Fs)；         %用多窗口法（NW=4）估计功率谱
plot(F, 10 * log10(Pxx1))；               %绘制功率谱
xlabel('f/Hz')；ylabel('功率谱/dB')；
title('MTM(NW=4)')；grid；
[Pxx2, F]=pmtm(xn, 2, Nfft, Fs)；         %用多窗口法（NW=2）估计功率谱
plot(F, 10 * log10(Pxx2))；               %绘制功率谱
xlabel('f/Hz')；ylabel('功率谱/dB')；
title('MTM(NW=2)')；grid；
```

程序运行结果如图 7.8 所示。由图可知，多窗口法得到了较好的功率谱估计。当带宽 $NW=4$ 时，谱估计采用较多的窗口，使得每个窗口的数据点数均减少了，因此频率域分辨率降低了，且功率谱的波动较小。当 $NW=2$ 时，谱估计采用较少的窗口，每个窗口的数据点数均增多了，使得频率域的分辨率提高了，但噪声谱的分辨率也随之增高了，因而功率谱具有相对较大的波动。

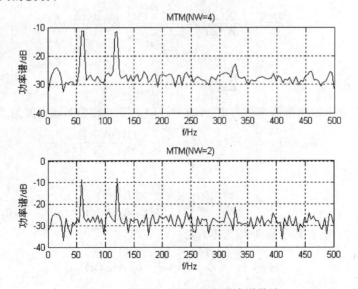

图 7.8 多窗口（MTM）法的功率谱估计

7.4 模型参数化方法

经典法是按照观察到的 N 个样本值来估计功率谱的，它实际上是将 N 个有限样本值以外的自相关序列的数据认为是零，显然，这与实际是不符的，因而得不到好的分辨率。如果能根据这些已观察到的数据，选择一个正确的模型，认为 $x(n)$ 是白噪声通过此模型产生的，那么就不必认为 N 个以外的数据全为零了，这样就可能得到比较好的功率谱估计。这种方法称为模型参数化方法，可以分以下三个步骤进行：

(1) 选择一个模型；

(2) 用已观察到的样本数据或自相关函数的数据来确定模型参数；

(3) 由此模型求功率谱估计 PSD。

7.4.1 AR 模型法

在实际中所遇到的随机过程，常常可以用一个具有有理分式的传递函数的模型来表示，因此，可以用一个线性差分方程作为产生随机序列 $x(n)$ 的系统模型

$$x(n) = \sum_{l=0}^{q} b_l \omega(n-l) - \sum_{k=1}^{p} a_k x(n-k) \tag{7.27}$$

式中，$\omega(n)$ 表示白噪声，将上式变换到 z 域则有

$$\sum_{k=0}^{p} a_k X(z) z^{-k} = \sum_{l=0}^{q} b_l W(z) z^{-1} \qquad (a_0 = 1) \tag{7.28}$$

该模型的传递函数为

$$H(z) = \frac{X(z)}{W(z)} = \frac{\sum\limits_{l=0}^{q} b_l z^{-1}}{\sum\limits_{k=0}^{p} a_k z^{-k}} \triangleq \frac{B(z)}{A(z)} \tag{7.29}$$

式中，$A(z) = \sum\limits_{k=0}^{p} a_k z^{-k}$，$B(z) = \sum\limits_{l=0}^{q} b_l z^{-1}$。

当输入的白噪声的功率谱密度为 $P_{\omega\omega}(z) = \sigma_\omega^2$ 时，输出的功率谱密度为

$$P_{xx}(z) = \sigma_\omega^2 H(z) H(z^{-1}) = \sigma_\omega^2 \frac{B(z) \cdot B(z^{-1})}{A(z) \cdot A(z^{-1})} \tag{7.30}$$

将 $z = e^{j\omega}$ 代入式(7.30)，得

$$P_{xx}(e^{j\omega}) = P_{xx}(\omega) = \sigma_\omega^2 \left| \frac{B(e^{j\omega})}{A(e^{j\omega})} \right|^2 \tag{7.31}$$

设 $a_0 = b_0 = 1$，所有其余的 b_l 均为零，则

$$x(n) = -\sum_{k=1}^{p} a_k x(n-k) + \omega(n) \tag{7.32}$$

式(7.32)的形式使它被称为 p 阶自回归模型，简称 AR 模型。将式(7.32)进行 Z 变换，可得 AR 模型的传递函数为

$$H(z) = \frac{X(z)}{W(z)} = \frac{1}{A(z)} = \frac{1}{1 + \sum\limits_{k=1}^{p} a_k z^{-k}} \qquad (7.33)$$

自回归模型的 $H(z)$ 只有极点，没有零点，因此又称为全极点模型。当采用自回归模型时，输出的功率谱密度为

$$P_{xx}(\omega) = \frac{\sigma_\omega^2}{|A(e^{j\omega})|^2} = \frac{\sigma_\omega^2}{\left| 1 + \sum\limits_{k=1}^{p} a_k e^{-j\omega k} \right|^2} \qquad (7.34)$$

此时，只要能求得 σ_ω^2 及所有的 a_k 参量，就可求得 $P_{xx}(\omega)$。由此可见，用模型法作功率谱估计，实际上要解决的是模型的参数估计问题。

由 Wold 分解定理可知，任何有限方差的 ARMA 或 MA 平滑过程可以用可能是无限阶的 AR 模型来表达；同样，任何 ARMA 或 AR 模型可以用可能是无限阶的 MA 模型来表达。因此，如果在这三个模型中选择了一个与信号不匹配的模型，则利用高的阶数仍然可以得到好的逼近。相比 ARMA 和 MA 模型，AR 模型参数的估计计算简单，但实际的物理系统往往是全极点系统，因此研究有理分式传递函数的模型时主要研究的是 AR 模型。本节也只讨论 AR 模型的谱估计法。

为了得到 AR 模型的功率谱估计 $P_{xx}(\omega)$，必须求取参数 a_1，a_2，a_3，$\cdots$，a_p 及 σ_ω^2。AR 模型参数的估计可以通过自相关法（Yule-Walker 法）来求解。自相关法的计算简单，但谱估计的分辨率相对较差。AR 参数与自相关函数 $\phi_{xx}(m)$ 之间可用 Yule-Walker 方程来表示：

$$\phi_{xx}(m) = E[x(n)x(n+m)] = -\sum_{k=1}^{p} a_k \phi_{xx}(m-k) + E[x(n)\omega(n+m)] \qquad (7.35)$$

由式(7.32)可知，$x(n)$ 只与 $\omega(n)$ 相关，而与 $\omega(n+m)$($m \geqslant 1$)无关，故式(7.35)中的第二项为

$$E[x(n)\omega(n+m)] = \begin{cases} 0, & m > 0 \\ \sigma_\omega^2, & m = 0 \end{cases} \qquad (7.36)$$

代入式(7.35)得

$$\phi_{xx}(m) = \begin{cases} -\sum\limits_{k=1}^{p} a_k \phi_{xx}(m-k), & m > 0 \\ -\sum\limits_{k=1}^{p} a_k \phi_{xx}(-k) + \sigma_\omega^2, & m = 0 \end{cases} \qquad (7.37)$$

将 $m=1, 2, \cdots, p$ 分别代入式(7.37)并写成矩阵形式，得 Yule-Walker 方程为

$$\begin{bmatrix} \phi_{xx}(0) & \phi_{xx}(-1) & \phi_{xx}(-2) & \cdots & \phi_{xx}(-(p-1)) \\ \phi_{xx}(1) & \phi_{xx}(0) & \phi_{xx}(-1) & \cdots & \phi_{xx}(-(p-2)) \\ \vdots & \vdots & \vdots & & \vdots \\ \phi_{xx}(p-1) & \phi_{xx}(p-2) & \phi_{xx}(p-3) & \cdots & \phi_{xx}(0) \end{bmatrix} \begin{bmatrix} a_1 \\ a_2 \\ \vdots \\ a_p \end{bmatrix} = \begin{bmatrix} \phi_{xx}(1) \\ \phi_{xx}(2) \\ \vdots \\ \phi_{xx}(p) \end{bmatrix}$$

$$(7.38)$$

将式(7.30)与式(7.37)合在一起写成归一化的正规矩阵形式，得

$$\begin{bmatrix} \phi_{xx}(0) & \phi_{xx}(-1) & \phi_{xx}(-2) & \cdots & \phi_{xx}(-p) \\ \phi_{xx}(1) & \phi_{xx}(0) & \phi_{xx}(-1) & \cdots & \phi_{xx}(-(p-1)) \\ \vdots & \vdots & \vdots & & \vdots \\ \phi_{xx}(p) & \phi_{xx}(p-1) & \phi_{xx}(p-2) & \cdots & \phi_{xx}(0) \end{bmatrix} \begin{bmatrix} 1 \\ a_1 \\ \vdots \\ a_p \end{bmatrix} = \begin{bmatrix} \sigma_\omega^2 \\ 0 \\ \vdots \\ 0 \end{bmatrix} \quad (7.39)$$

式(7.39)的系数矩阵用$[\boldsymbol{\phi}]_{p+1}$表示，称为自相关矩阵，是对称矩阵，也称$(p+1)\times(p+1)$的托普尼兹(Toeplitz)矩阵，其与主对角线平行的斜对角线上的元素都是相同的，因此存在高效算法，其中应用广泛的有 Levinson-Durbin 算法。

Yule-Walker 方程表明，只要已知输出平稳随机信号的自相关函数，就能求出 AR 模型中的参数$\{a_k\}$，且需要的观测数据较少。

MATLAB 信号处理工具箱提供了函数 aryule，用自相关法来估计 AR 模型的参数，基本调用格式为

    [a, E] = aryule(x, order)
    [a, E, k] = aryule(x, order)

其中，x 为信号向量；order 为模型的阶次；a 为 AR 模型系数向量；E 为 AR 模型输入白噪声的功率谱或 order 阶线性预测器的最小预测误差；k 为反射系数向量。

【例 7.9】 已知随机序列$x(t)=3\sin(2\pi f_1 t)+2\sin(2\pi f_2 t)+u(t)$，$f_1=20$ Hz，$f_2=100$ Hz，$u(t)$为白噪声，采样间隔为 0.002 s，长度$N=2048$。当 AR 模型的阶次分别为 8 和 14 时，用自相关法求解 AR 模型的系数 a 以及功率谱估计。

MATLAB 程序如下：

```
%MATLAB PROGRAM 7-9
clf;
dalt=0.002; Fs=1/dalt;              %采样频率
N=2048;
t=[0: dalt: dalt * (N-1)];
f1=20; f2=100;
x=3 * sin(2 * pi * f1 * t)+2 * sin(2 * pi * f2 * t)+randn(1, N);      %生成输入信号
subplot(311); plot(t, x, 'k');
xlabel('t/s'); ylabel('x(t)'); legend('x(t)'); grid;
%用自相关法求 AR 模型的系数 a 和输入白噪声的功率谱 E
[a, E]=aryule(x, 8);                         %AR 模型的阶次为 8
% 根据定义计算信号的功率谱密度
fpx=abs(fft(a, N)).^2; Pxx=E. /fpx;
f=(0: length(Pxx)-1) * Fs/length(Pxx);       %计算各点对应的频率值
subplot(312); plot(f, 10 * log10(Pxx));
xlabel('f/Hz'); ylabel('Pxx/dB');
legend('AR order=8'); grid;
[a, E]=aryule(x, 14);                        %AR 模型的阶次为 14
fpx=abs(fft(a, N)).^2; Pxx=E. /fpx;
f=(0: length(Pxx)-1) * Fs/length(Pxx);
subplot(313); plot(f, 10 * log10(Pxx));
xlabel('f/Hz'); ylabel('Pxx/dB');
```

legend($'$AR order$=14'$); grid;

程序运行结果如图 7.9 所示。由图可知，AR 模型法的功率谱估计很好，曲线更平滑。当 AR 模型的阶数取值更大时，效果更佳。

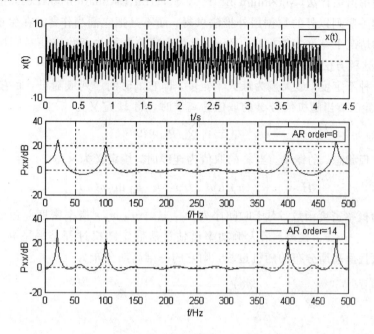

图 7.9　AR 模型的自相关法求功率谱估计

由线性预测器的定义可知，参数 a_k 与 σ_ω^2 分别等于 $x(n)$ 的 p 阶线性预测器的系数 a_{pk} 与最小均方误差 $E[e^2(n)]_{\min}$，故 AR 模型法又称为线性预测 AR 模型法。因此，这种估计功率谱密度的方法也可归结为求在最小均方误差准则下的线性预测器的系数 a_{pk} 的问题。

线性预测误差为

$$e(n) = x(n) + \sum_{k=1}^{p} a_{pk} x(n-k) \tag{7.40}$$

将上式进行 Z 变换，得

$$E(z) = \left(1 + \sum_{k=1}^{p} a_{pk} z^{-k}\right) X(z) \tag{7.41}$$

于是，有

$$H_e(z) \triangleq \frac{E(z)}{X(z)} = 1 + \sum_{k=1}^{p} a_{pk} z^{-k} \tag{7.42}$$

由式(7.42)可知，$H_e(z)$ 是以 $x(n)$ 作为输入信号、误差 $e(n)$ 作为输出信号的滤波器的传递函数，该滤波器称为预测误差滤波器。当 a_{pk} 按最小均方误差准则时，有 $a_{pk}=a_k$，故

$$H_e(z) = \frac{1}{H(z)} = 1 + \sum_{k=1}^{p} a_{pk} z^{-k} \tag{7.43}$$

即预测误差滤波器是 $x(n)$ 的形成系统的逆滤波器，因此可得到

$$e(n) = u(n) \tag{7.44}$$

即将 $x(n)$ 送入预测误差滤波器，其输出 $e(n)$ 等于系统的激励信号白噪声 $u(n)$。

7.4.2　最大熵功率谱估计法

最大熵功率谱估计法(Maximum Entropy Spectral Estimation，MESE)是将已知的有限长度的自相关序列以外的数据用外推法求得，而不是把它们当作零。在保证自相关函数矩阵为正定的情况下有许多外推法，Burg 认为外推的自相关函数应使时间序列表现出最大熵，因此称这种方法为最大熵功率谱估计法。

熵代表一种不定度，最大熵为最大不定度，即它的时间序列最随机，而它的 PSD 应最平伏。按熵的定义，当随机信号 x 的取值为离散时，熵 H 定义为

$$H = -\sum_i p_i \ln p_i \qquad (7.45)$$

式中，p_i 为出现状态 i 的概率。当 x 的取值为连续时，熵定义为

$$H = -\int p(x) \ln p(x) \mathrm{d}x = -E[\ln(p(x))] \qquad (7.46)$$

式中，$p(x)$ 为概率密度函数。对于时间序列 x_0，x_1，…，x_N，概率密度应由联合概率密度函数 $p(x_0, x_1, \cdots, x_N)$ 代替。最大熵功率谱估计法假定随机过程是平稳高斯过程。假设 $\{x_n\}$ 为零均值且呈高斯分布的随机过程，则它的一维高斯分布为

$$p(x) = \frac{1}{\sigma \sqrt{2\pi}} \mathrm{e}^{-x^2/2\sigma^2} \qquad (7.47)$$

式中，

$$\sigma^2 = \int_{-\infty}^{\infty} x^2 p(x) \mathrm{d}x \qquad (7.48)$$

N 维高斯分布为

$$p(x_1, x_2, \cdots, x_N) = (2\pi)^{-N/2} (\det \boldsymbol{\Phi}(N))^{1/2} \exp\left(-\frac{1}{2} X^\tau [\boldsymbol{\Phi}(N)]^{-1} X\right) \qquad (7.49)$$

式中，

$$\boldsymbol{X} = \begin{bmatrix} x_1 \\ x_2 \\ \vdots \\ x_N \end{bmatrix}; \quad \boldsymbol{\Phi}(N) = \begin{bmatrix} \sigma_{11}^2 & \sigma_{12} & \cdots & \sigma_{1N} \\ \sigma_{21} & \sigma_{22}^2 & \cdots & \sigma_{2N} \\ \vdots & \vdots & & \vdots \\ \sigma_{N1} & \sigma_{N2} & \cdots & \sigma_{NN}^2 \end{bmatrix} \qquad (7.50)$$

又因为

$$\begin{cases} \sigma_{ii}^2 = \mathrm{Var}[x_i] = E[x_i^2] = \phi_{xx}(0) \\ \sigma_{ij} = \mathrm{Cov}[x_i x_j] = E[x_i x_j] = \phi_{xx}(j-i) \end{cases} \qquad (7.51)$$

则一维高斯分布的熵为

$$H = \ln \sqrt{2\pi\sigma^2} + \frac{1}{2} = \ln \sqrt{2\pi\sigma^2} + \ln \sqrt{e} = \ln \sqrt{2\pi\sigma^2 e} \qquad (7.52)$$

N 维高斯分布信号的熵为

$$H = \ln((2\pi e)^{N/2} (\det \boldsymbol{\Phi})^{1/2}) \qquad (7.53)$$

式中，$\det \boldsymbol{\Phi}$ 代表矩阵 $\boldsymbol{\Phi}$ 的行列式，若要使熵 H 最大，就要求 $\det \boldsymbol{\Phi}$ 最大。

若已知 $\phi_{xx}(0)$，$\phi_{xx}(1)$，…，$\phi_{xx}(N)$，由于自相关函数的矩阵必是正定的，故矩阵 $\boldsymbol{\Phi}(N+1)$ 的行列必大于零，即

$$\det[\boldsymbol{\Phi}(N+1)] = \begin{vmatrix} \phi_{xx}(0) & \phi_{xx}(1) & \cdots & \phi_{xx}(N+1) \\ \phi_{xx}(1) & \phi_{xx}(0) & \cdots & \phi_{xx}(N) \\ \vdots & \vdots & & \vdots \\ \phi_{xx}(N+1) & \phi_{xx}(N) & \cdots & \phi_{xx}(0) \end{vmatrix} > 0 \qquad (7.54)$$

为了得到最大熵，用 $\phi_{xx}(N+1)$ 对式(7.54)求导，使得 $\dfrac{\mathrm{d}|\boldsymbol{\Phi}(N+1)|}{\mathrm{d}\phi_{xx}(N+1)} = 0$，由此得到 $\det[\boldsymbol{\Phi}(N+1)]$ 最大的 $\phi_{xx}(N+1)$，满足下列方程：

$$\begin{vmatrix} \phi_{xx}(1) & \phi_{xx}(0) & \cdots & \phi_{xx}(N-1) \\ \phi_{xx}(2) & \phi_{xx}(1) & \cdots & \phi_{xx}(N-2) \\ \vdots & \vdots & & \vdots \\ \phi_{xx}(N+1) & \phi_{xx}(N) & \cdots & \phi_{xx}(1) \end{vmatrix} = 0 \qquad (7.55)$$

式(7.55)是 $\phi_{xx}(N+1)$ 的一次函数，由此式可解出 $\phi_{xx}(N+1)$。同理可以类推 $\phi_{xx}(N+2)$。因此，若每步都按最大熵的原则外推一个自相关序列的值，则可以外推到任意多个数值而不必认为它们是零，这就是最大熵功率谱估计法的基本思想。

最大熵功率谱估计的目的是最大限度地保留周期法对信号序列"截断"或加窗处理后丢失的"窗口"以外的信号的信息，使估计谱的熵最大。

MATLAB 信号处理工具箱提供有最大熵功率谱估计函数 pmem，其调用格式为

　　　　Pxx = pmem(x, order, Nfft)

　　　　[Pxx, F] = pmem(x, order, Nfft, Fs)

　　　　pmem(x, order, 'corr')

其中，x 为输入的信号序列或输入的相关矩阵；order 为 AR 模型的阶次；'corr' 把 x 认为是相关矩阵。其他参数和函数 psd 基本相同。

【例 7.10】　用最大熵功率谱估计法估计例 7.6 中的随机信号序列功率谱。

MATLAB 程序如下：

```
%MATLAB PROGRAM 7-10
clf;
f=0.3;
N=1024; Nfft=256;
n=[0: N-1];
randn('state', 0);
xn=sin(2 * pi * f * n)+exp(-0.2 * n)+randn(1, N);
[Pxx, F]=pmem(xn, 14, Nfft, Fs);
plot(F, 10 * log10(Pxx));
xlabel('f/Hz'); ylabel('功率谱/dB');
title('Maxmum Entropy Method(order=14)');
grid;
```

程序执行结果如图 7.10 所示。

最大熵功率谱估计法和 Welch 功率谱估计法相比，最大熵功率谱曲线较光滑。本例中选定的 AR 模型的阶数 order 必须大于 10。

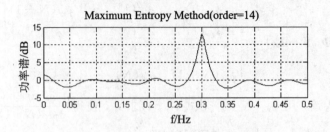

图 7.10　最大熵功率谱估计

7.4.3　Levinson-Durbin 递推算法

最大熵功率谱估计法与线性预测 AR 模型法是等价的，它们都可归结为求解 Yule-Walker 方程中各 AR 系数 $a_k(k=1,2,\cdots,p)$ 的问题。若直接从 Yule-Walker 方程求解参数，需要作求逆矩阵的运算，当 p 很大时，运算量也很大，而且当模型阶数增加一阶时，矩阵会增大一维，需要全部重新计算。Levinson-Durbin 算法对 Yule-Walker 方程提供了一个高效率的解法。

Levinson-Durbin 算法是一种递推求解算法。递推算法先从一阶 AR 模型求得一阶参数 a_{11} 及 σ_1^2，再从二阶 AR 模型的矩阵方程解得 a_{22}、a_{21}、σ_2，最后求得所要求的 p 阶模型参数 $\{a_{p1}, a_{p2}, \cdots, a_{pp}, \sigma_p^2\}$。其中，参数 a 的第一个下标是指 AR 模型的阶数。

递推公式为

$$a_{kk}=-\frac{\left[\phi_{xx}(k)+\sum_{l=1}^{k-1}a_{k-1,l}\phi_{xx}(k-l)\right]}{\sigma_{k-1}^2} \tag{7.56}$$

$$a_{ki}=a_{k-1,i}+a_{kk}a_{k-1,k-i} \tag{7.57}$$

$$\sigma_k^2=(1-|a_{kk}|^2)\sigma_{k-1}^2,\quad \sigma_0^2=\phi_{xx}(0) \tag{7.58}$$

一般阶数是未知的，当递推到第 k 阶时，σ_k^2 满足所允许的值，就可选阶数 $p=k$。若信号的模型是 p 阶的 AR 模型，则应有

$$a_{kk}=0,\quad \sigma_k^2=\sigma_p^2 \tag{7.59}$$

式(7.59)说明 σ_p^2 已达最小均方误差值。由于 $\sigma_k^2>0$，故对于任何 k 必有

$$|a_{kk}|<1\qquad k=1,2,\cdots,p \tag{7.60}$$

式(7.60)正是 $H_e(z)$ 的所有极点均在单位圆内(即稳定性)的充分必要条件，同时也是 $\boldsymbol{\Phi}$ 为正定矩阵的充分必要条件。

MATLAB 信号处理工具箱提供了函数 levinson，用于利用 Levinson-Durbin 算法求解自相关矩阵，从而求出 AR 模型系数。调用格式为

　　　　[a, E, k] = levinson(R, order)

其中，R 为 x 的自相关序列；order 为 AR 模型阶次；a 为 AR 模型系数；E 为 AR 模型输入白噪声的功率谱或 order 阶线性预测器的最小预测误差；k 为反射系数向量。

【例 7.11】　设信号 $x(n)$ 是一个带白噪声的 4 阶 IIR 滤波器的脉冲响应，IIR 滤波器的传递函数无零点，其分母多项式系数为 a=[1 0.1 0.1 0.1 0.1]，用线性预测法建立其 AR 模型。

MATLAB 程序如下：

```
%MATLAB PROGRAM 7 - 11
clc;
randn('state', 0);                      %设置随机函数的状态
a=[1, 0.1, 0.1, 0.1, 0.1];              %滤波器分母多项式系数
x=impz(1, a, 10)+randn(10, 1)/20;       %求得带噪声的滤波器脉冲响应
r=xcorr(x);                             %求信号 x 的自相关序列 rxx
r(1: length(x)-1)=[];                   %该序列的前面部分受到边界的影响，剔除
aa=levinson(r, 4)                       %采用 Levison-Durbin 递推算法求出 AR 模型系数 aa
```

程序运行结果为

```
aa =
    1.0000    0.1849    0.1279    0.1114    0.1839
```

若信号不包含随机噪声，则用上面程序求得的信号 AR 模型和所采用的全极点滤波器模型完全相同。即使加入随机噪声，得到的结果也与原模型参数 a 接近。

7.4.4　Burg 递推算法

Levinson-Durbin 递推算法求解 Yule-Walker 方程中的 AR 系数，虽可以简化计算，但需要已知自相关序列 $\phi_{xx}(m)$。实际上，自相关序列 $\phi_{xx}(m)$ 只能从时间序列 $x(n)$ 的有限个数据中得到它的估计值 $\hat{\phi}_{xx}(m)$。当时间序列较短时，$\hat{\phi}_{xx}(m)$ 的估计误差很大，这将给 AR 参数 a_k 的计算引入很大误差，导致功率谱估计出现谱线分裂与谱峰频率偏移等现象。

最大熵功率谱估计法只说明了如何从已知的 N 个 $\phi_{xx}(m)$ 外推 N 个以外的 $\phi_{xx}(m)$ 值，从而得到高分辨率的功率谱，但并未涉及如何从有限时间序列来得到这 N 个 $\phi_{xx}(m)$ 的问题。Burg 提出了一种直接由时间序列计算 AR 模型参数的方法，称为 Burg 算法。

Burg 递推算法的优点是不需要估计自相关函数，可以直接从已知的 $x(n)$ 序列求得参数 K_p，并可保证满足稳定性的充要条件：$|K_p|<1$。Burg 算法是以前向均方误差与后向均方误差之和最小为准则求得 K_p 的。

Burg 递推算法对于短的时间序列 $x(n)$ 能得到较正确的估计，因此得到普遍应用。但 Burg 算法受 Levinson 关系式的约束，因此不能完全克服 Levinson-Durbin 算法中的缺点，仍存在某些谱线分裂与频率偏移的现象。

MATLAB 信号处理工具箱提供了函数 pburg，利用 AR 模型的 Burg 算法来估计信号的功率谱，调用格式为

$$[Pxx, F] = pburg(x, order, Nfft, Fs)$$

其中，x 为信号序列或输入的相关矩阵；order 为 AR 模型的阶次。其他参数和函数 psd 相同。

【例 7.12】　用 Burg 递推算法估计例 7.9 中 AR 模型的功率谱。

MATLAB 程序如下：

```
%MATLAB PROGRAM 7 - 12
clf;
dalt=0.002; Fs=1/dalt;                  %采样频率
N=2048;
```

```
t=[0：dalt：dalt＊(N−1)]；
f1=20；f2=100；
x=3＊sin(2＊pi＊f1＊t)+2＊sin(2＊pi＊f2＊t)+randn(1，N)；        %生成输入信号
subplot(311)；plot(t，x，'k')；
xlabel('t/s')；ylabel('x(t)')；legend('x(t)')；grid；
%使用 Burg 算法得到功率谱估计
[xpsd，F]=pburg(x，8，N，Fs)；                                %AR 模型阶数为 8
pmax=max(xpsd)；
xpsd=xpsd/pmax；
xpsd=10＊log10(xpsd+0.000001)；
subplot(312)；
plot(F，xpsd)；xlabel('f/Hz')；ylabel('Pxx/dB')；
legend('AR order=8')；
grid；
[xpsd，F]=pburg(x，14，N，Fs)；                               %AR 模型阶数为 14
pmax=max(xpsd)；
xpsd=xpsd/pmax；
xpsd=10＊log10(xpsd+0.000001)；
subplot(313)；
plot(F，xpsd)；xlabel('f/Hz')；
ylabel('Pxx/dB')；
legend('AR order=14')；
grid；
```

程序运行结果如图 7.11 所示。由图可知，Burg 递推算法的功率谱估计曲线更平滑。当 AR 模型的阶数取值较大时，功率谱估计更接近于实际值。

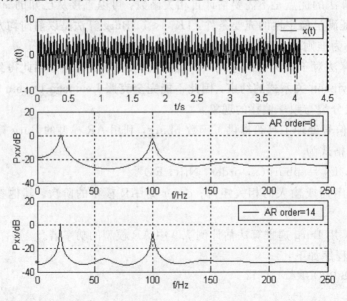

图 7.11 Burg 算法实现功率谱估计

7.5 自相关矩阵的本征分析法

在功率谱估计的诸多实现方法中，基于自相关矩阵特征值 V_k 的多信号分类（Multipe Signal Classification，MUSIC）法和特征向量（Eigen Vector，EV）法是两种重要的方法。对于含有复正弦信号和白噪声的系统，系统自相关矩阵由信号自相关矩阵和噪声自相关矩阵两部分组成，即系统自相关矩阵 **R** 包含有两个子空间信息：信号子空间和噪声子空间。这样，矩阵特征值向量也可分为两个子空间：信号子空间和噪声子空间。为了求得功率谱估计，MUSIC 法和 EV 法都通过计算信号子空间和噪声子空间的特征值向量函数，使得在正弦信号频率处函数值最大，功率谱估计出现峰值，而在其他频率处函数值最小，这种结果和其他功率谱估计方法一样。

MUSIC 法和 EV 法原理完全相同。MUSIC 法计算功率谱密度为

$$P_{\text{music}}(f) = \frac{1}{\sum_{k=p+1}^{N} |V_k^H e(f)|^2} \tag{7.61}$$

EV 法采用特征值加权法计算功率谱密度，为

$$P_{\text{ev}}(f) = \frac{1}{\sum_{k=p+1}^{N} |V_k^H e(f)|^2 / \lambda_k} \tag{7.62}$$

式（7.61）和式（7.62）中，$e(f)$ 为复正弦向量；V 为输入信号自相关矩阵的特征向量；H 为共轭转置运算；λ_k 为特征值函数。

MATLAB 信号处理工具箱提供了功率谱估计函数 pmusic，该函数可实现自相关矩阵分解的 MUSIC 法求信号的功率谱估计。调用格式为

Pxx = pmusic(x, order, Nfft)

Pxx = pmusic(x, [order, thresh], Nfft)

[Pxx, w] = pmusic(x, order, Nfft)

[Pxx, F] = pmusic(x, order, Nfft, Fs)

其中，x 为信号向量；order 为信号子空间的维数；Fs 为采样频率；Nfft 为对 x 作 FFT 时的长度；Pxx 为估计出的功率谱；F 为频率轴坐标。

【**例 7.13**】 试用 MUSIC 法求信号 $x(t) = 2\sin(2\pi f_1 t) + \cos(2\pi f_2 t) + u(t)$ 的功率谱估计。其中，$f_1 = 50$ Hz，$f_2 = 100$ Hz，$u(t)$ 为白噪声，采样频率 $f_s = 0.5$ kHz，信号长度为 256。

MATLAB 程序如下：

```
%MATLAB PROGRAM 7-13
clf;
N=256; Nfft=256;
Fs=500; f1=50; f2=100;
n=[0: N-1]; t=n/Fs;
randn('state', 0);
xn=2 * sin(2 * pi * f1 * t)+cos(2 * pi * f2 * t)+randn(1, N);
```

```
[Pxx, f]＝pmusic(xn, [7, 1.1], Nfft, Fs, 32, 16);
Pxx＝10 * log10(Pxx);
plot(f, Pxx);
xlabel('f /Hz'); ylabel('功率谱/dB'); title('Music Method');
grid;
```

程序运行结果如图 7.12 所示。

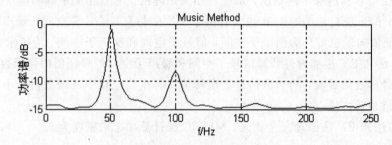

图 7.12　MUSIC 法实现功率谱估计

MATLAB 信号处理工具箱还提供了功率谱估计函数 peig，该函数可实现自相关矩阵分解的 EV 法求信号的功率谱估计。调用格式为

$$[Pxx, F] = peig(x, order, Nfft, Fs)$$

$$[Pxx, F, V, E] = peig(x, order, Nfft, Fs)$$

其中，E 是由自相关矩阵的特征值所组成的向量；V 是由特征向量组成的矩阵，V 的列向量张成了噪声子空间，V 的行数减去列数即为信号子空间的维数。其他参数同函数 pmusic。

【例 7.14】 已知信号 $x(n)=0.5e^{j\pi n/2}+2e^{j\pi n/5}+3e^{j\pi n/10}+u(n)$，$n=1, 2, \cdots, N$，其中，$u(n)$ 为白噪声，信号长度 $N=1024$。试用 EV 法求信号的功率谱估计。

MATLAB 程序如下：

```
%MATLAB PROGRAM 7 - 14
clf;
N=1024;
randn('state', 1); n=[0: N−1];
s=0.5 * exp(j * pi/2 * n)+2 * exp(j * pi/5 * n)+3 * exp(j * pi/10 * n)+randn(1, N);
x=corrmtx(s, 12, 'mod'); %互相关矩阵估计
%使用自相关矩阵分解的 EV 法得到功率谱估计
[xpsd, F, V, E]=peig(x, 10, N);
pmax=max(xpsd);
xpsd=xpsd/pmax;
xpsd=10 * log10(xpsd+0.000001);
for i=1: N
xxpsd(i)=xpsd(N+1−i);
end
disp('V 的行列数'); disp(size(V));
disp('E 的行列数'); disp(size(E));
disp('特征值矩阵 V ='); disp(abs(V));
```

```
disp('特征值行向量 E =');disp(abs(E'));
%绘制功率谱估计图
plot(F，fftshift(xxpsd));
xlabel('f/Hz');ylabel('Pxx/dB');grid;
```

程序运行结果为

V 的行列数

      13   3

E 的行列数

      13   1

特征值矩阵 V =

0.1963	0.2745	0.1767
0.0573	0.4180	0.2701
0.2642	0.2984	0.2899
0.3780	0.0734	0.2937
0.1082	0.2820	0.3044
0.3008	0.2753	0.2937
0.5354	0.0180	0.3053
0.3008	0.2753	0.2937
0.1082	0.2820	0.3044
0.3780	0.0734	0.2937
0.2642	0.2984	0.2899
0.0573	0.4180	0.2701
0.1963	0.2745	0.1767

特征值行向量 E =

133.1209	38.4769	4.2066	1.1629	1.0981	1.0785	1.0285
1.0117	1.0021	0.9799	0.9469	0.9315	0.8657	

EV 法得到的功率谱估计如图 7.13 所示。

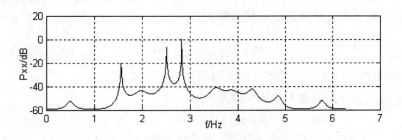

图 7.13　EV 法实现功率谱估计

7.6　小　　结

    本章重点阐述了功率谱估计的实现方法。功率谱估计可以分为经典谱估计法与现代谱估计法。经典法实质上就是传统的傅里叶分析法，它又可分成两种。一种是间接的方法，它先通过对自相关函数进行估计，然后再作傅里叶变换得到功率谱估计值，即 BT 估计法。

另一种是直接法，它是将观察到的有限个样本数据利用 FFT 算法作傅里叶变换直接进行功率谱估计，这种方法称为周期图法。本章的经典法中主要讨论了周期图法。

周期图作为功率谱估计的方法可利用 FFT 进行计算，因而有计算效率高的优点，在谱分辨率要求不高的地方常用这种方法进行谱估计。但它有一个主要缺点，即频率分辨率低。这是由于周期图法在计算中把观察到的有限长的 N 个数据以外的数据认为是零。

以最大熵谱分析法为代表的现代谱估计法，克服了经典法的这个缺点，提高了谱估计的分辨率。线性预测自回归模型（AR 模型）法与 Burg 的最大熵谱分析法是等价的，它们都可归结为通过 Yule-Walker 方程求解自回归模型的系数问题。本章主要讨论了目前常用的求自回归模型系数的三种算法：最大熵功率谱估计法和 Levinson-Durbin 递推算法以及 Burg 递推算法。

本章最后讨论了两种自相关矩阵的本征分析法：多信号分类（MUSIC）法和特征向量（EV）法。

习　题

7.1　已知信号 $x(t) = 3\cos(2\pi f_1 t + \pi/6) + 0.2\sin(2\pi f_2 t + \pi/4)$，$f_1 = 20$ Hz，$f_2 = 120$ Hz，试用 MATLAB 编程计算信号 $x(t)$ 的自相关函数，并求取自功率谱估计。

7.2　已知两个频率均为 50 Hz、相位差为 60°的余弦信号，试计算其互相关函数并绘制图形。

7.3　试分别用 Welch 法和 MTM 法估计被白噪声污染的信号 $x(t)$ 的功率谱密度，信号为
$$x(t) = 2\sin(2\pi f_1 t) + 0.5\sin(2\pi f_2 t) + u(t)$$
其中，$f_1 = 40$ Hz，$f_2 = 90$ Hz，$N = 1024$。

7.4　设一阶自回归信号模型为 $x(n) - ax(n-1) = u(n)$，$0 < a < 1$，其中，$u(n)$ 是一个均值为 0、方差 σ_u^2 为 1 的白噪声，假定 $x(0) = 0$，试求与其等价的自相关函数与功率谱。

7.5　若一预测误差滤波器的系统函数为
$$A(z) = 1 + \sum_{k=1}^{N} a_k z^{-k}$$
试写出输入预测误差滤波器信号序列 $\{x_n\}$ 的功率谱表达式。

7.6　已知一实序列的相关函数估值为
$$\varphi_x(0) = 1,\ \varphi_x(1) = 0.8,\ \varphi_x(2) = 0.5$$
(1) 写出二阶 AR 模型的矩阵表达式，并求出矩阵的各参数。

(2) 写出最大熵功率谱估计的表达式。

7.7　已知一个被白噪声污染的信号 $x(t) = 2\cos(2\pi f_1 t) + \sin(2\pi f_2 t) + 3\cos(2\pi f_3 t) + u(t)$，其中，$f_1 = 25$ Hz，$f_2 = 75$ Hz，$f_3 = 150$ Hz，$u(t)$ 为白噪声。采用下列谱估计方法进行功率谱估计并绘制其功率谱估计图：(1) Welch 法；(2) MTM 法；(3) MEM 法；(4) MUSIC 法。

第 8 章　非平稳信号分析与处理

前面探讨了平稳信号的处理，但在许多实际场合，信号并非是平稳的。本章将介绍非平稳信号或时变信号的分析与处理。所谓时变，是指信号的统计特性随时间变化。对于非平稳或时变信号，由于其统计特性随时间变化，传统的傅里叶分析可以展现整个过程中所出现的频率，但不能精确描述各频率之间的相互关系。因此，需采用新的分析方法。非平稳信号的分析方法比较复杂，大体可分为两大类：线性时频分布和双线性时频分布。线性时频分布主要有短时傅里叶变换和小波变换。双线性时频分布主要有维格纳分布和广义双线性时频分布等。

本章将主要介绍短时傅里叶变换、维格纳分布以及小波变换。在分析过程中将结合信号分析实例，详细阐述时频分析的 MATLAB 实现过程。

8.1　短时傅里叶变换

在非平稳信号处理过程中经常需要对信号（如音乐、地震信号等）的局部频率以及该频率发生的时间段有所了解。由于标准傅里叶变换只在频域有局部分析的能力，而在时域内不存在局部分析的能力，因此经常采用时频分析来描述时变信号，将一维的时域信号映射到一个二维的时频平面，全面反映观测信号的时频联合特征。短时傅里叶变换（Short-Time Fourier Transform，STFT）即反映了这一思想，对于时变信号，采用某一滑动窗函数截取信号，并认为这些信号是准平稳的，然后再分别对其进行傅里叶变换，构成时变信号的时变谱。

短时傅里叶变换是一种常用的时频分析方法，基本思想是选择一个短时间间隔内平稳的移动窗函数，使得时频分析局部化，从而计算出各个不同时刻的功率谱。STFT 分析并不是对各短时段频谱的孤立分析，而是将各短时段频谱联合在一起，单个的短时段频谱并不能反映问题，而将所有截断分析拼接在一起时就可以观测到最终结果。短时傅里叶变换使用一个固定的窗函数。窗函数一旦确定，其形状就不再发生改变，短时傅里叶变换的分辨率也就确定了。如果要改变分辨率则需重新选择窗函数。

短时傅里叶变换适合用来分析分段平稳信号或者近似平稳信号。对于非平稳信号，当信号变化剧烈时，主要是高频信号，要求窗函数有较高的时间分辨率；波形变化比较平缓时，主要是低频信号，要求窗函数有较高的频率分辨率。显然，短时傅里叶变换不能兼顾频率分辨率与时间分辨率的需求，其窗函数受到不确定准则的限制，为了获得较理想的分析结果，一般要求时频窗的面积应不小于 2。这也就从侧面说明了短时傅里叶变换窗函数的时间分辨率与频率分辨率不能同时达到最优。

8.1.1　时域窗法

对于时变信号，需了解它的局部傅里叶变换，最简单的方法就是对信号乘上一个滑动窗来研究它的傅里叶变换。

设离散信号为 $x(n)$，在 n_0 时刻局部的傅里叶变换为

$$X(n_0, \omega) = \sum_m x(m) w(n_0 - m) e^{-j\omega m} \qquad (8.1)$$

当 n_0 变化时，可以得到信号 $x(n)$ 的短时傅里叶变换为

$$X(n, \omega) = \sum_m x(m) w(n - m) e^{-j\omega m} \qquad (8.2)$$

式中，$w(n)$ 为窗函数，其长度为 N_w，通常可选为中心对称。定义 n 时刻的短时段信号为

$$x_n(m) = x(m) w(n - m) \qquad (8.3)$$

因此，时域窗法就是用一个中心对称的滑动窗函数截取观测信号，对不同时刻的短时段信号进行傅里叶变换，最后得到各段信号构成的时变谱阵。短时傅里叶变换对信号分析的示意图如图 8.1 所示。

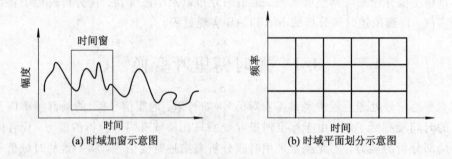

(a) 时域加窗示意图　　　　　　　　　　(b) 时域平面划分示意图

图 8.1　短时傅里叶变换示意图

通常对于短时傅里叶变换 $X(n, \omega)$ 进行时域抽取，值得注意的是抽取的间隔 L 必须满足 $L \leqslant N_w/2$，这样才能保证信号不丢失，即可以从时域信号恢复原信号。抽取后的短时傅里叶变换为

$$X(n, \omega) = \sum_m x(m) w(nL - m) e^{-j\omega m} \qquad (8.4)$$

8.1.2　频域窗法

如果用 $W(\omega)$ 表示窗函数 $w(n)$ 的傅里叶变换，则信号的 STFT 还可表示为

$$X(n, \omega) = e^{-jn\omega} \int_{-\infty}^{\infty} X(\nu) W(\nu - \omega) e^{jn\nu} \, d\nu \qquad (8.5)$$

对于固定点频率 ω_0 其实现结构如图 8.2(a) 所示。由图可以看出，对每个频率值，STFT 是时序列 $x(n)$ 与窗函数 $w(n) e^{j\omega_0 n}$ 的卷积，然后与序列 $e^{-j\omega_0 n}$ 相乘。从频率解释就是，先将信号频谱 $X(\omega)$ 经过带通滤波器，然后下变频。

对于固定点频率 ω_0，还有另一种实现方法，其结构如图 8.2(b) 所示。STFT 表示为

$$X(n, \omega) = x(n) e^{-j\omega_0 n} \otimes w(n) \qquad (8.6)$$

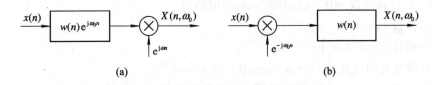

图 8.2　短时傅里叶变换频域窗法原理图

由图可以看出，对每个频率值，STFT 是序列 $x(n)\mathrm{e}^{-\mathrm{j}\omega_0 n}$ 与窗函数 $w(n)$ 的卷积，从频率解释就是先将信号频谱 $X(\omega)$ 下变频为 $X(\omega+\omega_0)$，然后通过滤波器滤波。

因此，频域窗法就是将信号通过具有不同中心频率、带宽为 $\Delta\omega$ 的窄带滤波器 $W(\omega)$ 进行滤波。为使其具有较高的频率分辨率，$W(\omega)$ 带外衰减越大越好。

8.1.3　窗函数的选取

根据不确定性原理可知，短时傅里叶变换的时间分辨率和频率分辨率总是互相矛盾的，信号的时域波形与频谱不能同时获得高的分辨率，其中一个变窄，另一个就必定变宽。由于信号的短时平稳性与提高频率分辨率是矛盾的，因此，在实际信号分析中应恰当地选取时间窗函数。如何合理地选择窗函数，应由具体问题本身的特性来决定。

1. 不同窗的选择

矩形窗具有最窄的主瓣宽度，但同时也具有最大的旁瓣峰值和最慢的旁瓣峰值衰减速度，矩形窗存在的边界效应会造成频谱泄漏，大大影响分析性能；汉宁窗和汉明窗具有较小的旁瓣峰值和较大的旁瓣峰值衰减速度，但主瓣稍宽于矩形窗，在计算机短时傅里叶变换时，将大大减少频谱泄漏，具有较优的分析性能。

理想的最佳分析窗函数应具有最窄的主瓣宽度、最小的旁瓣峰值和最大的衰减速度，因此，应在不同条件下通过比较选择最合适的分析窗函数。

2. 不同的窗长度选择

在选定了分析窗函数之后，合理地选择分析窗长度也有利于分析精度的提高。若窗口过长，则信号不能近似看做平稳信号，傅里叶变换将失去作用，也会加大运算量；若窗口过小，又会丢失信息。因此，慎重选取窗函数的长度也是很有必要的。

MATLAB 信号处理工具箱提供了函数 specgram，用于计算短时傅里叶变换的频谱图，其调用格式为

　　　　B＝specgram(a)

　　　　B＝specgram(a, nfft, Fs)

　　　　[B, f]＝ specgram(a, nfft, Fs)

　　　　[B, f, t]＝ specgram(a, nfft, Fs)

　　　　B＝specgram(a, nfft, Fs, windows)

　　　　B＝specgram(a, nfft, Fs, windows, noverlap)

　　　　specgram(a)

　　　　B＝specgram(a, f, Fs, windows, noverlap)

其中，B＝specgram(a)为返回信号向量 a 的谱图，该调用缺省时，参数配置如下：

（1）FFT 计算点数 nfft＝min(256, length(a))；

（2）采样频率 Fs＝2；

（3）窗函数 windows＝hanning；

（4）分段重叠的点数 noverlap＝length(windows)/2；

当 a 为实数时，specgram 只在正频域内计算离散傅里叶变换。当 a 为偶数时，B 的行·数为(nfft/2＋1)；当 a 为奇数时，B 的行数为 nfft/2，B 的列数为 fix((n－noverlap)/(length(windows)－noverlap)。当 a 为复数时，specgram 函数要计算正、负频域的离散傅里叶变换，这时 B 为 nfft 行的复矩阵，从 B 中第一点开始，时间随列数线性增加，而频率从 0 开始随行数线性下降。

B＝specgram(a, nfft)采用指定的 nfft 点 FFT，点数为 2 的幂次时，运算速度较快。

[B, f]＝specgram(a, nfft, Fs)除了得到谱图 B 外，还返回离散傅里叶变换向量 f，Fs 决定了 f 的频率分辨率，并不影响 B 的结果。

[B, f, t]＝specgram(a, nfft, Fs)附加地得到记录时域窗函数与 a 相交时刻的向量 t。

B＝specgram(a, nfft, Fs, windows)中 windows 指定所采用的窗函数和窗的宽度。窗函数的宽度应该小于或等于 nfft，否则补零。

B＝specgram(a, nfft, Fs, windows, noverlap)中 noverlap 指定各分段重叠的点数。

specgram(a)直接用图像的方式显示出谱图。

【例 8.1】 利用 MATLAB 函数 chirp 生成两个 chirp 信号，一个频率由小变大，一个由大变小，再将两信号合成得到信号 $y(t)$，求 $y(t)$ 的频谱图。

MATLAB 程序如下：

```
%MATLAB PROGRAM 8-1
clc;
t=0: 0.001: 1.024-.001;
N=1024;
%得到两个 chirp 信号并相加
y1=chirp(t, 0, 1, 350);
y2=chirp(t, 350, 1, 0);
y=y1+y2;
subplot(211); plot(t, y1);
ylabel('Chirp signal y1')
%求两个 chirp 信号和的短时傅里叶变换
[S, F, T]=specgram(y, 127, 1, hanning(127), 126);
subplot(212);
surf(T/1000, F, abs(S).^2)
view(-80, 30);
shading flat;
colormap(cool);
xlabel('Time'); ylabel('Frequency'); zlabel('spectrogram');
```

程序运行结果如图 8.3 所示。该图表明了信号的能量随时间和频率的分布。

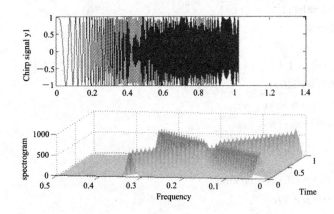

图 8.3　短时傅里叶变换的频谱图

8.1.4　时频分析的 MATLAB 实现

为了深入了解傅里叶变换的时频分析原理，在利用 MATLAB 编程时未采用信号处理工具箱中的内部函数 specgram，而按算法和计算过程直接编写仿真程序。

【例 8.2】　对于解析信号 $x(t) = 2e^{j\pi kt^2}$，$k = 4$，$0 \leqslant T \leqslant 5$，信号带宽 $f_c = kT = 20$，采样频率 $f_s = 5f_c$，采样点数 $N = Tf_s$，试用 STFT 分析其特性。

MATLAB 程序如下：

```
%MATLAB PROGRAM 8 - 2
clf;
k=4; T=5;
fc=k * T; fs=5 * fc;
Ts—1/fs; N—T * fs;
t=[0: N-1];
%解析信号 x(t)
x=2 * exp(j * k * pi * (t * Ts).^2);
subplot(221);
%信号时域特性
plot(t * Ts, real(x));
xlabel('t'); ylabel('x(t)'); title('x(t)');
X=fft(x);
X=fftshift(X);
subplot(222);
%信号频域特性
plot((t-N/2) * fs/N, abs(X));
xlabel('f'); ylabel('|X(w)|'); title('X(w)');
Nw=20;
L=Nw/2;
Tn=(N-Nw)/L+1;
nfft=32;
```

```
TF=zeros(Tn, nfft);
％短时傅里叶变换
for i=[1: Tn]
    xw=y((i-1)*L+1 : i*L+L);
    temp=fft(xw, nfft);
    temp=fftshift(temp);
    TF(i, :)=temp;
end
subplot(223);
fnew=((1: nfft)−nfft/2)*fs/nfft;
tnew=(1: Tn)*L*Ts;
％时频分布三维图绘制
[F, T]=meshgrid(fnew, tnew);
mesh(F, T, abs(TF));
subplot(224);
％绘制曲面的等高线图
contour(F, T, abs(TF));
```

程序运行结果如图 8.4 所示。

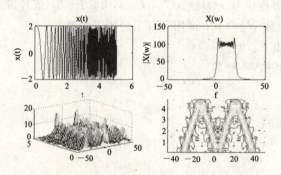

图 8.4　解析信号的短时傅里叶变换频谱分析

【例 8.3】　对于实信号 $x(t)=2\sin(k\pi t^2)$, $k=4$, $0\leqslant T\leqslant 5$, 信号带宽 $f_c=kT=20$, 采样频率 $f_s=5f_c$, 采样点数 $N=Tf_s$, 试用 STFT 分析其特性。

MATLAB 程序如下：

```
％MATLAB PROGRAM 8-3
clf;
k=4; T=5;
fc=k*T;
fs=5*fc;
Ts=1/fs;
N=T*fs;
t=[0: N−1];
％实信号 x(t)
x=2*sin(k*pi*(t*Ts).^2);
subplot(221);
```

```
%信号时域特性
plot(t * Ts, real(x));
xlabel('t'); ylabel('x(t)'); title('x(t) ');
X＝fft(x);
X＝fftshift(X);
subplot(222);
%信号频域特性
plot((t－N/2) * fs/N, abs(X));
xlabel('f'); ylabel('|X(w)|'); title('X(w) ');
Nw＝20;
L＝Nw/2;
Tn＝(N－Nw)/L+1;
nfft＝32;
TF＝zeros(Tn, nfft);
%短时傅里叶变换
for i＝[1: Tn]
    xw＝x((i－1) * 10+1 : i * 10+10);
    temp＝fft(xw, nfft);
    temp＝fftshift(temp);
    TF(i, :)＝temp;
end
subplot(223);
fnew＝((1: nfft)－nfft/2) * fs/nfft;
tnew＝(1: Tn) * L * Ts;
%时频分布三维图绘制
[F, T]＝meshgrid(fnew, tnew);
mesh(F, T, abs(TF));
subplot(224);
%绘制曲面的等高线图
contour(F, T, abs(TF));
```

程序运行结果如图 8.5 所示。

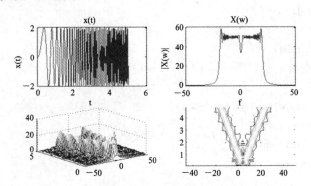

图 8.5　实信号的短时傅里叶变换频谱分析

由例 8.2 和例 8.3 比较可得，对于解析信号只有正频率，但实信号还有负频率，时频平面的坐标为 $0{\leqslant}T{\leqslant}5$，频率范围为 $0{\leqslant}f{\leqslant}20$。

【例 8.4】 对于解析信号 $x(t)=2e^{j\pi kt^2}$，$k=4$，$0{\leqslant}T{\leqslant}5$，信号带宽 $f_c=kT=20$，采样频率 $f_s=5f_c$，采样点数 $N=Tf_s$。将复高斯白噪声信号加入 $x(t)$ 后，得到合成信号 $y(t)$，试用 STFT 分析 $y(t)$ 的特性。

MATLAB 程序如下：

```
%MATLAB PROGRAM 8-4
clf;
k=4; T=5;
fc=k*T; fs=5*fc;
Ts=1/fs; N=T*fs;
t=[0: N-1];
%解析信号 x(t)
x=2*exp(j*k*pi*(t*Ts).^2);
%复高斯白噪声
noise=randn(1, N)+j*randn(1, N);
%合成输出信号 y(t)
y=x+0.2*noise;
subplot(221);
%信号时域特性
plot(t*Ts, real(y));
xlabel('t'); ylabel('y(t)'); title('y(t) ');
Y=fft(y);
Y=fftshift(Y);
subplot(222);
%信号频域特性
plot((t-N/2)*fs/N, abs(Y));
xlabel('f'); ylabel('|Y(w)|'); title('Y(w) ');
Nw=20;
L=Nw/2;
Tn=(N-Nw)/L+1;
nfft=32;
TF=zeros(Tn, nfft);
%短时傅里叶变换
for i=[1: Tn]
    yw=y((i-1)*10+1 : i*10+10);
    temp=fft(yw, nfft);
    temp=fftshift(temp);
    TF(i, : )=temp;
end
subplot(223);
fnew=((1: nfft)-nfft/2)*fs/nfft;
```

```
tnew＝(1：Tn)＊L＊Ts；
％时频分布三维图绘制
[F，T]＝meshgrid(fnew，tnew)；
mesh(F，T，abs(TF))；
subplot(224)；
％绘制曲面的等高线图
contour(F，T，abs(TF))；
```

程序运行结果如图 8.6 所示。该结果表明：当有噪声存在时，视频谱变差。

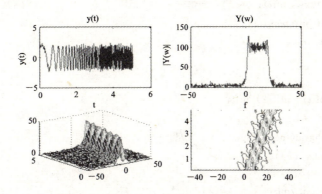

图 8.6　STFT 分析含噪声的复合时变信号

【例 8.5】　有一个时变信号 $x(n)$，$0 \leqslant n \leqslant N-1$，$N=400$。在 $n \in [40,90]$ 时有正弦信号 $\sin(2\pi f_1 t)$；在 $n \in [300,360]$ 时有正弦信号 $\sin(2\pi f_2 t)$；其余各点信号值为零。其中，归一化频率 $f_1=0.2$ Hz，$f_2=0.3$ Hz。试用 STFT 分析其特性。

MATLAB 程序如下：

```
％MATLAB PROGRAM 8 - 5
clf；
N＝400；t＝[0：N－1]；
x＝zeros(1，N)；          ％数字信号 x(n)
f1＝0.2；f2＝0.3；
％复合信号
x(40：90)＝sin(2＊pi＊f1＊(t(40：90)－40))；
x(300：360)＝sin(2＊pi＊f2＊(t(300：360)－300))；
subplot(221)；
％信号时域特性
plot(t，x)；
xlabel('t')；ylabel('x(t)')；title('x(t)时域特性')；
X＝fft(x)；
X＝fftshift(X)；
subplot(222)；
％信号频域特性
f＝(t－N/2)/N；
plot(f，abs(X))；
```

```
xlabel('f'); ylabel('|X(w)|'); title('X(w)频域特性');
Nw=20;
L=Nw/2;
Tn=(N-Nw)/L+1;
nfft=32;
TF=zeros(Tn, nfft);
for i=[1: Tn]
    xw=x((i-1)*L+1: i*L+L);
    temp=fft(xw, nfft);
    temp=fftshift(temp);
    TF(i, :)=temp;
end
subplot(223);
fnew=((1: nfft)-nfft/2)/nfft;
tnew=(1: Tn)*L;
[F, T]=meshgrid(fnew, tnew);
mesh(F, T, abs(TF));
subplot(224);
contour(F, T, abs(TF));
```

程序运行结果如图 8.7 所示。

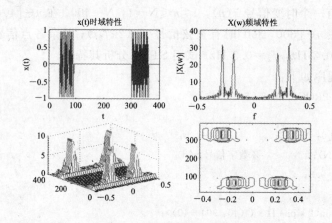

图 8.7　STFT 分析时变信号

在信号的频谱中可以观测到信号中存在着两种频率，但不能得出它们的时间持续范围，而从信号的时频平面中不仅可看出这两种信号的频率，而且还能得出其时间持续范围。

8.2　维格纳时频分布

维格纳分布（Wigner Distribution，WD）广泛应用于时频信号的分析和处理。维格纳分布和短时傅里叶变换相比，有许多优点，但将它用于分析多频率成分信号时，由于它为二次型变换，故不可避免地会出现交叉项干扰，从而阻碍它的进一步应用。于是提出了许多改进形式，如 E 数分布、广义指数分布等。后来 Cohen 将它们统一为双线性时域分布理论，在这种统一形式的时频分布中，选用不同的核函数，可以得到不同的时频分布，而正确设计核函数，就能获得所期望性质的时频分布。

8.2.1　连续时间维格纳分布

1. 维格纳分布的定义

设连续时间信号 $x(t)$ 定义于整个时域，且是复值的，即 $x(t) \in C$，$t \in R$。该信号的自维格纳分布定义为

$$W_x(t, \omega) = \int_{-\infty}^{\infty} x\left(t + \frac{\tau}{2}\right) x^* \left(t - \frac{\tau}{2}\right) e^{-j\omega\tau} \, d\tau \tag{8.7}$$

是函数 $r_{xx}(t, \tau) = x\left(t + \frac{\tau}{2}\right) x^* \left(t - \frac{\tau}{2}\right)$ 对 τ 的傅里叶变换。

两个连续时间信号 $x(t)$ 与 $y(t)$ 的互维格纳分布定义为

$$W_{x, y}(t, \omega) = \int_{-\infty}^{\infty} x\left(t + \frac{\tau}{2}\right) y^* \left(t - \frac{\tau}{2}\right) e^{-j\omega\tau} \, d\tau \tag{8.8}$$

当不会引起混淆时，常将上述两个函数称为维格纳分布。

$x(t)$ 与 $y(t)$ 两个信号的傅里叶谱 $X(\omega)$ 与 $Y(\omega)$ 的维格纳分布定义为

$$W_{X, Y}(\omega, t) = \int_{-\infty}^{\infty} X\left(\omega + \frac{\xi}{2}\right) Y^* \left(\omega - \frac{\xi}{2}\right) e^{-j\xi t} \, d\xi \tag{8.9}$$

$W_{x, y}(t, \omega)$ 与 $W_{X, Y}(\omega, t)$ 的关系为

$$W_{X, Y}(\omega, t) = W_{x, y}(t, \omega) \tag{8.10}$$

式(8.10)表明，两个信号傅里叶谱的维格纳分布可由其时间信号的维格纳分布中频率和时间变量互相交换而得到，即维格纳分布的时域和频域间存在对称性。

2. 维格纳分布的性质

1) 对称性

复值信号 $x(t)$ 的维格纳分布是实函数，即

$$W_x(t, \omega) = W_x^*(t, \omega) \tag{8.11}$$

进而可得实信号 $x(t)$ 的维格纳分布是频率的偶函数，即

$$W_x(t, \omega) = W_x(t, -\omega) \tag{8.12}$$

2) 位移性

(1) $x(t)$ 时移 τ，其 $W_x(t, \omega)$ 也时移 τ，即

$$x(t - \tau) \Rightarrow W_x(t - \tau, \omega) \tag{8.13}$$

(2) $x(t)$ 为 $e^{j\Omega t}$ 调制，其维格纳分布频移 Ω，即

$$x(t)e^{j\Omega t} \Rightarrow W_x(t, \omega - \Omega) \tag{8.14}$$

3) 定义域的同一性

(1) 若 $x(t)$ 限制在 $t_1 \leqslant t \leqslant t_2$ 中，则其 $W_x(t, \omega)$ 也被限制在同一时域范围中；

(2) 若 $X(\omega)$ 限制在 $\omega_1 \leqslant \omega \leqslant \omega_2$ 中，则其 $W_x(t, \omega)$ 也被限制在同一时域范围中；

(3) 若 $x(t)$ 是因果信号，则其 $W_x(t, \omega)$ 也是因果信号的，即

$$W_x(t, \omega) = 0, \ t < 0 \tag{8.15}$$

解析信号 $x_a(t)$ 的 $W_x(t, \omega)$ 限制在上半平面，即

$$W_x(t, \omega) = 0, \ \omega < 0 \tag{8.16}$$

4) 反演性

(1) 某一时刻 t 的值 $x(t)$，可以通过时刻等于 $t/2$ 处将 $W_x(t/2, \omega)$ 对频率 ω 作傅里叶反变换得到，其中只差一个比例函数 $x^*(0)$，即

$$x^*(0)x(t) = \frac{1}{2\pi} \int_{-\infty}^{\infty} W_x\left(\frac{t}{2}, \omega\right) e^{j\omega t} \, d\omega \tag{8.17}$$

(2) 频率 ω 的值 $X(\omega)$，可以通过频率等于 $\omega/2$ 处将 $W_x(t, \omega/2)$ 对时间 t 作傅里叶变换得到，其中只差一个比例系数 $X^*(0)$，即

$$X^*(0)X(\omega) = \int_{-\infty}^{\infty} W_x\left(t, \frac{\omega}{2}\right) e^{-j\omega t} \, dt \tag{8.18}$$

这一性质可用来由维格纳分布恢复原信号 $x(t)$。

5) 积分性

(1) 在固定时刻 t，$W_x(t, \omega)$ 沿全频轴的积分等于该时刻 $x(t)$ 的瞬时功率 $|x(t)|^2$，即

$$\frac{1}{2\pi} \int_{-\infty}^{\infty} W_x(t, \omega) \, d\omega = |x(t)|^2 \tag{8.19}$$

(2) 在固定频率 ω，$W_x(t, \omega)$ 沿全时轴的积分等于该频率的能谱密度 $|X(\omega)|^2$，即

$$\int_{-\infty}^{\infty} W_x(t, \omega) \, dt = |X(\omega)|^2 \tag{8.20}$$

(3) 由式(8.19)和式(8.20)可推出：$W_x(t, \omega)$ 沿时、频两个轴的双重积分等于信号的能量 E，即

$$\frac{1}{2\pi} \int_{-\infty}^{\infty} \int_{-\infty}^{\infty} W_x(t, \omega) \, dt \, d\omega = E \tag{8.21}$$

以上性质说明，维格纳分布是信号能量在时、频二维空间上的分布，即维格纳分布可以看成一种能量分布函数。

6) 基本运算

(1) 加法运算，若 $x(t) = x_1(t) + x_2(t)$，则

$$W_x(t, \omega) = W_{x_1}(t, \omega) + W_{x_2}(t, \omega) + 2 \, \mathrm{Re} W_{x_1 x_2}(t, \omega) \tag{8.22}$$

由于维格纳分布不是线性运算，引入交叉项干扰 $W_{x_1 x_2}$，从而使得对各分量信号维格纳分布的直观解释发生困难。

(2) 卷积运算，若 $y(t) = x(t) \otimes h(t)$，则与其对应的维格纳分布也在时轴上褶积，即

$$W_y(t, \omega) = W_x(t, \omega) \otimes W_h(t, \omega) = \int_{-\infty}^{\infty} W_x(\tau, \omega) W_h(t-\tau, \omega) \, d\tau \tag{8.23}$$

(3) 乘法运算，若 $y(t) = x(t)m(t)$，且对应的频谱 $X(\omega)$ 与 $M(\omega)$ 在频域上褶积，则和它们对应的维格纳分布也将在频域上褶积，即

$$W_y(t, \omega) = W_x(t, \omega) \otimes W_m(t, \omega) = \frac{1}{2\pi} \int_{-\infty}^{\infty} W_x(t, \eta) W_m(t, \omega-\eta) \, d\eta \tag{8.24}$$

3. 伪维格纳分布

维格纳分布可作为能量分布来表示信号的瞬时特征，但它是在全时轴($-\infty < t < \infty$)

上定义的，因此不便于实时处理。

实际工作中只能取有限长的数据来进行分析，这相当于对原始信号施加一个随时间滑动的窗函数。如果用 t 表示随研究时刻而滑动的窗位置，并将时间变量改用 τ 表示，则被处理的信号为

$$x_t(\tau) = x(\tau) \cdot w(\tau - t) \tag{8.25}$$

式中，$w(t - \tau)$ 通常是以 t 为中心而且对称的函数。

根据维格纳分布的乘法运算公式有

$$W_{x_t}(\tau, \omega) = \frac{1}{2\pi} \int_{-\infty}^{\infty} W_x(\tau, \eta) W_w(\tau - t, \omega - \eta) \mathrm{d}\eta \tag{8.26}$$

其中，$W_w(t, \omega)$ 为窗函数 $w(t)$ 的维格纳分布，即

$$W_w(t, \omega) = \int_{-\infty}^{\infty} w\left(t + \frac{\tau}{2}\right) w^*\left(t - \frac{\tau}{2}\right) \mathrm{e}^{-j\omega\tau} \, \mathrm{d}\tau \tag{8.27}$$

通常不用考虑式(8.25)中的全部 $W_{x_t}(\tau, \omega)$，而只需了解窗函数满足 $t = \tau$ 处的维格纳分布 $W_{x_t}(\tau, \omega)$，称为信号 $x(t)$ 的伪维格纳分布，简记作 $PW_x(t, \omega)$，即

$$PW_x(\tau, \omega) = \frac{1}{2\pi} \int_{-\infty}^{\infty} W_x(\tau, \eta) W_w(0, \omega - \eta) \mathrm{d}\eta \tag{8.28}$$

因为它虽然在形式上很像维格纳分布，但实际已不是信号 $x(t)$ 在原始意义下的维格纳分布了。

式(8.28)说明，$PW_x(t, \omega)$ 是 $W_x(t, \omega)$ 在频域上被 $W_w(0, \omega)$ 褶积而得到的，故加滑动窗的结果是：在时域上把数据截短，而在频域上对 $W_x(t, \omega)$ 起平滑作用。频域的平滑会降低在频率轴方向上的分辨率。因此，在前述维格纳分布的诸性质中，有关时间方面的各项性质仍然保持，但有关频率方面的各项性质则受影响，需重新考虑。

4. 维格纳分布与模糊函数的关系

模糊函数(AF)也是一种常用的时频表示，广泛应用于雷达、声纳等领域，并在很多书中已有详述。本节侧重讨论它与维格纳分布的不同点及相互间的关系，这有助于了解后面将要介绍的信号时频分布的统一表示。

为了研究的需要，定义信号 $x(t)$ 在时域的瞬时自相关函数为

$$r_x(t, \tau) = x\left(t + \frac{\tau}{2}\right) x^*\left(t - \frac{\tau}{2}\right) \tag{8.29}$$

设信号 $x(t)$ 的频谱为 $X(\omega)$，定义其在频域的瞬时谱相关函数为

$$R_x(\xi, \omega) = X\left(\omega + \frac{\xi}{2}\right) X^*\left(\omega - \frac{\xi}{2}\right) \tag{8.30}$$

其维格纳分布为

$$W_x(t, \omega) = \int_{-\infty}^{\infty} r_x(t, \tau) \mathrm{e}^{-j\omega\tau} \, \mathrm{d}\tau = \frac{1}{2\pi} \int_{-\infty}^{\infty} R_x(\xi, \omega) \mathrm{e}^{j\xi t} \, \mathrm{d}\xi \tag{8.31}$$

其模糊函数为

$$A_x(\xi, \tau) = \int_{-\infty}^{\infty} r_x(t, \tau) \mathrm{e}^{-j\xi t} \, \mathrm{d}t = \frac{1}{2\pi} \int_{-\infty}^{\infty} R_x(\xi, \omega) \mathrm{e}^{j\xi\tau} \, \mathrm{d}\omega \tag{8.32}$$

5. 信号时频分布统一表述

在众多的时频表示中，维格纳分布和模糊函数是实际中用得较广的两种时频表示法。

尽管它们的函数形式和性质各不相同，但具有一定的联系和共性：具有特定性质的时频分布是对核函数施以一定约束条件得到的。因而信号时频分布可以统一表述。

许多常用的二次型能量化时频表示都可以由包含核函数的广义双线性时频表示得出，即

$$P_x(t, f) = \int_{-\infty}^{\infty} \int_{-\infty}^{\infty} \int_{-\infty}^{\infty} e^{-j2\pi\xi(t-u)} \varphi(\xi, \tau) x\left(u + \frac{\tau}{2}\right) x^*\left(u - \frac{\tau}{2}\right) e^{-j2\pi f\tau} \, d\xi \, du \, d\tau \quad (8.33)$$

式中，$\varphi(\xi, \tau)$ 表示核函数，它决定时频分布 $P_x(t, f)$ 的特性。采用不同的核函数，将得到不同的时频分布。

8.2.2 离散时间维格纳分布

离散时间维格纳分布的 Classen 定义应用较广，但会丢失一部分信息。本节主要介绍 Classen 定义、性质及其计算。

1. 离散时间的维格纳分布定义

该定义是连续时间信号维格纳分布定义的直接引申。将连续时间信号维格纳分布定义写成离散形式即得到离散时间信号的维格纳分布变换

$$W_x(n, \omega) = 2 \sum_{k=-\infty}^{\infty} x\left(n + \frac{k'}{2}\right) x^*\left(n - \frac{k'}{2}\right) e^{-jk'\omega} \quad (8.34)$$

令 $k' = 2k$，得

$$W_x(n, \omega) = 2 \sum_{k=-\infty}^{\infty} x(n+k) x^*(n-k) e^{-j2k\omega} \quad (8.35)$$

对应的频域定义为

$$W_x(n, \omega) = \frac{1}{\pi} \int_{-\pi}^{\pi} X(\omega + \xi) X^*(\omega - \xi) e^{j2\xi n} \, d\xi \quad (8.36)$$

由上式可见，频域的重复周期是 π，即

$$W_x(n, \omega) = W_x(n, \omega + \pi) \quad (8.37)$$

2. 离散时间的维格纳分布性质

离散时间维格纳分布定义可保持连续时间信号维格纳分布定义中有关时间上的一些特性，但频率上的一些特性却被破坏了。

（1）频域总和为

$$\sum_{n=-\infty}^{\infty} W_x(n, \omega) = |X(\omega)|^2 + |X(\omega + \pi)|^2 \quad (8.38)$$

这说明 $W_x(n, \omega)$ 的周期为 π，但也反映了频域存在混淆现象。

（2）频域的反演公式为

$$\sum_{n=-\infty}^{\infty} W_x\left(n, \frac{\omega_1 + \omega_2}{2}\right) e^{-jn(\omega_1-\omega_2)} = X(\omega_1)X^*(\omega_2) + X(\omega_1 + \pi)X^*(\omega_2 + \pi) \quad (8.39)$$

3. 离散时间的维格纳分布计算

维格纳分布的计算量大，可用 FFT 来计算，但目前的各种快速算法还不能从根不上解决其计算量大的问题，距实际应用尚有一定距离。本节主要介绍 FFT 实现的方法。

计算离散时间信号 $x(n)$ 的维格纳分布，需对定义式(8.35)作截断加窗处理，加窗函数后的维格纳分布为

$$W_x(n, \omega) = 2 \sum_{l=-L+1}^{L-1} x(n+l)x^*(n-l)w(l)w^*(-l)\mathrm{e}^{-\mathrm{j}2l\omega} \tag{8.40}$$

式中，$w(l)$ 为时宽$(2L-1)$的窗函数（当$|l|>L$ 时，$w(l)=0$）。

为了能用基 2 FFT 来计算维格纳分布，需在频域对 $W_x(n, \omega)$ 计算采样值，由于 $W_x(n, \omega)$ 在频域的重复周期为 π，若一周期内的采样点为 N，则采样间隔 $\Delta\omega = \pi/N$。此外，还应采用补零的方法，使得 $N=2L$，以方便计算。

令

$$\begin{cases} G(n, -L) = 0 \\ G(n, L) = w(l)x(n+l), \quad l=-L+1, \cdots, 0, \cdots, L-1 \end{cases} \tag{8.41}$$

由此可得

$$W_x(n, k) = W_x\left(n, \frac{k\pi}{N}\right) = 2 \sum_{l=-L}^{L-1} G(n, l)G^*(n, -l)\mathrm{e}^{-\mathrm{j}2\pi kl/N} \tag{8.42}$$

由于 FFT 通常是在$(0\sim L-1)$范围内计算的，故可用如下的重排序列来实现，即令

$$f(n, l) = \begin{cases} G(n, l)G^*(n, -l), & l=0, \cdots, L-1 \\ G(n, l-2L)G^*(n, -l+2L), & l=L, \cdots, 2L-1 \end{cases} \tag{8.43}$$

代入式(8.42)得

$$W_x(n, k) = 2 \sum_{l=0}^{N-1} f(n, l)\mathrm{e}^{-\mathrm{j}2\pi kl/N} \tag{8.44}$$

上式即为维格纳分布 FFT 计算公式。

MATLAB 5.3 版的信号处理工具箱提供了基于 Wigner 核与 Choi-Williams 核的维格纳分布计算函数。函数 wig2 用于计算基于 Wigner 核的维格纳分布，调用格式为

$$[\mathrm{wx}, \mathrm{waxis}] = \mathrm{wig2}(\mathrm{x0}, \mathrm{nfft}, \mathrm{flag})$$

其中，wig2 函数返回信号向量 x0 的维格纳分布 wx。其每一行对应不同的时刻，每一列对应不同的频率，waxis 为相应的频率点向量。nfft 为 FFT 的计算点数。为了避免混叠，其值应不小于信号 x0 长度的两倍，否则采用缺省值，即大于 x0 长度两倍的最小为 2 的幂次。如果 flag 为非零值，且 x0 为实信号，则使用 x0 的解析信号作变换，flag 缺省值为 1。

对于 MATLAB 6. x、MATLAB 7. x 以及 MATLAB R2008 版来说，此函数不存在，wig2 函数的源代码如下：

```
function [wx, waxis] = wig2 (x0, nfft, flag)
% ————————————————— parameter checks ———————————————
[m, n] = size(x0);
if (min(m, n) ~= 1)
    disp(['wig2: input argument x is a', int2str(m), 'by', int2str(n), ... 'array'])
        error('Input argument x must be a vector');
end
if (exist('flag') ~= 1) flag = 1; end
if (all(imag(x0)==0) & flag ~= 0) x0 = hilbert(x0); end
% ——————————— find power of two for FFT ———————————————
lx = length(x0);
lfft = 2^nextpow2(2 * lx);              % minimum FFT length
```

```
if (exist('nfft') ~= 1) nfft = lfft; end
if (isempty(nfft))         nfft = lfft; end
if (nfft < 2 * lx)
        disp(['WIG2: FFT length must exceed twice the signal length'])
        disp(['resetting FFT length to ', int2str(lfft)])
    nfft = lfft;
end
x = zeros(nfft, 1); x(1: lx) = x0(:); cx = conj(x);
wx = zeros(nfft, lx);
L1 = lx−1;
% ─────── compute r(tau, t) = cx(t−tau/2) * x(t+tau/2) ──────
for n=0: L1
    indm = max(−n, −L1+n) : min(n, L1−n);
    indy = indm + (indm < 0) * nfft ; %output indices y(m; n)
    y = zeros(nfft, 1);
    y(indy + 1) = x(n+indm + 1) . * cx(n−indm + 1);
    wx(: , n+1) = y;
end
% ─────── WD(f, t) = FT (tau−−>f) r(tau, t) ────────
wx = fft(wx);
wx = real(wx.');                    %force it to be real
% ─────── display the WD ───────────
nfftby2 = nfft/2;
wx = wx(: , [nfftby2+1: nfft, 1: nfftby2]) ;
waxis = [−nfftby2: nfftby2−1] / (2 * nfft);
taxis = 1: lx;
contour(waxis, taxis, abs(wx), 8);
xlabel('frequency'); ylabel('time in samples');
title('WS'); grid;
set(gcf, 'Name', 'Hosa WIG2')
```

MATLAB 5.3 版的信号处理工具箱提供了函数 wig2c，用于计算基于 Choi-Williams 核的维格纳分布，调用格式为

$$[wx, waxis] = wig2c(x, nfft, sigma, flag)$$

其中，wig2c 函数返回信号向量 x 的维格纳分布 wx，waxis 为相应的频率点向量。nfft 为 FFT 的计算点数，为了避免混叠，nfft 值应大于等于信号 x 长度的两倍，否则，采用缺省值，即大于 x 长度两倍且为 2 的幂次的最小数。sigma 为 Choi-Williams 核的参数，随着 sigma 的增大，维格纳分布抑制交叉项的能力减弱，其缺省值为 0.05。如果 flag 为非零值，且 x 为实信号，则使用 x 的解析信号作变换，flag 缺省值为 1。在高版本的 MATLAB 中，此函数不存在。

8.2.3　时频分布的 MATLAB 实现

为了分析维格纳时频分布的原理，在利用 MATLAB 编程时，未采用 MATLAB 5.3

版信号处理工具箱中的内部函数 wig2 和 wig2c，而直接编写仿真程序。

【例 8.6】　对于解析信号 $x(t)=2\mathrm{e}^{\mathrm{j}\pi k t^2}$，$k=4$，$0\leqslant T\leqslant4$，信号带宽 $f_c=kT=16$，采样频率 $f_s=4f_c$，采样点数 $N=Tf_s$，试用维格纳分布分析其特性。

MATLAB 程序如下：

```
%MATLAB PROGRAM 8-6
clf;
k=4; T=4;
fc=k*T; fs=4*fc;
Ts=1/fs; N=T*fs; t=[0: N-1];
%解析信号 x(t)
x=2*exp(j*k*pi*(t*Ts).^2);
subplot(221);
%信号时域特性
plot(t*Ts, real(x));
xlabel('t'); ylabel('x(t)'); legend('x(t)');
X=fft(x);
X=fftshift(X);
subplot(222);
%信号频域特性
plot((t-N/2)*fs/N, abs(X));
xlabel('f'); ylabel('|X(w)|'); legend('X(w)');
R=zeros(N, N);
%维格纳分布
for n=[0: N-1]
M=min(n, N-1-n);
for k=[0: M]
R(n+1, k+1)=x(n+k+1)*conj(x(n-k+1));
end
for k=[N-1: -1: N-M]
R(n+1, k+1)=conj(R(n+1, N-k+1));
end
end
TF=zeros(N, N);
for n=[0: N-1]
temp=fft(R(n+1, :));
temp=fftshift(temp);
TF(n+1, :)=temp;
end
fnew=(t-N/2)*fs/2/N;
tnew=(0: N-1)*Ts;
[F, T]=meshgrid(fnew, tnew);
subplot(223);
```

```
mesh(F, T, abs(TF));
subplot(224);
contour(F, T, abs(TF));
```

程序运行结果如图 8.8 所示。

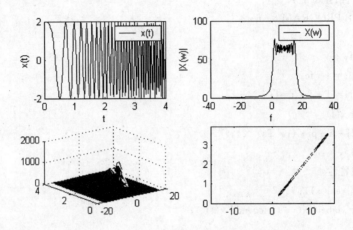

图 8.8　解析信号的维格纳分布图($f_s = 4f_c$)

【例 8.7】　采用例 8.6 中的解析信号,仅将采样频率变为 $f_s = 2f_c$,试用维格纳分布分析其特性。

MATLAB 程序如下:

```
%MATLAB PROGRAM 8-7
clf;
k=4; T=4;
fc=k*T; fs=2*fc;
Ts=1/fs; N=T*fs;
t=[0: N-1];
x=2*exp(j*k*pi*(t*Ts).^2);
subplot(221);
plot(t*Ts, real(x));
xlabel('t'); ylabel('x(t)'); legend('x(t)');
X=fft(x);
X=fftshift(X);
subplot(222);
plot((t-N/2)*fs/N, abs(X));
xlabel('f'); ylabel('|X(w)|'); legend('X(w)');
R=zeros(N, N);
for n=[0: N-1]
    M=min(n, N-1-n);
    for k=[0: M]
        R(n+1, k+1)=x(n+k+1)*conj(x(n-k+1));
    end
    for k=[N-1: -1: N-M]
```

```
        R(n+1, k+1)=conj(R(n+1, N−k+1));
    end
end
TF=zeros(N, N);
for n=[0: N−1]
    temp=fft(R(n+1, :));
    temp=fftshift(temp);
    TF(n+1, :)=temp;
end
fnew=(t−N/2) * fs/2/N;
tnew=(0: N−1) * Ts;
[F, T]=meshgrid(fnew, tnew);
subplot(223);
mesh(F, T, abs(TF));
subplot(224);
contour(F, T, abs(TF));
```

程序运行结果如图 8.9 所示。

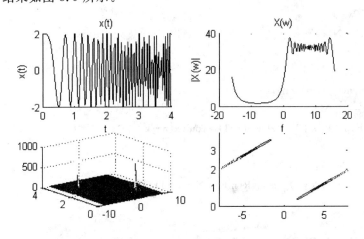

图 8.9　解析信号的维格纳分布图($f_s = 2f_c$)

　　从例 8.6 的输出时频平面中可以清晰地看出，频率随时间线性变换，其变化率 k 为 4，可见整个分析是正确的。从例 8.7 的输出结果可以看出，对于带宽为 f_c 的模拟信号进行 FFT 分析，采样频率至少是截止频率的两倍，即 $f_s = 2f_c$，这就是奈奎斯特准则的要求。然而对于维格纳分布变换，采样频率至少是信号截止频率的四倍，才能保证不会混淆，即 $f_s = 4f_c$。

　　【例 8.8】　对于解析信号 $x(t) = 2\mathrm{e}^{\mathrm{j}\pi k t^2}$，$k = 4$，$0 \leqslant T \leqslant 4$，信号带宽 $f_c = kT = 16$，采样频率 $f_s = 5f_c$，采样点数 $N = Tf_s$。在信号中加入复高斯白噪声，用维格纳分布分析其特性。

　　MATLAB 程序如下：

```
%MATLAB PROGRAM 8 - 8
clf;
```

```
k=4; T=4; fc=k*T;
fs=5*fc;
Ts=1/fs; N=T*fs;
t=[0: N-1];
x=zeros(1, N);
x=2*exp(j*k*pi*(t*Ts).^2);
noise=randn(1, N)+j*randn(1, N);
x=x+0.2*noise;
subplot(221);
plot(t*Ts, real(x));
xlabel('t'); ylabel('x(t)');
legend('x(t)');
X=fft(x);
X=fftshift(X);
subplot(222);
plot((t-N/2)*fs/N, abs(X));
xlabel('f'); ylabel('|X(w)|');
legend('X(w)');
R=zeros(N, N);
%维格纳分布
for n=[0: N-1]
    M=min(n, N-1-n);
    for k=[0: M]
        R(n+1, k+1)=x(n+k+1)*conj(x(n-k+1));
    end
    for k=[N-1: -1: N-M]
        R(n+1, k+1)=conj(R(n+1, N-k+1));
    end
end
TF=zeros(N, N);
for n=[0: N-1]
    temp=fft(R(n+1, :));
    temp=fftshift(temp);
    TF(n+1, :)=temp;
end
fnew=(t-N/2)*fs/2/N;
tnew=(0: N-1)*Ts;
[F, T]=meshgrid(fnew, tnew);
subplot(223);
mesh(F, T, abs(TF));
subplot(224);
contour(F, T, abs(TF));
```

程序运行结果如图 8.10 所示。该例说明了维格纳分布变换对噪声信号不太敏感，时频变换后信噪比较高。

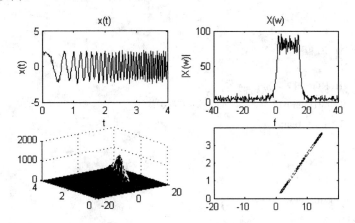

图 8.10　含噪声信号的维格纳分布

【例 8.9】　数字信号 $x(n)$，$0 \leqslant n \leqslant N-1$，$N=400$，在 $n \in [40, 90]$ 时有正弦信号 $\sin(2\pi f_1 t)$；在 $n \in [280, 320]$ 时有正弦信号 $\sin(2\pi f_2 t)$；其余各点信号值为零。其中，归一化频率 $f_1=0.2$ Hz，$f_2=0.3$ Hz。用维格纳分布分析其特性。

MATLAB 程序如下：

```
%MATLAB PROGRAM 8-9
clf;
N=400；
t=[0：N-1]；
%数字信号 x(n)
x=zeros(1，N)；
f1=0.2；f2=0.3；
%复合信号
x(40：90)=sin(2 * pi * f1 * (t(40：90)-40))；
x(280：320)=sin(2 * pi * f2 * (t(280：320)-280))；
subplot(221)；
plot(t，x)；
xlabel('t')；ylabel('x(t)')；legend('x(t)')；
X=fft(x)；
X=fftshift(X)；
subplot(222)；
plot((t-N/2)/N，abs(X))；
xlabel('f')；ylabel('|X(w)|')；legend('X(w)')；
R=zeros(N，N)；
for n=[0：N-1]
    M=min(n，N-1-n)；
    for k=[0：M]
        R(n+1，k+1)=x(n+k+1) * conj(x(n-k+1))；
    end
```

```
    for k=[N−1: −1: N−M]
        R(n+1, k+1)=conj(R(n+1, N−k+1));
    end
end
TF=zeros(N, N);
for n=[0: N−1]
    temp=fft(R(n+1, :));
    temp=fftshift(temp);
    TF(n+1, :)=temp;
end
fnew=(t−N/2)/N;
tnew=[0: N−1];
[F, T]=meshgrid(fnew, tnew);
subplot(223);
mesh(F, T, abs(TF));
subplot(224);
contour(F, T, abs(TF));
```

程序运行结果如图 8.11 所示。

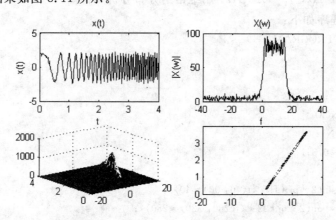

图 8.11　数字信号的维格纳分布

　　从例 8.9 的结果来看，维格纳分布变换存在着交叉项干扰，出现了一些干扰频率项，需进行加核处理来抑制干扰项。

8.3　小波变换

　　小波变换是一种信号的时间—尺度分析方法，它具有多分辨率分析的特点，而且在时频两域都具有表征信号局部特征的能力，是一种窗口大小固定不变但其形状可改变、时间窗和频率窗都可以改变的时频局部化分析方法。它在低频部分具有较高的频率分辨率，在高频部分具有较高的时间分辨率和较低的频率分辨率，很适合于探测正常信号中夹带的瞬态反常现象并展示其成分，被誉为分析信号的显微镜。利用连续小波变换进行动态系统故障检测与诊断具有良好的效果。

　　小波变换提出了变化的时间窗，当需要精确的低频信息时，采用长的时间窗；当需要精确的高频信息时，采用短的时间窗。小波变换用的不是时间－频率域，而是时间－尺度域。尺度越大，采用越长的时间窗；尺度越小，采用越短的时间窗，即尺度与时间成反比。

　　假设 $\Psi(t)$ 为平方可积函数，即 $\Psi(t) \in L^2(R)$，若其傅里叶变换为 $\hat{\Psi}(\omega)$，并满足完全重构条件

$$C_\Psi = \int_R \frac{|\hat{\Psi}(\omega)|^2}{|\omega|} \, \mathrm{d}\omega < \infty \tag{8.45}$$

则称 $\Psi(t)$ 为一个基小波或母小波。母函数 $\Psi(t)$ 经伸缩和平移后为

$$\Psi_{a,b}(t) = \frac{1}{\sqrt{|a|}} \Psi\left(\frac{t-b}{a}\right) \qquad a, b \in R ; a \neq 0 \tag{8.46}$$

则称 $\Psi_{a,b}(t)$ 为一个小波序列。其中，a 为伸缩因子，b 为平移因子。

　　$\Psi_{a,b}(t)$ 的傅里叶变换 $\hat{\Psi}_{a,b}(\omega)$ 为

$$\hat{\Psi}_{a,b}(\omega) = \int_{-\infty}^{\infty} \Psi_{a,b}(t) \mathrm{e}^{j\omega t} \, \mathrm{d}t = \sqrt{|a|} \, \mathrm{e}^{-j\omega b} \, \hat{\Psi}(a\omega) \tag{8.47}$$

8.3.1　连续小波变换

　　连续小波变换（CWT）又称积分小波变换（IWT）。任意函数 $f(t)$ 的连续小波变换定义为

$$W_f(a, b) = \langle f, \Psi_{a,b} \rangle = |a|^{-1/2} \int_R f(t) \overline{\Psi\left(\frac{t-b}{a}\right)} \mathrm{d}t \tag{8.48}$$

其重构公式（逆变换 ICWT）为

$$f(t) = \frac{1}{C_\Psi} \int_{-\infty}^{\infty} \int_{-\infty}^{\infty} \frac{1}{a^2} W_f(a, b) \Psi\left(\frac{t-b}{a}\right) \mathrm{d}a \, \mathrm{d}b \tag{8.49}$$

　　由于基小波 $\Psi(t)$ 生成的小波 $\Psi_{a,b}(t)$，在小波变换中对被分析的信号起着观测窗的作用，所以，$\Psi(t)$ 还应该满足一般函数的约束条件

$$\int_{-\infty}^{\infty} |\Psi(t)| \, \mathrm{d}t < \infty \tag{8.50}$$

故 $\hat{\Psi}(\omega)$ 是一个连续函数。为满足完全重构条件，$\hat{\Psi}(\omega)$ 在原点的值必须为 0。为了使信号重构的实现在数值上是稳定的，小波 $\Psi(t)$ 的傅里叶变化需满足稳定性条件

$$A \leqslant \sum_{-\infty}^{\infty} |\hat{\Psi}(2^{-j}\omega)|^2 \leqslant B \tag{8.51}$$

连续小波变换具有以下重要性质：

　　(1) 线性：一个多分量信号的小波变换等于各个分量的小波变换之和；

　　(2) 平移不变性：若函数 $f(t)$ 的小波变换为 $W_f(a, b)$，则函数 $f(t-\tau)$ 的小波变换为 $W_f(a, b-\tau)$；

　　(3) 伸缩共变性：若函数 $f(t)$ 的小波变换为 $W_f(a, b)$，则函数 $f(ct)$ 的小波变换为 $\frac{1}{\sqrt{c}} W_f(ca, cb)$，$c > 0$；

　　(4) 自相似性：对应不同尺度参数 a 和不同平移参数 b 的连续小波变换之间是自相似的；

（5）冗余性：连续小波变换中存在信息表述的冗余度。

8.3.2　离散小波变换

在实际运用中，尤其是在计算机上实现时，连续小波必须加以离散化。因此，下面讨论连续小波 $\Psi_{a,b}(t)$ 和连续小波变换 $W_f(a,b)$ 的离散化。需要强调的是，离散化都是针对连续的尺度参数 a 和连续平移参数 b 的，而不是针对时间变量 t 的。这与时间离散化不同。

在连续小波中，函数 $\Psi_{a,b}(t)$ 为

$$\Psi_{a,b}(t) = |a|^{-1/2} \Psi\left(\frac{t-b}{a}\right) \tag{8.52}$$

式中，$b \in R$，$a \in R^+$，且 $a \neq 0$，Ψ 是容许的。在离散化中，限制 a 只取正值，这样相容性条件就变为

$$C_\Psi = \int_0^\infty \frac{|\hat{\Psi}(\bar{\omega})|}{|\bar{\omega}|} d\bar{\omega} < \infty \tag{8.53}$$

将连续小波变换中尺度参数 a 和平移参数 b 的离散公式，分取为 $a = a_0^j$，$b = ka_0^j b_0$，$j \in Z$，扩展步长 $a_0 \neq 1$，是固定值，且一般假定 $a_0 > 1$。因此，对应的离散小波函数 $\Psi_{j,k}(t)$ 为

$$\Psi_{j,k}(t) = a_0^{-j/2} \Psi\left(\frac{t-ka_0^j b_0}{a_0^j}\right) = a_0^{-j/2} \Psi(a_0^{-j}t - kb_0) \tag{8.54}$$

离散化小波变换系数表示为

$$C_{j,k} = \int_{-\infty}^\infty f(t)\Psi_{j,k}^*(t)dt \leqslant f \tag{8.55}$$

重构公式为

$$f(t) = C \sum_{-\infty}^\infty \sum_{-\infty}^\infty C_{j,k}\Psi_{j,k}(t) \tag{8.56}$$

式中，C 是一个与信号无关的常数。然而，为了保证重构信号的精度，在选择 a_0 和 b_0 时，网格点应尽可能密（即 a_0 和 b_0 尽可能小）。因为网格点越稀疏，小波函数 $\Psi_{j,k}(t)$ 和离散小波系数 $C_{j,k}$ 就越少，信号重构的精确度也就会越低。

在实际信号处理中都是用离散小波变换（DWT）。大多数情况下，将尺度因子和位移参数按 2 的幂次进行离散。最有效的计算方法是快小波算法（又称塔式算法）。对任一信号，离散小波变换的第一步运算是将信号分为低频部分（称为近似部分）和离散部分（称为细节部分）。近似部分代表了信号的主要特征。第二步是对低频部分再进行相似运算，不过这时尺度因子已经改变。依次进行到所需要的尺度。除了连续小波变换、离散小波变换外，还有小波包（Wavelet Packet）和多维小波。

8.3.3　小波变换在突变信号检测中的应用

下面以地震随机信号 $f(t)$ 为例，结合 MATLAB 程序仿真，介绍小波变换在突变信号检测中的应用。地震随机信号是非平稳的时变信号，用傅里叶变换不能提取 $f(t)$ 的突变点信息，小波变换可将 $f(t)$ 分解成具有局部特性的基小波函数 $\Psi(t)$，从而检测到突变点信息。

设 $\varphi(t)$ 为具有低通性质的平滑函数，以它的一阶和二阶导数作为小波，对 $f(t)$ 作小波变换，可以得到

$$W_{\varphi^1} f(a, b) = f(t) \otimes \varphi^1(at) = a\frac{\mathrm{d}}{\mathrm{d}t}[f(t) \otimes \varphi(t)] \tag{8.57}$$

$$W_{\varphi^2} f(a, b) = f(t) \otimes \varphi^2(at) = a\frac{\mathrm{d}^2}{\mathrm{d}t^2}[f(t) \otimes \varphi(t)] \tag{8.58}$$

式中，"$\otimes$"表示卷积，$\varphi^1(t)$ 和 $\varphi^2(t)$ 表示 $\varphi(t)$ 的一阶和二阶导数，对 $f(t)$ 作小波变换，相当于 $f(t)$ 被 $\varphi(t)$ 平滑后，再对 t 求一阶或二阶导数。对某一固定 a 值，$f(t) \otimes \varphi(t)$ 的拐点既是 $W_{\varphi^1} f(a, b)$ 的极值点，又是 $W_{\varphi^2} f(a, b)$ 的过零点，由此可检测出信号的急剧变化。

选用具有低通性质的高斯函数作为平滑函数，以其一阶导数、二阶导数（墨西哥草帽小波函数）作为小波基函数进行突变点分析。各小波函数的表达式为

$$\varphi(t, a) = \begin{cases} \dfrac{1}{a}\mathrm{e}^{-\frac{t^2}{2a^2}} \\[2mm] \dfrac{t}{a}\mathrm{e}^{-\frac{t^2}{2a^2}} \\[2mm] \left(1-\dfrac{t^2}{a^2}\right)\mathrm{e}^{-\frac{t^2}{2a^2}} \end{cases} \tag{8.59}$$

上述小波函数具有对称、可微及可积的性质，在时频两域都为高斯型且呈平方指数衰减特性，具有很好的时频局域性，用作小波变换可准确地识别信号突变点。

【例 8.10】 利用 MATLAB 编写程序，绘制 500 s 长的小波函数 $\varphi(t, a)$。小波基位于 250 s 处，尺度步长为 10。

MATLAB 程序如下：

```
%MATLAB PROGRAM 8-10
Ls=500; t0=250; a=10;
t=(1: 1: Ls);                    %给出时间序列
x=exp(−((t−t0)/a).^2/2)/a;       %高斯小波基函数
y=(t−t0). * exp(−((t−t0)/a).^2/2)/a;    %一阶导数
%小波变换二阶导数墨西哥草帽(Mexscro Hat)
z=(1−((t−t0)/a).^2). * exp(−((t−t0)/a).^2/2)/a;
subplot(311);
plot(t, x);
xlabel('t/s'); ylabel('x(t)');
legend ('高斯小波基');
subplot(3, 1, 2), plot(t, y)
xlabel('t/s'); ylabel('y(t)');
legend ('小波基的一阶导数')
subplot(3, 1, 3), plot(t, z)
xlabel('t/s');
ylabel('z(t)');
legend('小波基的二阶导数')
```

程序运行结果如图 8.12 所示。

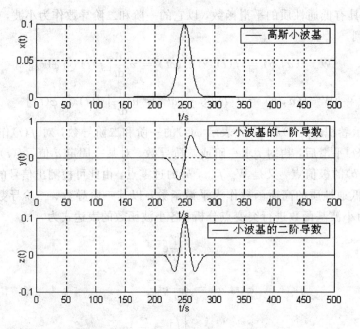

图 8.12　高斯小波基及其一阶导数和二阶导数

【例 8.11】　编写 MATLAB 小波变换程序，实现某一时变信号在时间区间[1，500]的突变检测，小波变换的尺度 a 为 3。

　　MATLAB 程序如下：

```
%MATLAB PROGRAM 8 - 11
x=zeros(1,500);        %设置空矢量
%给出检测数据
for t=1:500
    if (t<200)
        x(t)=50. * exp(t/300). * sin(2 * pi * 0.01 * t);
    elseif (t>=200)&(t<300)
        x(t)=50. * exp(t/300). * sin(2 * pi * 0.01 * 200)+30;
    elseif ((t>=300)&(t<400))
        x(t)=50. * exp(t/300). * sin(2 * pi * 0.01 * 200)+10;
    else
        x(t)=50. * exp(t/300). * sin(2 * pi * 0.01 * 200)+10+250 * sin(2 * pi * 0.003 * t);
    end
end
%结束检测数据
x=x';                  %将检测数据转置以备应用
x=x-mean(x);           %去掉平均值
a=3;                   %给出小波尺度为3
for n=1:500
    t0=n * 1;
    for tw=[1:500]
        xx(tw)=exp(-((tw-t0)/a). ^2/2)/a;
```

```
        yy(tw)=(tw-t0). * exp(-((tw-t0)/a).^2/2)/a;
        zz(tw)=(1-((tw-t0)/a).^2). * exp(-((tw-t0)/a).^2/2)/a;
    end
    xxx(n)=sum(x. * (xx)');            %高斯函数的计算
    yyy(n)=sum(x. * (yy)');            %一阶导数的计算
    zzz(n)=sum(x. * (zz)');            %二阶导数的计算(墨西哥草帽波)
end
subplot(311); plot(x);                %绘出原始数据波形
ylabel('x(t)'); title('原始检测数据'); grid;
subplot(312); plot(xxx);              %绘出高斯函数为基函数的小波变换
ylabel('xxx(t)'); title('高斯函数结果'); grid;
subplot(313); plot(yyy);              %绘出高斯函数的一阶导数为基函数的小波变换
xlabel('t/s'); ylabel('yyy(t)'); title('一阶导数结果'); grid;
```

　　程序运行结果如图 8.13 所示。由图可知，运用小波变换可准确地识别出突变点。运用高斯函数作为小波基的小波变换相当于对原来的信号作平滑处理，运用高斯函数的一阶导数作为小波基的小波变换可精确地找到信号所对应的突变点，若脉冲向上则表示信号增大，反之表示信号减弱。

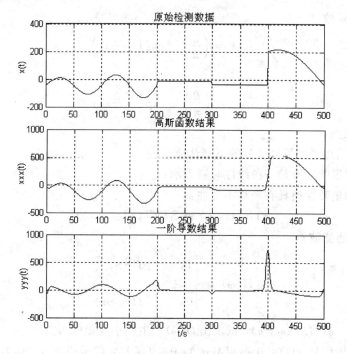

图 8.13　利用小波变换检测突变点

8.4　小　　结

　　对时变信号常采用时间-频率描述分析方法，将一维的时域信号映射到一个二维的时频平面，全面反映观测信号的时频联合特征。短时傅里叶变换是一种常用的时频分析方法，其基本思想是在傅里叶变换基础上实现时域的局部化。根据不确定性原理，短时傅里叶变换不能同时在时域和频域达到很高的分辨率。因此，针对不同的信号，应选择适当的时域或频率分辨率、合适的窗函数和长度，使截取的短时信号趋于平稳，才能运用快速傅里叶变换对信号频率特性进行精确分析。

维格纳分布在信号分析和处理中已成为非常有用的工具。维格纳分布和短时傅里叶变换相比有许多优点，但将它用于多频率成分信号的分析时，由于它为二次型变换，不可避免地会出现交叉项干扰，并且实信号的干扰比解析信号的干扰更严重。因此，需要进行加核处理来抑制干扰项。

对于带宽为 f_c 的模拟信号进行 FFT 分析，采样频率至少是信号截止频率的两倍，即 $f_s \geq 2f_c$，这就是奈奎斯特准则的要求。而对于维格纳变换，采样频率至少应是信号截止频率的四倍，才能保证不会产生混叠，即 $f_s \geq 4f_c$。

本章最后介绍了小波变换的基本理论，主要包括连续小波变换和离散小波变换。之后结合 MATLAB 仿真，给出了小波变换在突变信号检测中的应用。

习　　题

8.1　令窗函数

$$g(t) = \left(\frac{\alpha}{\pi}\right)^{1/4} \exp\left(-\frac{\alpha}{2}t^2\right)$$

试求高斯信号

$$s(t) = \left(\frac{\beta}{\pi}\right)^{1/4} \exp\left(-\frac{\beta}{2}t^2\right)$$

的短时傅里叶变换。

8.2　试证明短时傅里叶变换的下列性质：

(1) 短时傅里叶变换是一种线性时频表示；

(2) 短时傅里叶变换具有频移不变性：

$$\text{STFT}(t, \omega) = \text{STFT}(t, \omega - \omega_0)$$

8.3　令低通滤波器

$$H(\omega) = \begin{cases} 1, & |\Omega| \leqslant \dfrac{\pi}{2} \\ 0, & |\Omega| > \dfrac{\pi}{2} \end{cases}$$

并且有 $G(\omega) = -\mathrm{e}^{-\mathrm{j}\omega}H^*(\omega+\pi)$，试求由 $G(\omega)$ 产生的小波函数 $\Psi(t)$。

8.4　令解析信号 $x(t) = A\exp(4\mathrm{j}\pi t^2)$，$0 \leqslant T \leqslant 10$，信号带宽 $f_c = 40$，采样频率 $f_s = 4f_c$，采样点数 $N = Tf_s$。试用维格纳分布分析其特性。（MATLAB 上机编程）

第 9 章　线性预测与自适应滤波

　　线性预测与自适应滤波理论和技术是统计信号处理和非平稳随机信号处理的主要内容，它可以在无需先验知识的条件下，通过自学习适应或跟踪外部环境的非平稳随机变化，最终逼近维纳滤波和卡尔曼滤波的最佳滤波性能。因此，线性预测器与自适应滤波器不但可以用来检测确定性信号，而且可以用来检测平稳的或非平稳的随机信号。线性预测与自适应信号处理技术在通信、雷达、声纳、图像处理、地震勘探、工业技术和生物医学等领域有着极其广泛的应用。本章主要阐述维纳滤波、卡尔曼滤波以及 LMS 自适应滤波及其应用。

9.1　维　纳　滤　波　器

　　信号处理主要解决在噪声中提取信号的问题。因此，需寻找一种有最佳线性滤波特性的滤波器。这种滤波器应当在信号与噪声同时输入时，输出端能将信号尽可能精确地重现出来，而噪声却受到最大抑制。维纳(Wiener)滤波与卡尔曼(Kalman)滤波就是用来解决这样一类从噪声中提取信号问题的滤波方法。

　　若线性系统的单位样本响应为 $h(n)$，当输入一个随机信号 $x(n)$

$$x(n) = s(n) + v(n) \tag{9.1}$$

式中，$s(n)$ 表示信号，$v(n)$ 表示噪声。则输出 $y(n)$ 为

$$y(n) = \sum_m h(m)x(n-m) \tag{9.2}$$

通常称 $y(n)$ 为 $s(n)$ 的估计值，用 $\hat{s}(n)$ 表示，即

$$y(n) = \hat{s}(n) \tag{9.3}$$

　　该线性系统 $h(\cdot)$ 称为对于 $s(n)$ 的一种估计器。通常称用观察值 $\{x(n)\}$ 估计当前的信号值 $y(n)=\hat{s}(n)$ 为滤波；称用过去的观察值估计将来的信号值 $y(n)=\hat{s}(n+N)(N \geqslant 0)$ 为预测或外推；称用过去的观察值来估计过去的信号值 $y(n)=\hat{s}(n-N)(N>1)$ 为平滑或内插。

　　维纳滤波与卡尔曼滤波都是以最小均方误差准则来解决最佳线性滤波和预测问题的。维纳滤波是根据全部过去的和当前的观察数据来估计信号的当前值，它的解是以均方误差最小条件下所得到的系统传递函数 $H(z)$ 或单位样本响应 $h(n)$ 的形式给出的。因此，称维纳滤波系统为最佳线性滤波器。维纳滤波器只适用于平稳随机过程。维纳滤波最初是对连续信号以模拟滤波器的形式出现的，之后才有了离散形式。本章仅讨论维纳滤波的离散形式。

9.1.1　维纳滤波器的时域分析

　　设计维纳滤波器的过程就是在最小均方误差下，寻求滤波器的单位样本响应 $h(n)$ 或

传递函数 $H(z)$ 的表达式的过程，其实质是求解维纳-霍夫(Wiener – Hopf)方程。可将估计

$$y(n) = \hat{s}(n) = \sum_{m=0}^{\infty} h(m)x(n-m) \tag{9.4}$$

看成现在和过去各输入的加权之和，简记为

$$\hat{s}(n) = \sum_{i=1}^{\infty} h_i x_i \tag{9.5}$$

存在均方误差

$$E[e^2(n)] = E\left[\left(s(n) - \sum_{i=1}^{\infty} h_i x_i\right)^2\right] \tag{9.6}$$

假定 $E[x_i x_j] \cong \phi_{x_i x_j}$，$E[sx_j] \cong \phi_{sx_j}$ 分别为 x 的自相关函数和 x 与 s 的互相关函数，若 $h(n)$ 是一个物理可实现的因果序列，则维纳-霍夫方程为

$$\begin{cases} \phi_{x_j x} = \sum_{i=1}^{\infty} h_i \phi_{x_j x_i} & j \geqslant 1 \\ \phi_{xs}(k) = \sum_{m=0}^{\infty} h_{opt}(m)\phi_{xx}(k-m) & k \geqslant 0 \end{cases} \tag{9.7}$$

式(9.7)的解 h 就是在最小均方误差下的最佳 h_{opt}。

对于非因果序列，维纳-霍夫方程为

$$\phi_{xs}(k) = \sum_{m=-\infty}^{\infty} h_{opt}(m)\phi_{xx}(k-m) \tag{9.8}$$

维纳-霍夫方程的矩阵形式为

$$[\phi_{xx}][h] = [\phi_{xs}] \tag{9.9}$$

其中，h_1，h_2，$\cdots$，h_N 为 $h(n)$ 序列在 $n=0$，1，$\cdots$，$N-1$ 时的值，表示为

$$[h] = \begin{bmatrix} h_1 \\ h_2 \\ \vdots \\ h_N \end{bmatrix} \tag{9.10}$$

$[\phi_{xx}]$ 为 x 的自相关矩阵，表示为

$$[\phi_{xx}] = \begin{bmatrix} \phi_{x_1 x_1} & \phi_{x_1 x_2} & \cdots & \phi_{x_1 x_N} \\ \phi_{x_2 x_1} & \phi_{x_2 x_2} & \cdots & \phi_{x_2 x_N} \\ \vdots & \vdots & & \vdots \\ \phi_{x_N x_1} & \phi_{x_N x_2} & \cdots & \phi_{x_N x_N} \end{bmatrix} \tag{9.11}$$

$[\phi_{xs}]$ 为 x 与 s 的互相关矩阵，表示为

$$[\phi_{xs}] = \begin{bmatrix} \phi_{x_1 s} \\ \phi_{x_2 s} \\ \vdots \\ \phi_{x_N s} \end{bmatrix} \tag{9.12}$$

由此可解出

$$[h] = [h]_{opt} = [\phi_{xx}]^{-1}[\phi_{xs}] \tag{9.13}$$

由此可见，用有限长的 $h(n)$ 来实现维纳滤波器时，若已知 $[\phi_{xx}]$ 及 $[\phi_{xs}]$，则可以按式 (9.13) 在时域内解得满足因果律的 $[h]_{opt}$。但是，当 N 很大时，计算量很大，需要已知 $[\phi_{xs}]$ 并且计算 $[\phi_{xx}]$ 及其逆矩阵。同时，当 N 很大时，对计算机的存储量要求也很高。如果在计算过程中想增加 $h(n)$ 的长度 N 来提高逼近精度，需要在新 N 的基础上重新计算。

【例 9.1】　利用维纳滤波器对含噪声的随机信号进行处理，得到噪声状况下的估计信号。含噪声的随机信号由 MATLAB 编程给定。

MATLAB 程序如下：

```
%MATLAB PROGRAM 9 - 1
clcl;
clf;
%设置各变量初始值
L=500；N=10；
a=0.95；
row1=L-99：L；row2=1：N；
b=sqrt((1-a^2) * 3)；
c=sqrt(3)；
%产生信号 S、噪声 V 和随机信号 X
W=unifrnd(-b, b, 1, L)；
S=zeros(1, L)；
S(1, 1)=W(1, 1)；
for i=2：L
    S(1, i)=a * S(1, i-1)+W(1, i)；
end
clear i;
V=unifrnd(-c, c, 1, L)；
X=zeros(1, L)；
for i=1：L
    X(1, i)=S(1, i)+V(1, i)；
end
clear i;
for i=1：100
    S1(1, i)=S(1, L-100+i)；
end
clear i;
for i=1：100
    X1(1, i)=X(1, L-100+i)；
end
clear i;
%估计 X 自相关矩阵
corXX1=zeros(1, N)；
for i=0：N-1
```

```
    for j=1; L-i
        corXX1(1, i+1)=X(1, j) * X(1, j+i)+corXX1(1, i+1);
    end
    corXX1(1, i+1)=corXX1(1, i+1)/(L-i);
end
clear i;
clear j;
corXX=zeros(N, N);
for i=1; N
    for j=1; N
        corXX(i, j)=corXX1(1, abs(i-j)+1);
    end
end
clear i;
clear j;
%估计 XS 相关向量
corXS=zeros(1, N);
for i=0; N-1
    for j=1; L-i
        corXS(1, i+1)=X(1, j) * S(1, j+i)+corXS(1, i+1);
    end
    corXS(1, i+1)=corXS(1, i+1)/(L-i);
end
clear i;
clear j;
corXS=corXS';
%计算两类 h(n)并比较差异
h1=inv(corXX) * corXS;
h2=zeros(1, N);
h2(1, 1)=0.238;
for i=2; N
    h2(1, i)=h2(1, i-1) * 0.724;
end
clear i;
Eh=0;
Eh2=0;
for i=1; N
    Eh=h1(i, 1)-h2(1, i)+Eh;
    Eh2=(h1(i, 1)-h2(1, i))^2+Eh2;
end
Eh
Eh2
%计算 X 理想滤波情况
```

```
Sl=zeros(1, L);
Sl(1, 1)=X(1, 1);
for i=2: L
    Sl(1, i)=0.724 * Sl(1, i-1)+0.238 * X(1, i);
end
%计算 X 的 FIR 滤波情况
Sr=zeros(1, L);
h1=h1';
for i=1: L
    Srr=0;
    for j=1: N
    if (i-j<=0)
        break;
    else
        Srr=h1(1, j) * X(1, i-j)+Srr;
        end
    Sr(1, i)=Srr;
    end
end
clear i;
clear j;
%计算 Ex, El, Er
Ex=0;
El=0;
Er=0;
for i=1: L
    Ex=(X(1, i)-S(1, i))^2+Ex;
    El=(Sl(1, i)-S(1, i))^2+El;
    Er=(Sr(1, i)-S(1, i))^2+Er;
end
Ex=Ex/L
El=El/L
Er=Er/L
figure(1);
plot(row1, Sl, 'b', row1, X1, 'r--');
legend('随机信号 S', '加噪后 X', 1);
figure(2);
plot(row2, h1, ' * b', row2, h2, 'or');
legend('估算的 h(n)', '理想的 h(n)', 1);
figure(3);
for i=1: 100
    Sl1(1, i)=Sl(1, L-100+i);
end
```

```
clear i;
plot(row1, Sl1, 'b——', row1, S1, 'r');
legend('理想 h(n)滤波后 S', 'b——', '原信号 S', 1);
figure(4);
for i=1:100
Sr1(1, i)=Sr(1, L—i+1);
end
clear i;
plot(row1, Sr1, 'b——', row1, S1, 'r');
legend('估算 h(n)滤波后 S', '原信号 S', 1);
```

程序运行结果如下：

Eh = —0.0659

Eh2 = 0.0017

Ex = 1.0063

El = 0.2780

Er = 0.3554

维纳滤波前后信号估计曲线与理想曲线如图 9.1 所示。

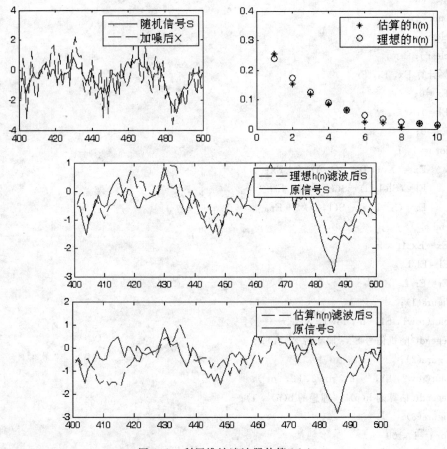

图 9.1　利用维纳滤波器估算 $h(n)$

【例 9.2】　利用 MATLAB 编写程序，完成维纳滤波器对含噪声的随机信号的处理。其中，信号由 MATLAB 函数提供，信号的样本数和 FIR 滤波器的阶数可变。

MATLAB 程序如下：

```
%MATLAB PROGRAM 9-2
L=input('请输入信号样本个数 L：');
N=input('请输入 FIR 滤波器阶数 N：');
Ex=0;                           %x(n)对 s(i)的均方误差
Ei=0;                           %si(n)对 s(i)的均方误差
Er=0;                           %sr(n)对 s(i)的均方误差
b1=sqrt(3);                     %产生 v(n)的参数
b2=0.5408;                      %产生 w(n)的参数
a=0.95;                         %设定 a 值
v=2 * b1 * rand(1, L)-b1;        %产生 v(n)，方差为 1 的随机数
u = zeros(1, L);
for i = 1：L,                    %产生 u(n)
    u(i) = 1;
end
w=2 * b2 * rand(1, L)-b2;        %产生 w(n)，方差为 1-a^2
s = zeros(1, L);
s(1)=0;                         %初始化 s(1)=0
for i = 2：L,                    %得到信号 s(n)
    s(i) = a * s(i-1)+w(i);
end
x = zeros(1, L);
x = s + v;                      %得到含有噪声的信号 x(n)
n=L-100：L;
figure(1);
plot(n, x(n), 'k：', n, s(n), 'b');   %在同一坐标系中画出最后 100 个 s(n)和 x(n)
legend('x(n)', 's(n)');
xlabel('n');
ylabel('x(n)——s(n)');
title('信号 s(n)和噪声信号混合 x(n)');
Rxx = zeros(N, N);              %Rxx 为 x(n)的自相关
for i = 1：N,                    %i 为行数
    for j = 1：N,                %j 为列数
        teR=0;
        te=abs(i-j);            %括号中的值是行数减去列数
        for k = 1：L-te,
            teR=teR+x(k) * x(k+te);
        end
        teR=teR/(L-te);
```

```
            Rxx(i, j)=teR;                    %赋值给 Rxx
        end
    end
    rxs = zeros(N, 1);                        %rxs 为 x(n)和 s(n)的相关数
    for m = 0: N−1,
        ter=0;
        for i = 1: L−m,
            ter=ter+x(i) * s(i+m);
        end
        ter=ter/(L−m);
        rxs(m+1)=ter;
    end
    h_e=Rxx^(−1) * rxs;
    h=zeros(N, 1);                            %维纳滤波器理想脉冲响应
    for i = 1: N,
        h(i)=0.238 * 0.724^i * u(i);         %求出理想 h
    end
    n = 1: N;
    figure(2);
    plot(n, h_e(n), ': *', n, h(n), '−o');   %在同一坐标系中绘出 h 和它的估计值
    legend('h_e(n)', 'h(n)');
    xlabel('n');
    ylabel('h_e(n)−−h(n)');
    title('估计 h_e(n)和理想 h(n)');
    v=2 * b1 * rand(1, L)−b1;                 %产生 v(n)，方差为 1 的随机数
    w=2 * b2 * rand(1, L)−b2;                 %产生 w(n)，方差为 1−a^2
    s = zeros(1, L);
    s(1)=0;                                   %初始化 s(1)=0
    for i = 2: L,                             %得到信号 s(n)
        s(i) = a * s(i−1)+w(i);
    end
    x = zeros(1, L);
    x = s + v;                                %得到含有噪声的信号 x(n)
    si_e=zeros(1, L);
    si_e(1)=0;
    for i = 2: L,                             %得到 si_e(n)
        si_e(i)=0.724 * si_e(i−1)+0.238 * x(i);
    end
    n = L−100: L;
    figure(3);
```

```
plot(n, si_e(n), ':', n, s(n));              %将 s 与理想维纳滤波的 sl 值绘于同一坐标系中
legend('si_e(n)', 's(n)');
xlabel('n');
ylabel('si_e(n)——s(n)');
title('si_e(n)和 s(n)');
sr_e=zeros(1, L);
for i = N: L,
    for m = 0: N−1,
        sr_e(i)=sr_e(i)+h_e(m+1) * x(i−m);
    end
end                                          %计算出 est_sr(n)
n = L−100: L;
figure(4);
plot(n, sr_e(n), ':', n, s(n));              %将 s 与 S_R 值绘于同一坐标系中
legend('sr_e(n)', 's(n)');
xlabel('n'); ylabel('sr_e(n)——s(n)');
title('sr_e(n)和 s(n)');
for i = 1: L,
    Ex=Ex+(x(i)−s(i))^2;
end
Ex=Ex/L,
for i = 1: L,
    Ei=Ei+(si_e(i)−s(i))^2;
end
Ei=Ei/L,
for i = 1: L,
    Er=Er+(sr_e(i)−s(i))^2;
end
Er=Er/L,
figure(5);
plot(1, Ex, 'p', 1, Ei, '*', 1, Er, 'o');    %将 EX^2, EL^2, ER^2 绘于同一坐标系中
legend('Ex', 'Ei', 'Er');
title('Ex, Ei, Er');
```

程序运行结果如下：

请输入信号样本个数 L: 1024

请输入 FIR 滤波器阶数 N: 30

Ex = 0.9843

Ei = 0.2485

Er = 0.2842

原始信号曲线与维纳滤波后的曲线对比图如图 9.2 所示。

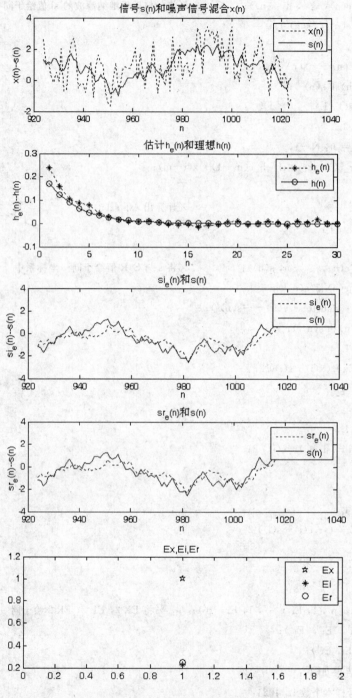

图 9.2　维纳滤波器对信号滤波的曲线图

9.1.2　维纳滤波器的频域分析

当要求维纳滤波器单位样本响应 $h(n)$ 是一个物理可实现的因果序列时，所得到的维纳-霍夫方程式将附有 $k \geqslant 0$ 的约束条件。这使得在要求满足物理可实现条件下，求解维纳-

霍夫方程成为一个十分困难的问题。若把 $x(n)$ 加以白化，则求解维纳-霍夫方程的 z 域解就变得简单。

任何具有有理分式型的功率谱密度的随机信号都可以看成是由白噪声 $\omega(n)$ 激励一个物理网络产生的。一般信号 $s(n)$ 的功率谱密度 $\Phi_{ss}(z)$ 是 z 的有理分式，其中 $A(z)$ 表示信号 $s(n)$ 的形成网络的传递函数。白噪声的自相关函数及功率谱密度分别为

$$\Phi_{\omega\omega}(n) = \sigma_\omega^2 \delta(n) \tag{9.14}$$

$$\Phi_{\omega\omega}(z) = \sigma_\omega^2 \tag{9.15}$$

因此，$s(n)$ 的功率谱密度表示为

$$\Phi_{ss}(z) = \sigma_\omega^2 A(z) A(z^{-1}) \tag{9.16}$$

若 $x(n)$ 的功率谱密度也为 z 的有理分式，则

$$\Phi_{xx}(z) = \sigma_\omega^2 B(z) B(z^{-1}) \tag{9.17}$$

式中，$B(z)$ 是 $x(n)$ 的形成网络的传递函数。因此

$$W(z) = \frac{1}{B(z)} X(z) \tag{9.18}$$

由于 $B(z)$ 是一个最小相移网络函数，故 $1/B(z)$ 也是一个物理可实现的最小相移网络，因此可以利用式(9.18)的关系白化 $x(n)$。设计维纳滤波器是求在 $E[(s-\hat{s})^2]$ 最小条件下的最佳 $H(z)$ 的问题，如图 9.3(a)所示。为了便于求得这个 $H_{opt}(z)$，将滤波器分解成如图 9.3(b)所示的两个串联的滤波器，即 $1/B(z)$ 与 $G(z)$。

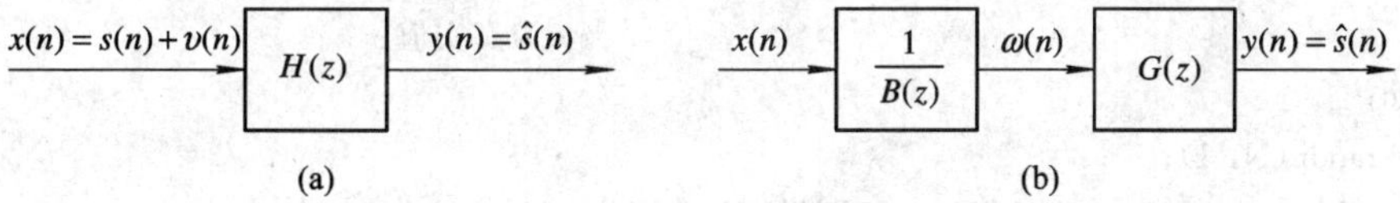

图 9.3　白化法求解维纳-霍夫方程

于是有

$$H(z) = \frac{G(z)}{B(z)} \tag{9.19}$$

式中，$B(z)$ 由 $\Phi_{xx}(z)$ 在单位圆内的零极点组成。对于一个物理可实现的因果系统来说，若已知信号的 $\Phi_{xx}(z)$，则可求得 $B(z)$。因此，求在最小均方误差下的最佳 $H_{opt}(z)$ 的问题就归结为求最佳 $G(z)$ 的问题，而 $G(z)$ 的激励源是将 $x(n)$ 白化后得到的白噪声。

非因果维纳滤波器的频率特性为

$$H_{opt}(z) = \frac{G(z)}{B(z)} = \frac{\Phi_{xs}(z)}{\Phi_{xx}(z)} = \frac{\Phi_{ss}(z)}{\Phi_{ss}(z) + \Phi_{vv}(z)} \tag{9.20}$$

式(9.20)说明，$H_{opt}(e^{j\omega})$ 决定于信号与噪声的功率谱密度。当没有噪声时，$P_{vv}(\omega)=0$，$H_{opt}(e^{j\omega})=1$；随着 $P_{vv}(\omega)$ 的增加，$H_{opt}(e^{j\omega})$ 将减小；当 $P_{ss}(\omega)=0$ 而 $P_{vv}(0)\neq 0$ 时，$H_{opt}(e^{j\omega})=0$。

物理可实现的因果维纳滤波器的传递函数为

$$H_{opt}(z) = \frac{1}{\sigma_\omega^2 B(z)} \left[\frac{\Phi_{xs}(z)}{B(z^{-1})} \right] \tag{9.21}$$

两种情况下的维纳滤波器的最小均方误差 $E[e^2(n)]_{\min}$ 均为

$$E[e^2(n)]_{min} = \frac{1}{2\pi j} \oint_C [\Phi_{ss}(z) - H_{opt}(z)\Phi_{xs}(z^{-1})]\frac{dz}{z} \qquad (9.22)$$

【**例 9.3**】 利用 MATLAB 编程求解基于维纳-霍夫方程的维纳滤波器。信号由 MATLAB 编程给出,观测点数 N 取 100,并计算滤波误差。

MATLAB 程序如下:

```
%MATLAB PROGRAM 9-3
clc;
clear all;
maxlag=100;
N=100;              %观测点数取 100
x=zeros(N, 1);
y=zeros(N, 1);
var=1;
%列出状态方程
x(1)=randn(1, 1);        %令 x(-1)=x(-2)=x(-3)=x(-4)=0
x(2)=randn(1, 1)+1.352 * x(1);
x(3)=randn(1, 1)+1.352 * x(2)-1.338 * x(1);
x(4)=randn(1, 1)+1.352 * x(3)-1.338 * x(2)+0.602 * x(1);
for n=5: N
    x(n)=1.352 * x(n-1)-1.338 * x(n-2)+0.602 * x(n-3)-0.24 * x(n-4)+randn(1, 1);
                                    %x 为真实值
end;
v=randn(N, 1);
y=x+v;                   %z_x 为观测样本值=真值+噪声
%滤波
x = x';
y = y';
xk_s(1)=y(1);           %赋初值
xk_s(2)=y(2);
xk_s(3)=y(3);
xk_s(4)=y(4);
xk=[y(1); y(2); y(3); y(4)];
%维纳滤波器的生成
[rx, lags]=xcorr(y, maxlag, 'biased');    %观测信号的自相关函数
rx1=toeplitz(rx(101: end));  %对称化自相关函数矩阵使之成为方阵,滤波器的阶数为101 阶
rx2=xcorr(x, y, maxlag, 'biased');        %观测信号与期望信号的互相关函数
rx2=rx2(101: end);
h=inv(rx1) * rx2';              %维纳-霍夫方程
xk_s=filter(h, 1, y);          %加噪信号通过滤波器后的输出
e_x=0;
eq_x=0;
e_x1=N: 1;
%计算滤波的均值,计算滤波误差的均值
```

```
for i=1：N
        e_x(i)=x(i)−xk_s(i);                %误差＝真实值−滤波估计值
end
t=[1：N];
figure(1);
plot(t, x, 'r−', t, y, 'g：', t, xk_s, 'b.');
xlabel('采样点')；ylabel('输出')；
legend('真实轨迹','观测样本','估计轨迹');
figure(2);
plot(e_x); xlabel('采样点'); ylabel('e_x'); legend('平均误差');
```

程序运行结果如图 9.4 所示。

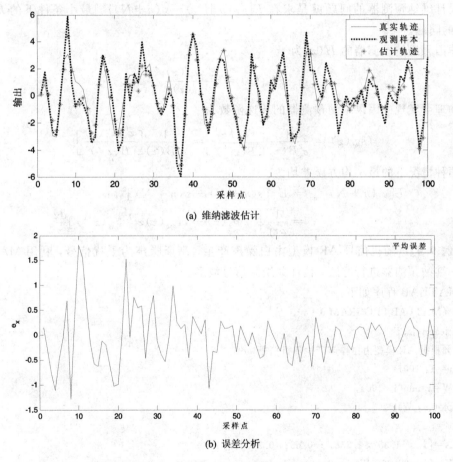

(a) 维纳滤波估计

(b) 误差分析

图 9.4　维纳滤波估计及其误差分析

9.1.3　维纳预测器

若输入 $x(n)$ 中不含噪声 $v(n)$，即 $x(n)=s(n)$，则称对 $s(n+N)$ 的估计为纯预测问题。随机信号在任一时刻时 $x(n)$ 或 $s(n)$ 的取值虽具有偶然性，但利用 $x(n)$ 与 $s(n)$ 的某些统计特性，可以预测和确定当前和今后最可能的取值。一个预测器的输入输出信号如图 9.5 表示，其中 $y_d(n)$ 是希望得到的输出，即 $s(n+N)$，而实际得到的输出 $y(n)$ 为 $s(n+N)$ 的估计值 $\hat{s}(n+N)$。

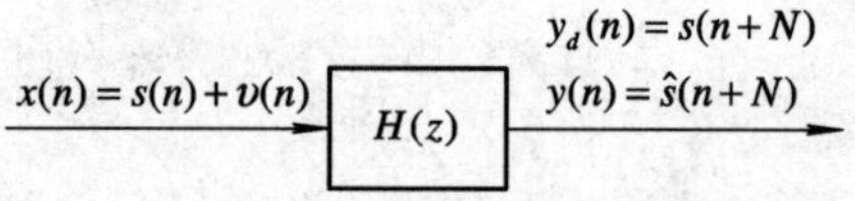

图 9.5　维纳预测器

维纳滤波器所希望的输出为 $y_d = s(n)$，维纳预测器所希望的输出为 $y_d = s(n+N)$。前者的实际输出为 $y(n) = \hat{s}(n)$，后者的实际输出为 $y(n) = \hat{s}(n+N)$

$$y(n) = \hat{s}(n+N) = \sum_m h(m)x(n-m) = \sum_i h_i x_i \qquad (9.23)$$

设计维纳预测器的问题就是求在 $E[\{s(n+N) - \hat{s}(n+N)\}^2]$ 最小条件下的 $h(n)$ 或 $H(z)$ 的问题。

非因果维纳预测器的 $H(z)$ 为

$$H_{opt}(z) = \frac{z^N \Phi_{xs}(z)}{\Phi_{xx}(z)} \qquad (9.24)$$

物理可实现的因果维纳预测器的传递函数为

$$H_{opt}(z) = \frac{1}{\sigma_\omega^2 B(z)}\left[\frac{\Phi_{xy_d}(z)}{B(z^{-1})}\right] = \frac{1}{\sigma_\omega^2 B(z)}\left[\frac{z^N \Phi_{xs}(z)}{B(z^{-1})}\right] \qquad (9.25)$$

两种情况下的最小均方误差均为

$$E[e^2(n+N)]_{\min} = E\{[s(n+N) - \hat{s}(n+N)]^2\}$$

$$= \frac{1}{2\pi j}\oint_C \left[\Phi_{ss}(z) - H_{opt}(z)z^{-N}\Phi_{xs}(z^{-1})\right]\frac{\mathrm{d}z}{z} \qquad (9.26)$$

【例 9.4】　随机信号 AR 模型由白噪声产生，高斯噪声为干扰信号，利用 MATLAB 设计一维纳预测器进行滤波，估计并绘制信号波形。

MATLAB 程序如下：

```
%MATLAB PROGRAM 9-4
clear; clc;
%根据 AR 模型由白噪声产生随机信号
n=1: 100;
W=randn(1, 100);
plot(n, W);
B=[1];
A=[1, -1.352, 1.338, -0.662, 0.240];
X=filter(B, A, W);
%产生方差为 4 的高斯噪声
V=randn(1, 100);
V=V/std(V);
V=V-mean(V);
a=0;
b=sqrt(4);
V=a+b*V;
```

```
Y＝X＋V；                              %产生观测信号
%维纳滤波器的生成
maxlag＝100；
[rx, lags]＝xcorr(Y, maxlag, 'biased')；      %观测信号的自相关函数
rx1＝toeplitz(rx(101：end))；   %对称化自相关函数矩阵使之成为方阵，滤波器的阶数为 101 阶
rx2＝xcorr(X, Y, maxlag, 'biased')；          %观测信号与期望信号的互相关函数
rx2＝rx2(101：end)；
h＝inv(rx1) * rx2'；                  %维纳-霍夫方程
Y0＝filter(h, 1, Y)；                 %加噪信号通过滤波器后的输出
%利用维纳滤波器通过测量信号估计 X 的波形
plot(n, X, 'r－', n, Y0, 'b－－')；
xlabel('采样点')；ylabel('输出')；
title('信号波形(v(n)＝4)')；
legend('期望输出信号', 'Wiener 滤波估计')；
```

程序运行结果如图 9.6 所示。

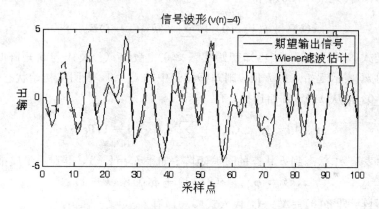

图 9.6　期望信号波形与维纳滤波估计波形

9.2　卡尔曼滤波

　　卡尔曼滤波用信号与噪声的状态空间模型取代了相关函数，用时域的微分方程来表示滤波问题，得到了递推估计算法，这适用于计算机实时处理。它突破了维纳滤波对平稳过程的限制，也没有无限时间的要求，因此，卡尔曼滤波很快被用于空间技术、自动控制和信号处理等领域。

　　卡尔曼滤波使用前一个估计值和最近一个观察数据估计信号的当前值，是用状态方程和递推方法进行估计的，其解以估计值形式给出，常称为线性最优估计器或滤波器。

9.2.1　离散状态方程

　　卡尔曼滤波由状态方程和量测方程两部分组成。

　　离散状态方程为

$$x(k+1) = \boldsymbol{A}x(k) + \boldsymbol{B}e(k) \tag{9.27}$$

式中，$x(k)$代表一组状态变量组成的多维状态矢量；$\boldsymbol{A}$ 和 $\boldsymbol{B}$ 都是矩阵，由系统拓扑结构、元件性质和数值所确定；$e(k)$为激励信号。

状态方程是多维一阶的差分方程。已知初始状态 $x(0)$时，可用递推方法得到解 $x(k)$

$$\begin{cases} x(1) = \boldsymbol{A}x(0) + \boldsymbol{B}e(0) \\ x(2) = \boldsymbol{A}x(1) + \boldsymbol{B}e(1) = \boldsymbol{A}^2 x(0) + \boldsymbol{A}\boldsymbol{B}e(0) + \boldsymbol{B}e(1) \\ \quad \vdots \\ x(k) = \boldsymbol{A}^k x(0) + \sum_{j=0}^{k-1} \boldsymbol{A}^{k-1-j}\boldsymbol{B}e(j) \end{cases} \tag{9.28}$$

式中，第一项 $\boldsymbol{A}^k x(0)$只与系统本身的特性 $\boldsymbol{A}$ 和初始状态 $x(0)$有关，与激励 $e(\cdot)$无关，称为零输入响应；第二项只与激励和系统本身特性有关，而与初始状态无关，称为零状态响应。

假定 $\boldsymbol{\phi}(k) = \boldsymbol{A}^k$，当 $e(k) = 0$ 时，$x(k) = \boldsymbol{A}^k x(0) = \boldsymbol{\phi}(k)x(0)$。由此可见，通过 $\boldsymbol{\phi}(k)$可将 $k=0$ 时的状态过渡到任何 $k>0$ 时的状态，故称 $\boldsymbol{\phi}(k)$为过渡矩阵或状态转移矩阵。

将 $\boldsymbol{A}^k = \boldsymbol{\phi}(k)$代入式(9.28)，得

$$x(k) = \boldsymbol{\phi}(k)x(0) + \sum_{j=0}^{k-1} \boldsymbol{\phi}(k-1-j)\boldsymbol{B}e(j) \tag{9.29}$$

式(9.29)就是式(9.27)的解。当已知初始状态 $x(0)$、激励 $e(j)$及 $\boldsymbol{A}$ 与 $\boldsymbol{B}$ 矩阵时，即可求得 $x(k)$。如果用 k_0 表示起始点的 k 值，则式(9.29)中的 $k_0 = 0$，表明从初始状态 $x(0)$开始递推。如果 $k_0 \neq 0$，则从 $x(k_0)$开始递推，有

$$x(k) = \boldsymbol{\phi}_{k,k0} x(k_0) + \sum_{j=k_0}^{k-1} \boldsymbol{\phi}(k-j-1)\boldsymbol{B}e(j) \tag{9.30}$$

式中，$\boldsymbol{\phi}_{k,k_0}$代表从 k_0 状态到 k 状态的过渡矩阵。如果 $k_0 = k-1$，得到一步递推公式为

$$x(k) = \boldsymbol{\phi}_{k,k-1} x(k-1) + \boldsymbol{\phi}(0)\boldsymbol{B}e(k-1) \tag{9.31}$$

$\boldsymbol{\phi}(\theta)$为单位矩阵，即 $\boldsymbol{\phi}(0) = \boldsymbol{A}^0 = \boldsymbol{I}$，代入式(9.31)有

$$x(k) = \boldsymbol{\phi}_{k,k-1} x(k-1) + \boldsymbol{B}e(k-1) \tag{9.32}$$

式中，$\boldsymbol{\phi}_{k,k-1} = \boldsymbol{A}^{(k-k+1)} = \boldsymbol{A}$，说明 k 时刻的状态 $x(k)$可以由前一个时刻的状态 $x(k-1)$求得。

若激励源为白噪声，即 $\boldsymbol{B}e(k-1) = \omega(k-1)$，系统是时变的，$\boldsymbol{\phi}_{k,k-1} = A(k)$，则式(9.32)可改写成

$$x(k) = A(k)x(k-1) + \omega(k-1) \tag{9.33}$$

为书写方便，将变量 k 用下标表示，则式(9.33)可写为

$$x_k = \boldsymbol{A}_k x_{k-1} + \omega_{k-1} \tag{9.34}$$

9.2.2 量测方程

卡尔曼滤波是根据系统的量测数据，对系统的运动进行估计的。因此，除了状态方程以外，还需要量测方程。量测系统可以是时不变系统，也可以是时变系统。假定量测数据和系统的各状态变量间存在线性关系。若用 y_k 表示量测或观察到的信号矢量序列，则它与状态变量 x_k 的关系可以写成

$$y_k = \boldsymbol{C}_k x_k + \upsilon_k \tag{9.35}$$

式中，v_k 是观察或量测时引入的噪声，代表测量误差的随机向量，一般可以假定为均值为零的正态白噪声。y_k 的维数不一定与 x_k 的维数相等，因为不一定能量测到所有需要的状态参数。C_k 称为量测矩阵，它是一个 $m \times n$ 的矩阵（m 为 y_k 的维数，n 为 x_k 的维数）。v_k 的维数应和 y_k 的维数一致。

用 $s_k = C_k x_k$ 表示量测数据真值，则式（9.35）可写成

$$y_k = s_k + v_k \tag{9.36}$$

由量测方程与状态方程可以得到卡尔曼滤波在多维时的信号模型，如图 9.7(a)所示；图 9.7(b)表示一维时的信号模型。图 9.7(a)中的虚线框内部即为传递函数 $A(z)$。

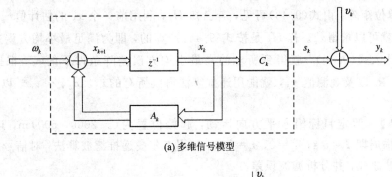

(a) 多维信号模型

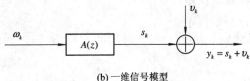

(b) 一维信号模型

图 9.7　卡尔曼滤波的信号模型

9.2.3　卡尔曼滤波的基本递推算法

卡尔曼滤波是要寻找在最小均方误差下 x_k 的估计值 $\hat{x}_k$。一般采用递推方法计算 $\hat{x}_k$。假定已知动态系统的状态方程和量测方程分别为

$$x_k = A_k x_{k-1} + \omega_{k-1} \tag{9.37}$$

$$y_k = C_k x_k + v_k \tag{9.38}$$

式中，A_k 与 C_k 已知；y_k 是测量到的数据。

将估计输出值 $\hat{y}_k'$ 与 y_k 的实际观察值作比较，其差用 $\tilde{y}_k$ 表示，有

$$\tilde{y}_k = y_k - \hat{y}_k' \tag{9.39}$$

$\tilde{y}_k$ 的产生是由于忽略了 ω_{k-1} 与 v_k 所引起的。由此可知，$\tilde{y}_k$ 隐含了 ω_{k-1} 与 v_k 的信息，或者说 $\tilde{y}_k$ 隐含了当前的观察值 y_k 的信息，故称 $\tilde{y}_k$ 为新息（innovation）。若将 $\tilde{y}_k$ 乘以 H_k 来修正原先的 $\hat{x}_k'$ 值，会得到更好的估计：

$$\hat{x}_k = A_k \hat{x}_{k-1} + H_k(y_k - \hat{y}_k') = A_k \hat{x}_{k-1} + H_k(y_k - C_k A_k x_{k-1}) \tag{9.40}$$

式中，$\hat{x}_k$ 与真值 x_k 的均方误差是一个误差方阵。如果能求得这个误差阵最小条件下的 H_k，然后将此 H_k 代入式（9.40），则所得到的 $\hat{x}_k$ 就是对 x_k 的线性最优估计。

假定 P_k 表示均方误差阵，且为

$$P_k = E[(x_k - \hat{x}_k)(x_k - \hat{x}_k)^\tau] = E[\tilde{x}_k \tilde{x}_k^\tau] \tag{9.41}$$

令

$$P'_k = E[(x_k - \hat{x}'_k)(x_k - \hat{x}'_k)^\tau] \tag{9.42}$$

由于式(9.41)中，$\tilde{x}_k \triangleq x_k - \hat{x}_k$，由此可得均方误差阵最小条件下的 $\hat{x}_k$ 的一组卡尔曼递推公式：

$$\hat{x}_k = A_k \hat{x}_{k-1} + H_k(y_k - C_k A_k \hat{x}_{k-1}) \tag{9.43}$$

$$H_k = P'_k C_k^\tau (C_k P'_k C_k^\tau + R_k)^{-1} \tag{9.44}$$

$$P'_k = A_k P_{k-1} A_k^\tau + Q_{k-1} \tag{9.45}$$

$$P_k = (I - H_k C_k) P'_k \tag{9.46}$$

其中，I 为单位矩阵。由式(9.43)可见，若已知 H_k，利用前一个 x_k 的估计值 $\hat{x}_{k-1}$ 与当前的量测值 y_k，就可以求得 $\hat{x}_k$。若 H_k 是按式(9.44)计算的，即为满足最小均方误差阵的 H_k，则将此 H_k 代入式(9.40)，就得到所求的在最小均方误差阵条件下的 $\hat{x}_k$。根据已知矩阵 A_k、C_k、Q_k、R_k 以及观测值 y_k，就能用递推算法得到所有的 $\hat{x}_1$、$\hat{x}_2$、$\cdots$、$\hat{x}_k$ 以及 P_1、P_2、$\cdots$、P_k。

【例 9.5】 假定目标沿水平方向运动，起始位置为(-2000，500)m，运动速度为 10 m/s，扫描周期 $T = 5$ s，$\mu_a = 0$，$\sigma_a = 100$。利用卡尔曼递推滤波算法，对信号进行滤波仿真，绘制滤波曲线，并分析滤波误差。

MATLAB 程序如下：

```
%MATLAB PROGRAM 9-5
clc;
T=2;
num=100;
%真实轨迹
N=800/T;
x=zeros(N, 1); y=zeros(N, 1);
vx=zeros(N, 1); vy=zeros(N, 1);
x(1)=-2000;
y(1)=500;
for j=1: N
    vx(j)=10;
end
var=100;
for i=1: N-1;
    x(i+1)=x(i)+vx(i) * T; %+0.5 * T^2 * ax;
    y(i+1)=y(i)+vy(i) * T; %+0.5 * T^2 * ay;
end
nx=zeros(N, 1); ny=zeros(N, 1);
nx=100 * randn(N, 1);
ny=100 * randn(N, 1);
zx=x+nx; zy=y+ny;
%滤波
for m=1: num
    z=2: 1;
```

```
    xks(1)＝zx(1)；
    yks(1)＝zy(1)；
    xks(2)＝zx(2)；
    yks(2)＝zy(2)；
    o＝4：4; g＝4：2; h＝2：4; q＝2：2; xk＝4：1; perr＝4：4;
    o＝[1, T, 0, 0; 0, 1, 0, 0; 0, 0, 1, T; 0, 0, 0, 1];
    h＝[1 0 0 0; 0 0 1 0];
    g＝[T/2, 0; T/2, 0; 0, T/2; 0, T/2; 0, T/2];
    q＝[10000 0; 0 10000];
    perr＝[var^2 , var^2/T, 0, 0; var * var/T, 2 * var^2/(T^2), 0, 0; 0, 0, var^2, var^2/T; 0, 0,
var^2/T, 2 * var^2/(T^2)];
    vx＝(zx(2)－zx(1))/2；
    vy＝(zy(2)－zy(1))/2；
    xk＝[zx(1); vx; zy(1); vy]；
    ％卡尔曼滤波开始
    for r＝3: N;
        z＝[zx(r); zy(r)];
        xk1＝o * xk;
        perr1＝o * perr * o';
        k＝perr1 * h' * inv(h * perr1 * h'＋q);
        xk＝xk1＋k * (z－h * xk1);
        perr＝(eye(4)－k * h) * perr1;
        xks(r)＝xk(1, 1);
        yks(r)＝xk(3, 1);
        vkxs(r)＝xk(2, 1);
        vkys(r)＝xk(4, 1);
        xk1s(r)＝xk1(1, 1);
        yk1s(r)＝xk1(3, 1);
        perr11(r)＝perr(1, 1);
        perr12(r)＝perr(1, 2);
        perr22(r)＝perr(2, 2);
        rex(m, r)＝xks(r);
        rey(m, r)＝yks(r);
    end
end
ex＝0; ey＝0;
eqx＝0; eqy＝0;
ey1＝0;
ex1＝N: 1; ey1＝N: 1;
for i＝1: N
    for j＝1: num
        ex＝ex＋x(i)－rex(j, i);
        ey＝ey＋y(i)－rey(j, i);
    end
    ex1(i)＝ex/num;
```

```
        ey1(i)＝ey/num；
        ex＝0；eqx＝0；ey＝0；eqy＝0；
end
figure(1)；
plot(x，y，'k－'，zx，zy，'b：'，xks，yks，'r-．')；
legend('真实轨迹'，'观测样本'，'估计轨迹')；
figure(2)；plot(ey1)；legend('x方向上的误差')；
```

程序运行结果如图 9.8 所示。由图可知,在滤波开始时滤波误差较大,但随着时间的推移,滤波误差迅速降低,估计值逐步逼近真实轨迹。

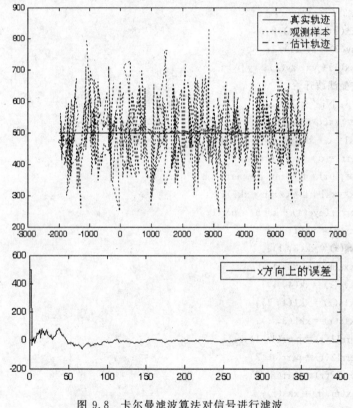

图 9.8　卡尔曼滤波算法对信号进行滤波

9.3　卡尔曼滤波在信号处理中的应用

卡尔曼滤波技术被广泛应用于许多信号处理领域。卡尔曼滤波的典型应用就是目标跟踪。目标跟踪问题的应用背景是雷达数据处理,即雷达搜索到目标并记录目标的位置数据,对测量到的目标位置数据(称为点迹)进行处理,自动形成航迹,并对目标在下一时刻的位置进行预测。本节简要介绍用卡尔曼滤波方法对单个目标航迹进行预测。

9.3.1　目标跟踪的卡尔曼滤波

雷达数据处理就是雷达探测到目标后,提取目标位置信息所形成的点迹数据,经预处理后，新的点迹与已存在的航迹进行数据关联，关联上的点迹用来更新航迹信息(跟踪滤波)，并形成对目标下一位置的预测波门，没有关联上的点迹进行新航迹起始。雷达数据处理的关键技术是航迹起始与终点、跟踪滤波、数据关联。

　　在应用卡尔曼滤波理论时，要先定义估计问题的数学模型来描述某个时刻状态变量与以前时刻的关系。状态变量应与系统的能量相联系，如目标的运动模型，状态变量可选用目标的位置(与目标的引力能相联系)和速度(与目标的动能相联系)。一般来说，状态变量的增加会使估计的计算量相应增加，因此在满足模型的精度和跟踪性能的条件下，常采用简单的数学模型。

　　跟踪滤波的目的是根据已获得的目标观测数据对目标的状态进行精确估计。在跟踪问题中遇到的运动载体如飞机、船只等，一般都按照恒速直线运动的轨迹运动，运动载体的转弯、机动所引起的加速度则看做恒速直线航迹的摄动。在直角坐标系中，该目标运动的数学模型可用差分方程描述为

$$X(k+1) = X(k) + TX(k) + \frac{1}{2}a_X(k)T^2 \tag{9.47}$$

$$\dot{X}(k+1) = \dot{X}(k) + Ta_X(k) \tag{9.48}$$

上式中，$X(k)=[x(k), y(k)]^T$ 和 $\dot{X}(k)=[\dot{x}(k), \dot{y}(k)]^T$ 分别表示雷达第 k 次扫描时目标在坐标方向上的位置和速度。假定目标的加速度 $a_X(k)$ 是平稳随机序列，服从零均值、方差为 σ_a^2 的正态分布，且在某一时刻 $a_X(k)$ 的加速度与另一时刻 $a_X(l)$ 的加速度不相关，即 I 为 2×2 阶的单位矩阵。

　　对于恒速模型(非机动模型)来说，若目标以恒定的速度在运动，则可得其状态方程为

$$X(k+1) = \boldsymbol{\Phi}X(k) + \boldsymbol{G}W(k) \tag{9.49}$$

式中，

$$\boldsymbol{X}(k) = \begin{bmatrix} x(k) \\ \dot{x}(k) \\ y(k) \\ \dot{y}(k) \end{bmatrix}, \quad \boldsymbol{\Phi} = \begin{bmatrix} 1 & T & 0 & 0 \\ 0 & 1 & 0 & 0 \\ 0 & 0 & 1 & T \\ 0 & 0 & 0 & 1 \end{bmatrix}, \quad \boldsymbol{G} = \begin{bmatrix} T/2 & 2 \\ 1 & 0 \\ 0 & T/2 \\ 0 & 1 \end{bmatrix}, \quad \boldsymbol{W} = \begin{bmatrix} w_1 & w_2 \end{bmatrix}^T$$

$W(k)$ 是零均值、方差阵为 Q 的高斯随机序列。在两个坐标方向上的加速度相互独立并具有相同的方差 σ_a^2，故 $Q=\sigma_a^2 I$，即 $E[W(k)W^T(j)]=Q\delta_{kj}$。

　　观测方程为

$$Z(k+1) = HX(k) + V(k) \tag{9.50}$$

式中，$H = \begin{bmatrix} 1 & 0 & 0 & 0 \\ 0 & 0 & 1 & 0 \end{bmatrix}$，$V$ 为零均值、协方差阵为 R 的白噪声，且与 W 不相关。

　　【例 9.6】　利用卡尔曼滤波对飞行物进行目标跟踪。飞行物初始时刻距雷达站距离为 30 km，初始速度为 300 m/s，加速度为 20 m/s²，采样周期 $T=0.5$ s，试编程给出仿真分析结果。

　　MATLAB 程序如下：

```
%MATLAB PROGRAM 9-6
clc;
N=100;
```

```matlab
x(:, 1)=[30; 300; 20];
T=0.5;
F=[1, T, T^2/2; 0, 1, T; 0, 0, 1];
Gama=[T^3/6, T^2/2, T]';
H=[1 0 0];
A=x(:, 1);
Q=1;
R=100;
for k=2: N
    w=normrnd(0, 1);
    v=normrnd(0, 10);
    x(:, k)=F * x(:, k-1)+Gama * w;
    A=[A, x(:, k-1)];
    z(:, k)=H * x(:, k)+v;
end
%初始化
p0=zeros(3);
x0=[1; 1; 1];
x_hat(:, 1)=x0;
B=x0;
C=z(:, 1);
P=p0;
RR=zeros(1, N);
VV=zeros(1, N);
for m=2: N
    xx_hat(:, m-1)=F * x_hat(:, m-1);
    B=[B, xx_hat(:, m-1)];
    z1(:, m)=H * xx_hat(:, m-1);
    C=[C, z1(:, m)];
    PP=F * P * F'+Gama * Q * Gama';
    S=H * PP * H'+R;
    KK=PP * H' * inv(S);
    z1_tutor(:, m)=z(:, m)-C(:, m);
    x_hat(:, m)=xx_hat(:, m-1)+KK * z1_tutor(:, m);
    P=PP-KK * S * KK';
    RR(1, m)=P(1, 1);
    VV(1, m)=P(2, 2);
end
k=1: N;
figure(1);
plot(k, B(1, k), 'b *', k, A(1, k), 'r.'); title('运动轨迹的比较');
legend('卡尔曼滤波估计轨迹', '实际轨迹');
figure(2);
```

plot(k, B(2, k), $'b*'$, k, A(2, k), $'r.'$); title($'$运动速度的比较$'$);

legend($'$卡尔曼滤波估计速度$'$, $'$实际速度$'$);

figure(3);

plot(k, RR, $'b.'$, k, VV, $'r*'$); title($'$估计方差$'$);

legend($'$位置估计方差$'$, $'$速度估计方差$'$);

程序运行结果如图 9.9 所示。

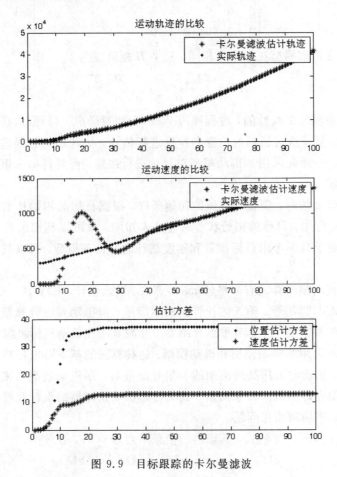

图 9.9　目标跟踪的卡尔曼滤波

9.3.2　机动模型的滤波跟踪

在滤波过程中，由于将恒速直线运动的机动目标在其转弯、机动或遇到大气湍流时所引起的加速度看做其恒速直线航迹的摄动，故当加速度变化较小时，扰动因素影响也小。但对较大的、持续的机动若仍按此处理，则带来的滤波误差可能相当大，将导致利用卡尔曼滤波基本算法时可能出现发散的情况，因此需要对机动目标采用更为有效的滤波算法进行处理，大多采用机动模型法。

对于机动模型(恒加速模型)来说。若目标以恒定的加速度在运动，则其状态方程可表示为

$$X^m(k+1) = \Phi^m X^m(k) + G^m W^m(k) \tag{9.51}$$

式中，

$$E[W^m(k)] = 0 \quad E[W^m(k)(W^m(j))^{\mathrm{T}}] = Q^m \delta_{kj}$$

$$X^m = \begin{bmatrix} x^m \\ \dot{x}^m \\ y^m \\ \dot{y}^m \\ \ddot{x}^m \\ \ddot{y}^m \end{bmatrix} \quad \Phi^m = \begin{bmatrix} 1 & T & 0 & 0 & T^2/2 & 0 \\ 0 & 1 & 0 & 0 & T & 0 \\ 0 & 0 & 1 & T & 0 & T^2/2 \\ 0 & 0 & 0 & 1 & 0 & T \\ 0 & 0 & 0 & 0 & 1 & 0 \\ 0 & 0 & 0 & 0 & 0 & 1 \end{bmatrix} \quad G^m = \begin{bmatrix} T^2/4 & 0 \\ T/2 & 0 \\ 0 & T^2/4 \\ 0 & T/2 \\ 1 & 0 \\ 0 & 1 \end{bmatrix}$$

观测模型与非机动模型在形式上相同，只是 H 矩阵变为 H^m，即

$$H^m = \begin{bmatrix} 1 & 0 & 0 & 0 & 0 & 0 \\ 0 & 0 & 1 & 0 & 0 & 0 \end{bmatrix} \tag{9.52}$$

由于目标动态模型是线性的，过程噪声 $W(k)$ 和测量噪声 $V(k)$ 服从高斯分布且相互独立，故可利用卡尔曼滤波对目标的位置和速度进行估计，估计的均方误差是最小的。在目标的跟踪滤波中，一般先采用非机动模型对目标进行跟踪，再对目标采用更为有效的滤波方法进行跟踪滤波。

在应用卡尔曼滤波时，需指定滤波的初始条件，根据目标的初始状态来建立滤波器的起始估计。但在实际中，目标的初始状态通常是未知的，故可以利用前几个观测值建立状态的起始估计；对于只需考虑目标位置和速度估计的非机动模型，可以利用前两个观测值建立起始估计。

通常采用的机动模型算法有辛格(Singer)算法、输入估计(IE)算法、变维滤波(VD)算法、交互多模(IMM)算法等。输入估计算法模型简单，但机动判决计算量大，变维滤波算法的机动判决算法简洁明了。本节重点介绍变维滤波算法在机动目标跟踪中的应用。

变维滤波算法采用非机动模型和机动模型。这种算法的基本思想是非机动时采用低阶的卡尔曼滤波器，机动时采用高阶模型的卡尔曼滤波器，用机动监测器来监视机动，一旦检测到机动，模型立即由低阶转至高阶，其关键是机动检测器的设计及模型由低阶向高阶转换时，滤波器的重新初始化问题。

滤波器开始工作于正常模式，其输出的信息序列为 $v(k)$，令

$$\mu(k) = \alpha\mu(k-1) + v^{\mathrm{T}}(k)S^{-1}(k)v(k) \tag{9.53}$$

式中，$S(k)$ 是协方差矩阵，取 $\Delta = (1-\alpha)^{-1}$ 作为检测机动的有效窗口长度，若 $\mu(k) \geqslant T_h$，则认为目标在开始时有一恒定的加速度加入，这时目标模型由非机动模型转向机动模型。由机动模型退回到低阶非机动模型的检测方法是，检验加速度估计值是否有统计显著性意义。

令

$$\mu_a(k) = \sum_{j=k-p+1}^{k} \hat{a}^{\mathrm{T}}(k/k)[P_a^m(k/k)]^{-1}\hat{a}(k/k) \tag{9.54}$$

式中，$\hat{a}(k/k)$ 是加速度分量的估计值，$P_a^m(k/k)$ 是协方差矩阵的对应块，若 $\mu_a(k) < T_a$，则加速度估计无显著性意义，滤波器退出机动模型。当在第 k 次检测到机动时，则在开始时有一恒定的加速度，在窗内对状态估计进行相应的修正。

【例 9.7】 雷达需对平面上运动的一个目标进行观测。目标起始点为 $(2000, 10000)$m，

目标在 $t=0\sim400$ s 时沿 y 轴作恒速直线运动，运动速度为 -20 m/s；在 $t=400\sim600$ s 时向 x 轴方向作 $90°$ 的慢转弯，加速度为 $\mu_x=\mu_y=0.075$ m/s^2，完成慢转弯后加速度将降为零；从 $t=610$ s 时开始作 $90°$ 的快转弯，加速度为 0.35 m/s^2，在 $t=660$ s 时结束转弯，加速度降至零。雷达扫描周期 $T=2$ s，x 和 y 独立地进行观测，观测噪声的标准差均为 100 m。试建立雷达对目标的跟踪算法，并进行仿真分析，给出仿真分析结果。

　　仿真中各算法的运用和参数的选择：假定非机动模型的系统扰动噪声方差为 0，机动模型的系统扰动噪声标准差为加速度估计的 5%，加权衰减因子 $\alpha=0.8$，机动检测门限 $T_h=35$，退出机动的检测门限 $T_a=13$。在跟踪的开始，首先采用非机动模型，之后激活机动检测器。

　　MATLAB 程序如下：

```
%MATLAB PROGRAM 9-7
clear;
T=2;            %雷达扫描周期
num=50;         %滤波次数
%产生真实轨迹
N1=400/T; N2=600/T; N3=610/T; N4=660/T; N5=900/T;
x=zeros(N5,1);
y=zeros(N5,1);
vx=zeros(N5,1);
vy=zeros(N5,1);
x(1)=2000; y(1)=10000;
vx(1)=0; vy(1)=-15;
ax=0; ay=0; var=100;
for i=1:N5-1
if(i>N1-1&i<=N2-1)
ax=0.075;
ay=0.075;
vx(i+1)=vx(i)+0.075*T;
vy(i+1)=vy(i)+0.075*T;
else if(i>N2-1&i<=N3-1)
ax=0; ay=0;
vx(i+1)=vx(i);
vy(i+1)=vy(i);
else if(i>N3-1&i<=N4-1)
ax=-0.3; ay=-0.3;
vx(i+1)=vx(i)-0.3*T;
vy(i+1)=vy(i)-0.3*T;
else
ax=0; ay=0;
vx(i+1)=vx(i);
vy(i+1)=vy(i);
end
x(i+1)=x(i)+vx(i)*T+0.5*ax*T^2;       %真实轨迹
```

```
    y(i+1)＝y(i)＋vy(i) * T＋0.5 * ay * T^2；
end
rex＝num：N5；
rey＝num：N5；
for m＝1：num
%噪声
nx＝randn(N5，1) * 100；
ny＝randn(N5，1) * 100；
zx＝x＋nx；
zy＝y＋ny；
%卡尔曼滤波初始化
rex(m，1)＝2000；
rey(m，1)＝10000；
ki＝0；
low＝1；high＝0；
u＝0；ua＝0；
e＝0.8；
z＝2：1；
xks(1)＝zx(1)；
yks(1)＝zy(1)；
xks(2)＝zx(2)；
yks(2)＝zy(2)；
o＝4：4；g＝4：2；c＝2：4；q＝2：2；xk＝4：1；perr＝4：4；
o＝[1, T, 0, 0; 0, 1, 0, 0; 0, 0, 1, T; 0, 0, 0, 1]；
g＝[(T^2)/2, 0; T, 0; 0, (T^2)/2; 0, T]；
h＝[1, 0, 0, 0; 0, 0, 1, 0]；
q＝[10000 0; 0 10000]；
perr＝[var^2, var^2/T, 0, 0; var^2/T, 2 * var^2/(T^2), 0, 0; 0, 0, var^2, var^2/T; 0, 0,
var^2/T, 2 * var^2/(T^2)]；
vx＝(zx(2)－zx(1))/2；
vy＝(zy(2)－zy(1))/2；
xk＝[zx(1); vx; zy(1); vy]；
%卡尔曼滤波开始
for n＝3：N5；
    if(u<＝40)          %非机动模型、赋初值
        if(low＝＝0)
        [o, h, g, q, perr, xk]＝lmode_initial(T, n, zx, zy, vkxs, vkys, perr2)；
        z＝2：2；
        high＝0；
        low＝1；
        ua＝0；
    end
    z＝[zx(n); zy(n)]；
    xkl＝o * xk；
    perr1＝o * perr * o′；
```

```
        k＝perr1 * h′ * inv(h * perr1 * h′＋q)；
        xk＝xkl＋k * (z－h * xkl)；
        perr＝(eye(4)－k * h) * perr1；
        xks(n)＝xk(1, 1)；
        yks(n)＝xk(3, 1)；
        vkxs(n)＝xk(2, 1)；
        vkys(n)＝xk(4, 1)；
        xkls(n)＝xkl(1, 1)；
        ykls(n)＝xkl(3, 1)；
        perr11(n)＝perr(1, 1)；
        perr12(n)＝perr(1, 2)；
        perr22(n)＝perr(2, 2)；
        if(n>＝20)
            v＝z－h * xkl；
            w＝h * perr * h′＋q；
            p＝v′ * inv(w) * v；
            u＝e * u＋p；
            s(n－19)＝u；
        end
    elseif(u>40)        ％启动机动检测
        if(high＝＝0)
            [o, g, h, q, perr, xk]＝hmode_initial(T, n, e, zx, zy, xkls, ykls, vkxs, vkys, perr11,
                perr12, perr22)；
            high＝1；
            low＝0；
            for i＝n－5：n－1
                z＝[zx(i); zy(i)]；
                xkl＝o * xk；
                perr1＝o * perr * o′；
                k＝perr1 * h′ * inv(h * perr1 * h′＋q)；
                xk＝xkl＋k * (z－h * xkl)；
                perr＝(eye(6)－k * h) * perr1；
                xks(n)＝xk(1, 1)；
                yks(n)＝xk(3, 1)；
                vkxs(n)＝xk(2, 1)；
                vkys(n)＝xk(4, 1)；
                xkls(n)＝xkl(1, 1)；
                ykls(n)＝xkl(3, 1)；
            end
        end
        z＝[zx(n); zy(n)]；
        xkl＝o * xk；
        perr1＝o * perr * o′；
        k＝perr1 * h′ * inv(h * perr1 * h′＋q)；
        xk＝xkl＋k * (z－h * xkl)；
```

```
        perr=(eye(6)-k*h)*perr1;
        xks(n)=xk(1, 1);
        yks(n)=xk(3, 1);
        vkxs(n)=xk(2, 1);
        vkys(n)=xk(4, 1);
        xkls(n)=xkl(1, 1);
        ykls(n)=xkl(3, 1);
        ag=[xk(5, 1); xk(6, 1)];
        perr2=perr;
        ki=ki+1;
        pm=[perr(5, 5) perr(5, 6); perr(6, 5) perr(6, 6)];
        pa=ag' * inv(pm) * ag;
        sa(n)=pa;
        if(ki>5)                    %退出机动判断
            ul=sa(n-4)+sa(n-3)+sa(n-2)+sa(n-1)+sa(n);
            sb(n)=ul;
            if(ul<20)
                u=0;
            end
        end
    end
        rex(m, n)=xks(n);           %将滤波值存入数组
        rey(m, n)=yks(n);
    end
end
%计算滤波误差的均值以及标准差
ex=0; ey=0;
eqx=0; eqy=0;
ey1=0;
ex1=N5: 1; ey1=N5: 1;
qx=N5: 1; qy=N5: 1;
for i=1: N5
    for j=1: num
        ex=ex+x(i)-rex(j, i);
        ey=ey+y(i)-rey(j, i);
        eqx=eqx+(x(i)-rex(j, i))^2;
        eqy=eqy+(y(i)-rey(j, i))^2;
    end
    ex1(i)=ex/num;
    ey1(i)=ey/num;
    qx(i)=(eqx/num-(ex1(i)^2))^0.5;
    qy(i)=(eqy/num-(ey1(i)^2))^0.5;
    ex=0; ey=0; eqx=0; eqy=0;
end
figure(1);
```

```
plot(x, y, 'k—', zx, zy, 'b：', xks, yks, 'r—.');
legend('真实轨迹', '观测样本', '滤波数据');
figure(2)；
plot(zx, zy, 'b：')；legend('观测样本')；
figure(3)；
plot(xks, yks)；legend('滤波数据')；
figure(4)；
plot(ex1)；legend('x方向滤波误差均值')；
figure(5)；
plot(qx)；legend('x方向滤波误差标准差')；
```

在程序中，自编函数 lmode_initial 和函数 hmode_initial 分别为非机动模型初始化和机动模型初始化函数，其功能函数分为：

```
%＊＊＊＊＊＊＊＊非机动模型初始化＊＊＊＊＊＊＊＊%
function[o, h, g, q, perr, xk]＝lmode_initial(T, n, zx, zy, vkxs, vkys, perr2)
o＝4：4；
g＝4：2；
h＝2：4；
q＝2：2；
xk＝4：1；
perr＝4：4；
o＝[1, T, 0, 0; 0, 1, 0, 0; 0, 0, 1, T; 0, 0, 0, 1]；
h＝[1 0 0 0; 0 0 1 0]；
g＝[(T^2)/2, 0; T, 0; 0, (T^2)/2; 0, T]；
xk＝[zx(n－1); vkxs(n－1); zy(n－1); vkys(n－1)]；
perr＝perr2(1：4, 1：4)；
%＊＊＊＊＊＊＊＊＊机动模型初始化＊＊＊＊＊＊＊＊＊＊%
function[o, g, h, q, perr, xk]＝hmode_initial(T, n, e, zx, zy, xkls, ykls, vkxs, vkys, perr11,
perr12, perr22)
o＝6：6；
g＝6：2；
h＝2：6；
q＝2：2；
xk＝6：1；
perr＝6：6；
o＝[1 T 0 0 0.5＊T^2 0; 0 1 0 0 T 0; 0 0 1 T 0 0.5＊T^2; 0 0 0 1 0 T; 0 0 0 0 1 0; 0 0 0 0 0 1]；
h＝[1 0 0 0 0 0; 0 0 1 0 0 0]；
g＝[T^2/4, 0; T/2, 0; 0, T^2/4; 0, T/2; 1, 0; 0, 1]；
q＝[10000 0; 0 10000]；
jsx＝0.5＊(zx(n－1/(1－e))－xkls(n－1/(1－e)))；
jsy＝0.5＊(zy(n－1/(1－e))－ykls(n－1/(1－e)))；
vx＝vkxs(n－1/(1－e)－1)＋2＊jsx；
vy＝vkys(n－1/(1－e)－1)＋2＊jsy；
xk＝[zx(n－5); vx; zy(n－5); vy; jsx; jsy]；
```

p111＝10000；p112＝10000；p115＝5000；

p155＝0.25 * (10000＋perr11(n－6)＋4 * perr12(n－6)＋4 * perr22(n－6))；

p122＝10000＋perr11(n－6)＋perr22(n－6)＋2 * perr12(n－6)；

p125＝5000＋0.5 * perr11(n－6)＋perr22(n－6)＋1.5 * perr12(n－6)；

perr＝[p111 p112 0 0 p115 0; 0 p122 0 0 p125 0; 0 0 100 0 0 0; 0 0 0 100 0 0;

0 0 0 0 p155 0; 0 0 0 0 0 100]；

程序运行结果如图 9.10 所示。

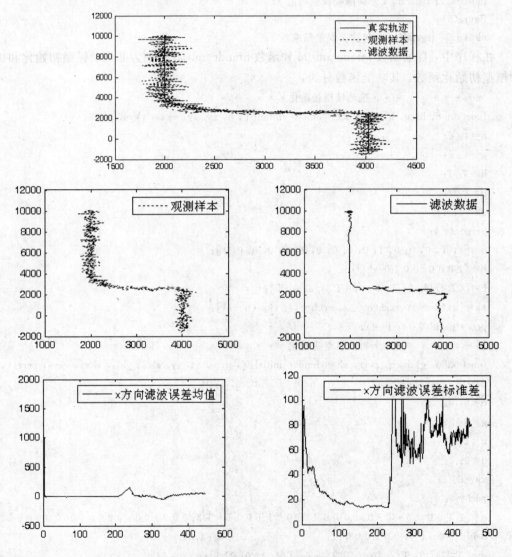

图 9.10　机动模型的卡尔曼滤波处理及结果

图 9.10 分别给出了变维滤波算法测量数据曲线、滤波数据曲线以及估计误差标准差曲线等，从图中可以看出，在开始时滤波误差较大，但随着时间的推移，滤波误差迅速降低，估计值逐步逼近真实轨迹，模型之间转换时会带来较大的误差。在仿真的过程中发现，运用变维滤波机动算法进行目标跟踪时，滤波效果与门限值的选取有很大的关系，在跟踪的过程中采用自适应调节门限可以改善跟踪性能。另外，滤波效果还与模型中的参数 α 和

p 的选择有关。

9.4　自适应滤波器

维纳滤波器参数是固定的，主要适用于平稳随机信号；卡尔曼滤波器参数是时变的，可适用于非平稳随机信号。然而，只有在对信号和噪声的统计特性先验知识已知的条件下，这两种滤波器才能获得最优滤波。但在实际应用中，经常无法获得这些统计特性的先验知识，或者统计特性是随时间变化的。因此，用维纳滤波器和卡尔曼滤波器均实现不了最优滤波，自适应滤波器能够提供这种滤波性能。

自适应滤波是利用前一时刻已获得的滤波器参数等结果，自动地调节现时刻的滤波器参数，以适应信号或噪声未知的或随时间变化的统计特性，从而实现最优滤波。设计自适应滤波器时可以不必要求预先知道信号和噪声的自相关函数，而且在滤波过程中信号与噪声的自相关函数即使随时间作慢变化也能自动适应，自动调节到满足最小均方差的要求。

自适应滤波器的参数随输入信号的变化而变化，是非线性的和时变的。当参数固定时，组成自适应滤波器的可编程滤波器是线性的或非线性的。线性可编程滤波器主要包括 FIR 横向滤波器、IIR 横向滤波器以及格型滤波器，本节重点研究和探讨 FIR 横向滤波器（也称线性组合器）。

9.4.1　自适应线性滤波器

自适应线性滤波器是一种参数可自适应调整的有限冲激响应（FIR）数字滤波器，具有非递归结构形式。如图 9.11 所示为自适应线性滤波器的一般形式。

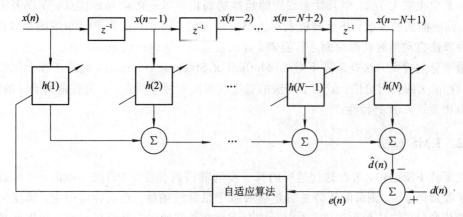

图 9.11　自适应线性滤波器的结构

对于一组固定的权系数来说，线性滤波器是输出等于输入矢量 $\boldsymbol{X}(n)$ 的各元素的线性加权之和。其中权系数是可调的，调整权系数的过程叫做自适应过程。在自适应过程中，各个权系数不仅是误差信号 $e(n)$ 的函数，而且可能是输入信号 $X(n)$ 的函数。滤波器的输入是 $X(n) = \{x(n), x(n-1), \cdots, x(n-N+1)\}^{\mathrm{T}}$，滤波器的权系数是 $H(n) = \{h_1(n), h_2(n), \cdots, h_N(n)\}^{\mathrm{T}}$，$d(n)$ 为期望输出信号参考响应，$\hat{d}(n)$ 为滤波器的输出，称为估计值，表示为

$$\hat{d}(n) = \sum_{i=1}^{N} x(n-i+1)h_i(n) \tag{9.55}$$

参考输出与滤波器输出之差称为误差信号，用 $e(n)$ 表示为

$$e(n) = d(n) - \hat{d}(n) = d(n) - H^T(n)X(n) = d(n) - X(n)H^T(n) \tag{9.56}$$

由误差经过一定的自适应滤波算法来调整滤波系数，使滤波器的实际输出接近期望输出。自适应线性滤波器按照误差信号均方值最小的准则，即 $E[e^2(n)]$ 为最小来自动调整权矢量。常称均方误差 $E[e^2(n)]$ 为自适应滤波器的性能函数，并记为 ξ、J 或 MSE。

均方误差表示为

$$\xi(n) = E[d^2(n)] + H^T(n)E[X(n)X^T(n)]H(n) - 2E[d(n)X^T(n)]H(n) \tag{9.57}$$

在 $d(n)$ 和 $X(n)$ 都是平稳随机信号的情况下，输入信号的自相关矩阵 $\boldsymbol{R}$，$d(n)$ 和 $X(n)$ 的互相关矩阵 $\boldsymbol{P}$ 都是与时间 n 无关的恒定二阶统计，分别为

$$R = E[X(n)X^T(n)] \tag{9.58}$$

$$P(n) = E[d(n)X(n)] \tag{9.59}$$

代入式(9.57)，得到均方误差的表达式

$$\xi(n) = E[d^2(n)] + H^T(n)R(n)H(n) - 2P^T(n)H(n) \tag{9.60}$$

从该式可看出，在输入信号和参考响应都是平稳随机信号的情况下，均方误差 ξ 是权矢量 $\boldsymbol{H}$ 各分量的二次函数。ξ 的函数图形是 $(N+2)$ 维空间中一个中间下凹的超抛物面，有唯一的最低点 ξ_{min}，该曲面称为均方误差性能曲面，简称性能曲面。自适应过程就是自动调整权系数，使均方误差达到最小值 ξ_{min} 的过程，这相当于沿性能曲面往下搜索最低点。

由于自相关矩阵 $\boldsymbol{R}$ 为正定的，因此超抛物面向下凹，表示均方误差函数有唯一的最小值，该最小值所对应的权系数矢量为自适应滤波器的最佳权矢量 $\boldsymbol{H}_{opt}(n)$。如果自适应滤波器的权系数个数大于 2，则其性能表面的超抛物面仍有唯一的全局最优点。在许多实际应用中，性能曲面的参数，甚至解析表示式都是未知的，因此只能根据已知的测量数据，采用某种算法自动地对性能曲面进行搜索，寻找最低点，从而得到最佳矢量。

最常见的搜索方法是最陡下降法(Method of Steepest Descent)，它在工程上比较容易实现，有很大的实用价值。最陡下降法的稳定性取决于两个因素，一是收敛因子 μ 的取值，二是自相关矩阵 $\boldsymbol{R}$ 的特性。

9.4.2 LMS 算法

在最陡下降法中，若在迭代过程的每一步均能得到梯度 $\nabla(n)$ 的准确值，并且适当地选择了收敛因子 μ，则最陡下降法肯定会收敛于最佳维纳解。在实际应用中，梯度矢量需要在迭代的每一步依据数据进行估计，即自适应滤波器的权矢量是根据输入数据在最优准则的控制下不断更新的。最小均方(LMS)算法就是一种以期望响应和滤波器输出信号之间误差的均方值最小为准则，依据输入信号在迭代过程中估计梯度矢量，并更新权系数以达到最佳的自适应迭代算法。

LMS 算法是一种梯度最陡下降算法，具有简单、计算量小、易于实现等特点。这种算法不需要计算相关矩阵，也不需要进行矩阵运算，只要自适应线性组合器在每次迭代运算时都已知输入信号和参考响应即可。

LMS 算法进行梯度估计的方法是以误差信号每一次迭代的瞬时平方值替代其均方值。

梯度可近似为

$$\hat{\nabla}(n) \approx \nabla(n) = \nabla[e^2(n)] = \left[\frac{\partial e^2(n)}{\partial h_1}, \frac{\partial e^2(n)}{\partial h_2}, \cdots, \frac{\partial e^2(n)}{\partial h_N}\right]^{\mathrm{T}} \tag{9.61}$$

$$\hat{\nabla}(n) \approx \nabla[e^2(n)] = 2e(n)\nabla[e(n)] \tag{9.62}$$

用梯度估计值 $\hat{\nabla}(n)$ 替代最陡下降法中的梯度真值 $\nabla(n)$，得 LMS 算法滤波器权矢量迭代公式

$$H(n+1) = H(n) - \mu\,\hat{\nabla}(n) = H(n) + 2\mu e(n)X(n) \tag{9.63}$$

式中，μ 为自适应滤波器的收敛因子。由此可知，自适应迭代下一时刻的权系数矢量可以由当前时刻的权系数矢量加上以误差函数为比例因子的输入矢量得到。因此，LMS 算法也称随机梯度法。

基本 LMS 自适应算法步骤如下：

（1）设定滤波器 $H(n)$ 的初始值：

$$H(1) = h(1) = 0, \; 0 < \mu < \frac{1}{\lambda_{\max}}$$

$\lambda_{\max}$ 为输入向量自相关矩阵 $\boldsymbol{R}$ 的最大特征值。

（2）计算滤波器实际输出估计值：

$$\hat{d}(n) = H^{\mathrm{T}}(n)X(n)$$

（3）计算估计误差：

$$e(n) = d(n) - \hat{d}(n)$$

（4）计算 $(n+1)$ 时刻的滤波器系数：

$$H(n+1) = H(n) + \mu e(n)X(n)$$

（5）将 n 增加至 $n+1$，重复步骤（2）～（4）。

【例 9.8】　用 MATLAB 编程实现 LMS 自适应滤波算法。

MATLAB 程序如下：

```
function[h, y]=lms(x, d, u, N)
%[h, y]=lms(x, d, u, N)
%h=估计的 FIR 滤波器
%y=输出数组 y(n)，x=输入数组 x(n)
%d=预期数组 d(n)，其长度应与 x 相同
%u=步长，N=FIR 滤波器的长度
M=length(x); y=zeros(1, M);
h=zeros(1, N);
for n=N: M
        x1=x(n: -1: n-N+1);
        y=h*x1′;
        e=d(n)-y;
        h=h+u*e*x1;
end
```

9.4.3　归一化 LMS 算法

为了解决传统 LMS 算法存在的梯度噪声放大问题，以及克服常规的固定步长 LMS 自

适应算法在收敛速率、跟踪速率与权失调噪声之间的要求上存在的较大矛盾,许多学者研究出了多种改进型 LMS 算法,如归一化 LMS 算法和基于瞬变步长的 LMS 自适应滤波算法以及基于离散小波变换的 LMS 自适应滤波算法等。本节仅阐述归一化 LMS 算法。

通过对 LMS 算法的基本原理和性能的分析可知,LMS 算法的收敛性和稳定性能均与自适应滤波器权系数矢量的系数数目和输入信号的功率直接相关。为了确保自适应滤波器的稳定收敛,出现了对收敛因子进行归一化的 NLMS 算法,这种算法的归一化收敛因子表示为

$$\mu' = \frac{\mu}{\sigma_X^2} \tag{9.64}$$

式中,σ_X^2 为输入信号 $X(n)$ 的方差,其求解方法是用时间平均代替统计方差,即

$$\sigma_X^2 \approx \hat{\sigma}_X^2 = \sum_{i=0}^{N} X^2(n-i) = X^T(n)X(n) \tag{9.65}$$

式中,$\hat{\sigma}_X^2$ 是对 σ_X^2 的近似估计。将归一化收敛因子代入 LMS 算法,得到

$$H(n+1) = H(n) + 2\frac{\mu}{X^T(n)X(n)}e(n)X(n) \tag{9.66}$$

为避免出现零值,通常在式(9.66)的分母上加一个较小的正常数 Ψ。NLMS 算法的迭代公式表示为

$$H(n+1) = H(n) + 2\frac{\mu}{\Psi + X^T(n)X(n)}e(n)X(n) \tag{9.67}$$

在迭代过程中,归一化收敛因子 $\mu' = \dfrac{\mu}{\Psi + X^T(n)X(n)}$ 是随时间变化的。因此,NLMS 是一种归一化变步长算法。

【例 9.9】 对于一个线性自适应均衡器系统,用 NLMS 算法实现滤波输出,绘制 1 次实验的误差平方的收敛曲线,给出最后设计的滤波器系数。1 次实验的训练序列长度为 500。进行 20 次独立实验,画出误差平方的收敛曲线。给出 3 个步长值的比较。

假设随机数据产生双极性的随机序列 $x(n)$。随机信号通过一个含三个系数的 FIR 滤波器,该滤波器系数分别是 0.4、0.9、0.5。在信道输出端加入方差为 σ 的平方高斯白噪声,设计一个有 11 个权系数的 FIR 结构的自适应均衡器,使得均衡器的期望响应为 $x[n-7]$。

MATLAB 程序如下:

```
%MATLAB PROGRAM 9-9
%NLMS 算法 1 次实验
%N=训练序列长度,u=收敛因子
clear;
N=500;
db=20;
sh1=sqrt(10^(-db/10));
u=1;
error_s=zeros(1, N);
for loop=1: 1
    w=0.05 * ones(1, 11)';
    V=sh1 * randn(1, N);
    K=randn(1, N)-0.5;
```

```
x=sign(K);
for n=3: N;
    M(n)=0.4*x(n)+0.9*x(n-1)+0.5*x(n-2);
end
z=M+V;
for n=8: N;
    d(n)=x(n-7);
end
a(1)=z(1)^2;
for n=2: 11;
    a(n)=z(n).^2+a(n-1);
end
for n=12: N;
    a(n)=z(n).^2-z(n-11)^2+a(n-1);
end
for n=11: N;
    z1=[z(n) z(n-1) z(n-2) z(n-3) z(n-4) z(n-5) z(n-6) z(n-7) z(n-8) z(n-9)
 z(n-10)]';
    y(n)=w'*z1;
    e(n)=d(n)-y(n);
    w=w+u./(eps+a(n)).*z1.*conj(e(n));
end
    error_s=error_s +e.^2;
end
w
error_s=error_s./1;
n=1: N;
figure(1);
plot(n, error_s);
xlabel('n (当 u=1; DB=20 时)'); ylabel('e(n)^2');
title('NLMS 算法 1 次实验误差平方的均值曲线');
%NLMS 算法 20 次实验
clear;
N=500;
db=20;
sh1=sqrt(10^(-db/10));
u=1;
error_s=zeros(1, N);
for loop=1: 20
    w=0.05*ones(1, 11)';
    V=sh1*randn(1, N);
    K=randn(1, N)-0.5;
    x=sign(K);
```

```
    for n=3：N；
        M(n)=0.3*x(n)+0.9*x(n-1)+0.3*x(n-2)；
    end
    z=M+V；
    for n=8：N；
        d(n)=x(n-7)；
    end
    a(1)=z(1)^2；
    for n=2：11；
        a(n)=z(n).^2+a(n-1)；
    end
    for n=12：N；
        a(n)=z(n).^2-z(n-11)^2+a(n-1)；
    end
    for n=11：N；
        z1=[z(n) z(n-1) z(n-2) z(n-3) z(n-4) z(n-5) z(n-6) z(n-7) z(n-8) z(n-9)
    z(n-10)]′；
        y(n)=w′*z1；
        e(n)=d(n)-y(n)；
        w=w+u./(eps+a(n)).*z1.*conj(e(n))；
    end
    error_s=error_s+e.^2；
end
w
error_s=error_s./20；
n=1：N；
figure(2)；
plot(n，error_s)；
xlabel('n（当u=1；DB=20时)')；ylabel('e(n)^2')；
title('NLMS算法20次实验误差平方的均值曲线')；
```

程序运行结果如下：

1次实验的权系数矢量为

$w=[-0.0358 \quad 0.2883 \quad -0.4697 \quad 0.4837 \quad -0.1831 \quad -0.2933 \quad 1.3590 \quad -0.7283 \quad 0.2965$
$-0.2465 \quad 0.1123]^T$

20次实验的权系数矢量为

$w=[-0.0111 \quad 0.0416 \quad 0.0133 \quad -0.0516 \quad 0.1657 \quad -0.5299 \quad 1.5023 \quad -0.5746 \quad 0.3475$
$-0.1816 \quad 0.0978]^T$

均方误差的仿真曲线如图9.12所示。

观察图中三个不同步长情况下的平均误差曲线可知，步长越小，平均误差也越小，但收敛速度越慢。为了得到更高的精度，必然牺牲收敛速度；当降低信噪比时，尽管20次平均仍有好的结果，但单次实验的误差曲线明显增加，这是更大的噪声功率对随机梯度的影响。

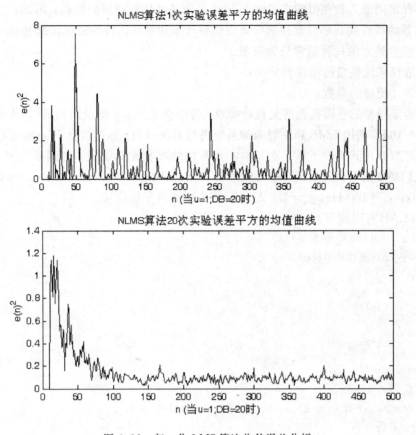

图 9.12　归一化 LMS 算法收敛误差分析

9.5　自适应滤波在信号处理中的应用

本节讨论自适应滤波器在数字信号处理中的一些典型应用，包括系统辨识、自适应噪声对消器、自适应信号分离器以及自适应陷波器。

9.5.1　系统辨识

系统辨识是指根据系统的输入和输出信号来估计或确定系统的特性以及系统的单位脉冲响应或传递函数。由于自适应滤波器和未知系统有相同的输入与接近相同的输出，因此，自适应横向滤波器可以用于模拟一个未知特性的动态系统，进行系统辨识。

若未知系统本身是一个 FIR 系统（即全零点系统，或称 MA 系统），则可以用一个有限长的横向 FIR 自适应滤波器来准确地模仿它。若未知系统本身是一个 IIR 系统（含极点的 AR 系统或含零极点的 ARMA 系统），则可以用一个有限长的 FIR 系统去等效逼近该系统。

假定未知系统为 FIR 结构，构造一个 FIR 结构的自适应滤波器。利用一伪随机序列作为系统的输入信号 $x(n)$，同时送入未知系统和自适应滤波器。调整自适应滤波器的系数，使误差信号 $e(n)$ 的均方误差达到最小，则自适应滤波器的输出 $y(n)$ 近似等于系统的输出

$d(n)$。具有相同输入和相似输出的两个 FIR 系统必然具有相似的特性，因此，可以采用自适应滤波器的特性或其单位脉冲响应来近似替代未知系统的特性或单位脉冲响应。

系统模型建立的过程通常分为三步：

(1) 选择系统模型的结构和阶次；

(2) 估计模型的参数；

(3) 验证模型的性能是否满足设计要求，若不满足要求，则返回到第(1)步重新设计。

【例 9.10】 利用 LMS 算法对未知系统进行系统辨识。通过设计 FIR 滤波器进行自适应调整，不断修正其系统函数，使其与未知系统的参数充分逼近，达到系统辨识的目的。试用 MATLAB 编程仿真实现。输入信号 $x(t)=\cos(2\pi f_1 t)+2\cos(2\pi f_2 t)+u(t)$，其中，$f_1=80$ Hz，$f_2=160$ Hz，$f_s=600$ Hz，$u(t)$为白噪声干扰信号。

MATLAB 程序如下：

```
%MATLAB PROGRAM 9-10
%基于 LMS算法的系统辨识
clear;
clc;
ee=0;
fs=600;
det=1/fs;
f1=80; f2=160;
t=[0: det: 2-det];
x= cos(2*pi*f1*t)+2*cos(2*pi*f2*t)+randn(size(t));
%未知系统
[b, a]=butter(5, 150*2/fs);
d=filter(b, a, x);
%自适应 FIR 滤波器
N=5;
delta=0.06;
M=length(x);
y=zeros(1, M);
h=zeros(1, N);
for n=N: M
    x1=x(n: -1: n-N+1);
    y(n)=h*x1';
    e(n)=d(n)-y(n);
    h=h+delta.*e(n).*x1;
end
X=abs(fft(x, 2048));
Nx=length(x);
kx=0: 800/Nx: (Nx/2-1)*(800/Nx);
D=abs(fft(d, 2048));
Nd=length(D);
kd=0: 800/Nd: (Nd/2-1)*(800/Nd);
```

```
Y=abs(fft(y，2048));
Ny=length(Y);
ky=0：800/Ny：(Ny/2-1)*(800/Ny);
figure(1);
subplot(3，1，1);
plot(kx，X(1：Nx/2));legend('原输入信号频谱');
subplot(3，1，2);
plot(kd，D(1：Nd/2));legend('经未知系统后信号频谱');
subplot(3，1，3);
plot(ky，Y(1：Ny/2));xlabel('f/Hz');
legend('经自适应 FIR 滤波器后信号频谱');
```

程序运行结果如图 9.13 所示。

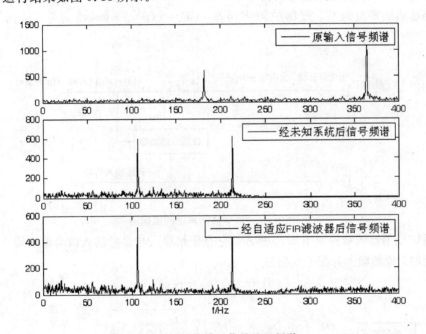

图 9.13　系统辨识信号处理频谱

从图 9.13 可知，自适应 FIR 滤波器能很好地模拟未知系统，它们对原始信号处理后的效果十分接近。因此通过修正自适应 FIR 滤波器的参数指标，就能得到未知系统的系统函数，从而可以对未知系统进行功能相同的硬件重构，这在工程中有着广泛的应用。

9.5.2　自适应噪声抵消器

在工程实际中经常会遇到强噪声背景中的微弱信号检测问题。例如在超声波无损检测领域，因传输介质的不均匀等因素导致有用信号与高噪声信号叠加在一起。在强背景噪声中的有用信号通常微弱而不稳定，而背景噪声往往又是非平稳的和随时间变化的，此时很难用传统方法来解决噪声背景中的信号提取问题。自适应噪声抵消技术是一种有效降噪的方法，当系统能提供良好的参考信号时，可获得很好的提取效果。与传统平均叠加法相比，自适应平均处理方法能降低样本数量。

　　自适应噪声抵消系统的核心是自适应滤波器,自适应算法对其参数进行控制,以实现最佳滤波。不同的自适应滤波算法,具有不同的收敛速度、稳态失调和算法复杂度。根据自适应算法是否与滤波器输出有关,可将其分成开环算法和闭环算法两类。自适应噪声抵消器中利用了输出反馈,属于闭环算法。其优点是能在滤波器输入变化时保持最佳的输出,还能在某种程度上补偿滤波器元件参数的变化和误差以及运算误差,但存在稳定性问题以及收敛速度不高等缺点。

　　单向传输的声学消回声器(Acoustic Echo Cancellation,AEC)如图 9.14 所示。图中,$y(n)$ 为来自远端的信号,$r(n)$ 是经过回声通道产生的不期望回声,$x(n)$ 是近端的语音信号。D 端口的近端信号叠加有不期望的回声。对消回声器来说,接收到的远端信号作为一个参考信号,消回声器根据它由自适应滤波器产生回声的估计值 $\hat{r}(n)$,从近端带回声的语音信号减去 $\hat{r}(n)$,得到近端传送出去的信号 $u(n)$,即 $u(n) = x(n) + r(n) - \hat{r}(n)$。理想情况下,经过消回声处理后,残留的回声误差 $e(n) = r(n) - \hat{r}(n)$ 将为零,从而实现回声消除。

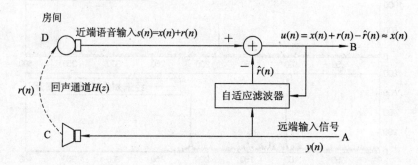

图 9.14　声学消回声器的原理图

　　自适应抵消器的结构如图 9.15 所示。它有原始输入与参考输入两个输入端。当用作噪声抵消器时,原始输入为受干扰信号

$$d(n) = s(n) + v_0(n) \tag{9.68}$$

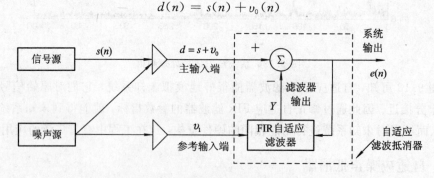

图 9.15　自适应噪声滤波抵消器原理框图

　　假定信号 $s(n)$、$v_0(n)$ 和 $v_1(n)$ 为零均值平稳随机过程。由于干扰 $v_0(n)$ 和 $v_1(n)$ 均来自同样的噪声源,故两者之间存在一定的相关性,但 $v_0(n)$ 和 $v_1(n)$ 却与有用信号 $s(n)$ 互不相关。主通道接收从信号源发来的信号 $s(n)$,受到噪声源的干扰,主通道也收到噪声 $v_0(n)$。参考通道接收的信号为 $v_1(n)$,通过自适应滤波调整后输出,使其在最小均方误差意义下最接近主通道噪声 $v_0(n)$,即 $v_0(n)$ 的最佳估计,将主通道的噪声分量 $v_0(n)$ 通过相减器对消掉。自适应噪声抵消器的输出为误差信号 $e(n)$,表示为

$$e(n) = s(n) + v_0(n) - \hat{v}_0(n) \tag{9.69}$$

均方误差输出的均方值为

$$E[e^2(n)] = E[s^2(n)] + E[(v_0(n) - \hat{v}_0(n))^2] + 2E[s(n)(v_0(n) - \hat{v}_0(n))] \tag{9.70}$$

由于 $s(n)$ 与 $v_0(n)$ 和 $v_1(n)$ 互不相关，所以 $s(n)$ 与 $\hat{v}_0(n)$ 也不相关，则有

$$E[s(n)(v_0(n) - \hat{v}_0(n))] = 0 \tag{9.71}$$

由此得到

$$E[e^2(n)] = E[s^2(n)] + E[(v_0(n) - \hat{v}_0(n))^2] \tag{9.72}$$

信号功率 $E[s^2(n)]$ 与自适应滤波器的调节无关。因此，调节自适应滤波器使 $E[e^2(n)]$ 最小，等价于使 $E[(v_0(n) - \hat{v}_0(n))^2]$ 最小。由此可见，当 $E[(v_0(n) - \hat{v}_0(n))^2]$ 最小时，$E[(e(n) - s(n))^2]$ 也将达到最小，即自适应噪声抵消系统的输出 $e(n)$ 与有用信号 $s(n)$ 的均方误差最小，亦即 $e(n)$ 是有用信号 $s(n)$ 的最佳估计。

自适应滤波器能够执行上述任务的必要条件是：参考输入信号 $v_1(n)$ 必须与被抵消的噪声信号 $v_0(n)$ 相关。另外，若有用信号 $s(n)$ 漏入参考通道一端，则有用信号亦将有一部分被抵消，因此须尽可能避免有用信号漏入自适应滤波器的参考输入端。

【例 9.11】　根据图 9.15，利用 MATLAB 设计一个二阶加权自适应噪声对消器，对含高斯白噪声信道干扰的正弦信号进行滤波。

MATLAB 程序如下：

```
%MATLAB PROGRAM 9-11
%自适应噪声对消器
clear all
clc
t=[0：1/1000：10-1/1000];
s=sin(2*pi*t);
snr=10;
s_power=var(s);              %var 函数：返回方差值
linear_snr=10^(snr/10);
factor=sqrt(s_power/linear_snr);
noise=randn(1, length(s))*factor;
x=s+noise;                   %由 SNR 计算随机噪声
x1=noise;                    %噪声源输入
x2=noise;
w1=0;                        %权系数初值
w2=0;
e=zeros(1, length(x));
y=0;
u=0.05;
for i=1：10000               %LMS 算法
    y=w1*x1(i)+w2*x2(i);
    e(i)=x(i)-y;
    w1=w1+u*e(i)*x1(i);
    w2=w2+u*e(i)*x2(i);
```

```
end
figure(1);
subplot(3, 1, 1); plot(t, x); title('带噪声正弦信号')
axis([0 10 −1.2 1.2]);
subplot(3, 1, 2); plot(t, noise); title('噪声信号')
axis([0 10 −1.2 1.2]);
subplot(3, 1, 3); plot(t, e); title('自适应噪声对消器')
axis([0 10 −1.2 1.2]);
```

程序运行结果如图 9.16 所示。

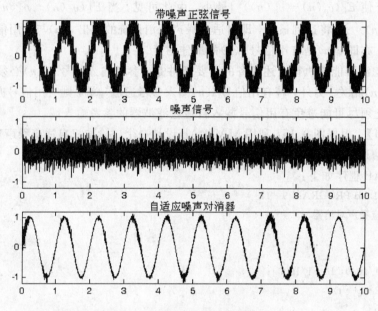

图 9.16 二阶加权自适应噪声对消器

图 9.16 中，信号源产生一个正弦信号，与噪声源产生的高斯白噪声信号叠加后进入噪声对消器主通道，自适应滤波器的输入端是单一的噪声源产生的噪声信号，通过 LMS 算法自适应调整线性组合器的权系数，主通道与参考通道内的噪声信号对消，输出的误差信号即为信号源产生的期望正弦信号。

9.5.3 自适应信号分离器

自适应噪声抵消系统要求参考输入的参考信号是与噪声相关的。如果宽带信号中的噪声是周期性的，那么即使没有另外的与噪声相关的参考信号，也可以使用自适应噪声抵消系统来消除这种同期性的干扰噪声。当参考输入是原始输入的 k 步延时信号时，自适应抵消器可以组成自适应预测系统、信号分离与谱线增强系统。

对于图 9.17 所示的用作信号分离及谱线增强目的的系统，当输入中包括宽带信号(或噪声)与周期信号(或噪声)两种成分时，为了分离这两种信号，可一方面将该输入信号送入 d_i 端，另一方面把它延时足够长时间后送入 AF 的 x_i 端。经过延时后，宽带成分与原来输入已不相关，而周期性成分在延时前后保持强相关。

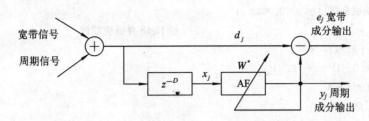

图 9.17　自适应信号分离器原理图

因此，在 e_j 端输出中将周期成分抵消而只存在宽带成分，而在 y_j 端输出中只存在周期成分。此时 AF 自动调节 W^*，以达到对周期成分选通的作用。如果将所得到的 W^* 值利用 FFT 变换成频域特性，将得到窄带选通的"谐振"特性曲线。该方法可以有效地应用于从白噪声中提取周期信号。

【例 9.12】　设计自适应信号分离器，试从白噪声中提取周期信号。其中，提取信号为正弦信号 $s=\sin(2\pi t/10)$，宽带噪声信号为高斯白噪声，延时因子 $D=1$，试比较收敛因子分别为 $\mu=0.001$ 和 $\mu=0.01$ 时的滤波效果。

MATLAB 程序如下：

```
%MATLAB PROGRAM 9-12
%自适应信号分离器
N=100;
t=[0: N-1];
s=sin(2 * pi * t/10);            %周期信号
x=s+0.4 * randn(1, N);
D=1;                            %延迟因子
k=5;
y=zeros(1, N);
y(1: D+k)=x(1: D+k);           %信号延迟 D
w=1/k * ones(1, k);
y1=y;
y2=y;
e=0;
u=0.001;                        %y 经 LMS 自适应滤波
for i=(D+k+1): N
    X=x((i-D-k+1): (i-D));
    y1(i)=w * X';
    e=x(i)-y1(i);
    w=w+2 * u * e * X;
end
subplot(311);
plot(t, x);
title('输入信号 x');
subplot(312);
plot(t, y1);
```

```
title('周期成分输出 y(u=0.001)');
u=0.1;                              %y 经 LMS 自适应滤波
for i=(D+k+1)：N
    X=x((i-D-k+1)：(i-D));
    y2(i)=w*X';
    e=x(i)-y2(i);
    w=w+2*u*e*X;
end
subplot(313);
plot(t，y2);
title('周期成分输出 y(u=0.1)');
```

程序运行结果如图 9.18 所示。

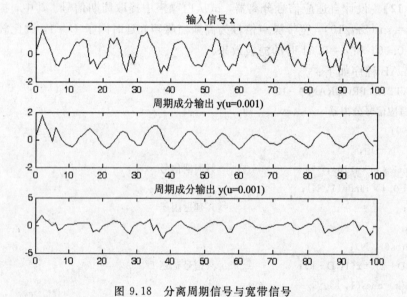

图 9.18　分离周期信号与宽带信号

从输出结果比较可知：收敛因子 μ 的取值对滤波效果的影响很大，$\mu=0.1$ 时，周期成分输出完全失真。表现为当收敛因子选取适当时，滤波器输出较好；当收敛因子超过一定门限时，滤波器输出发散。

9.5.4　自适应陷波器

当自适应噪声对消系统的参考输入为单一频率正弦或者余弦信号时，系统可以构成自适应信号陷波器。自适应陷波器与一般固定网络的陷波器（如双 T 网络）比较，具有能够自适应地准确跟踪干扰频率和易控制带宽等优点。

受单频正弦或者余弦干扰的有用信号可表示为

$$d(n) = s(n) + C\cos(\omega_0 n + \theta) \tag{9.73}$$

式中，C 表示干扰的幅度，ω_0 为干扰的频率，θ 为干扰的相角。

自适应陷波器的原理框图如图 9.19 所示，原始输入端为接收到的受单频干扰的有用信号 $d(n)$，参考输入端为一单频正弦或者余弦信号，记为 $A\cos(\omega_0 t + \varphi)$，其相位与干扰信号同频率但不同相位。两个权系数 w_1 和 w_2 由自适应线性组合器调整输出。自适应线性组合器为图 9.19 中虚线框内部分，采用 LMS 算法，以陷波器输出 $e(n)$ 为反馈，自适应调节滤波器权系数 w_1 和 w_2，有 2 个相位差为 90° 的同频正弦和余弦输入信号 $x_1(n)$ 和 $x_2(n)$。

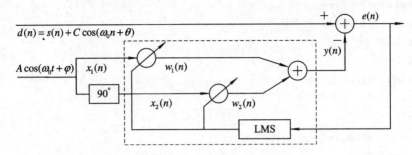

图 9.19　自适应陷波器原理框图

输入信号 $x_1(n)$ 和 $x_2(n)$ 分别表示为

$$x_1(n) = A \cos(\omega_0 t + \varphi) \tag{9.74}$$

$$x_2(n) = A \sin(\omega_0 t + \varphi) \tag{9.75}$$

线性组合器的输出为

$$
\begin{aligned}
y(n) &= w_1(n)x_1(n) + w_2(n)x_2(n) \\
&= w_1(n)A \cos(\omega_0 t + \varphi) + w_2(n)A \sin(\omega_0 t + \varphi)
\end{aligned} \tag{9.76}
$$

通过自适应调整，使权矢量达到最佳值 $w_1^*(n)$ 和 $w_2^*(n)$，输出为

$$y(n) = w_1^*(n)A \cos(\omega_0 t + \varphi) + w_2^*(n)A \sin(\omega_0 t + \varphi) = \hat{c} \cos(\omega_0 n + \hat{\theta}) \tag{9.77}$$

式中，$\hat{c}$ 和 $\hat{\theta}$ 分别是干扰的振幅 C 和相位 θ 的最佳估计。$d(n)$ 与 $y(n)$ 相减后便可得到有用信号的最佳近似值，即

$$e(n) = d(n) - y(n) \approx s(n) \tag{9.78}$$

自适应陷波器有两个优点：一是频率特性可以具有很窄的阻带，与理想特性很接近，而且阻带宽度很容易控制；二是当干扰频率变动时，阻带位置能够跟踪干扰频率的变化。

【例 9.13】 利用自适应陷波器对引入单频干扰的原始正弦信号进行恢复。原始正弦信号为 $s = \sin(2\pi n/10)$，干扰信号为 $n = A \cos(2\pi n/5 + \varphi)$。两者频率较接近。

MATLAB 程序如下：

```
%MATLAB PROGRAM 9-13
clc;
N=200;
t=[0:N-1];
s=sin(2 * pi * t/10);
A=0.6;
fai=pi/3;
n=A * cos(2 * pi * t/5+fai);
x=s+n;
subplot(221);
plot(t, s);
legend('s');
```

```
subplot(222);
plot(t, x);
legend('x');
x1=cos(2 * pi * t/5);
x2=sin(2 * pi * t/5);
w1=0.1;
w2=0.1;
e=zeros(1, N);
y=0; u=0.05;
for i=[1:N]
    y=w1 * x1(i)+w2 * x2(i);
    e(i)=x(i)-y;
    w1=w1+u * e(i) * x1(i);
    w2=w2+u * e(i) * x2(i);
end
subplot(223);
plot(t, e);
xlabel('t'); legend('误差 e 曲线');
subplot(224);
plot(t, s-e);
xlabel('t'); legend('s-e');
```

程序运行结果如图 9.20 所示。

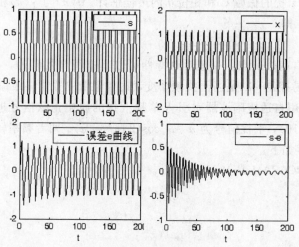

图 9.20　自适应陷波器仿真

　　在图 9.20 中，原始输入信号为一正弦信号。自适应陷波器的输入端含干扰单频信号以及与干扰信号同频但不同相位的正弦信号，通过 LMS 算法自适应调整线性组合器的权系数，该自适应陷波器可较好地输出原始有用正弦信号。在信号误差的变化中，当迭代次数增加时，误差逐步趋于零，满足设计要求。

9.6　小　　结

线性预测与自适应滤波可以在无需先验知识的条件下，通过自学习适应或跟踪外部环境的非平稳随机变化，最终逼近维纳滤波和卡尔曼滤波的最佳滤波性能。

维纳滤波器要求输入随机过程是广义平稳的，且输入过程的统计特性是已知的。然而由于输入过程的统计特性常常是未知的、变化的，故客观条件限制了维纳滤波的应用。而卡尔曼滤波理论用信号与噪声的状态空间模型取代了相关函数，用时域的微分方程来表示滤波问题，得到了递推估计算法，这适用于计算机实时处理。此外，结合实例仿真，阐述了卡尔曼滤波在目标跟踪中的应用。

LMS 算法是线性自适应滤波的重要基础，具有算法简单、运算量小、易于实现等优点。本章结合具体实例，阐述了自适应滤波在信号处理中的应用，包括系统辨识、噪声对消、信号分离以及自适应陷波器等方面的应用。

习　　题

9.1　令 $y(t) = s(t) + n(t)$，已知 $P_{ss}(\omega) = \dfrac{N_0}{\alpha^2 + \omega^2}$，$P_{nn}(\omega) = N$，$P_{sn}(\omega) = 0$，式中 $\alpha > 0$。求因果维纳滤波器的传递函数。

9.2　已知观测数据 $x(n) = d(n) + v(n)$，式中，期望信号的相关函数 $R_d(k) = 0.8^{|k|}$，并且 $v(n)$ 是一个均值为 0、方差为 1 的白噪声。试设计一个维纳滤波器对 $x(n)$ 进行滤波，且滤波器的输出作为期望信号 $d(n)$ 的估计 $\hat{d}(n)$，求 $\hat{d}(n)$ 的表达式。

9.3　离散时间信号 $s(n)$ 是一个一阶的 AR 过程，其相关函数 $R_s(k) = \alpha^{|k|}$，$0 < \alpha < 1$。令观测数据为 $x(n) = s(n) + v(n)$，其中 $s(n)$ 和 $v(n)$ 不相关，且 $v(n)$ 是一个均值为 0、方差为 σ_v^2 的白噪声。试设计维纳滤波器 $H(z)$。

9.4　已知状态变量服从 AR 模型 $x(n) = 0.8x(n-1) + u(n)$，式中，$u(n)$ 是均值为 0、方差 $\sigma_u^2 = 0.36$ 的白噪声。观测方程为 $y(n) = x(n) + v(n)$，式中，$v(n)$ 是一个与 $u(n)$ 不相关的白噪声，其均值为 0，方差 $\sigma_v^2 = 1$。试用卡尔曼滤波器估计状态变量，并求 $\hat{x}(n)$ 的具体表达式。

9.5　一个自回归过程的差分方程为
$$x(n) = 1.35x(n-1) - 0.78x(n-2) + u(n)$$
序列 $x(n)$ 的样本数为 $N = 1000$，其中，$u(n)$ 是均值为 0、方差 $\sigma_u^2 = 0.15$ 的白噪声。试利用自适应 LMS 算法求解二阶线性预测器的参数。

第 10 章   随机信号的高阶谱分析

在前面章节中，涉及的随机信号与系统分析方法是建立在二阶矩理论分析基础上的，主要采用相关函数和功率谱密度函数来表示随机信号与系统的各种统计特性与关系，其本质是利用了随机信号的一阶和二阶统计量信息。在功率谱分析中，将一个随机信号分解为一系列统计独立的谐波分量之和，各分量之间的相位信息在进行功率谱估计时不能体现出来。因此，一般功率谱或自相关序列仅能对一个均值已知的高斯过程进行完整的描述。但在许多实际应用中，除需了解信号的功率谱外，还需对随机信号的偏离高斯性和信号本身的非线性信息进行检测，以及对非最小相位系统和非高斯信号等进行分析。这就涉及本章将要讨论的高阶统计量分析。

高阶统计量及高阶谱在随机信号处理与系统分析中是极其重要的，能够提供比功率谱更多的有用信息，能够有效地检测信号幅度之外的其他信息，这在信号及系统分析等方面具有明显的优点。利用高阶谱分析可以提取随机信号本身偏离高斯性的信息，也可以利用高阶统计量估计非高斯参量信号的相位。

10.1   高阶累积量与高阶谱

10.1.1   累积量

设 X 表示有限阶矩的随机变量，定义 X 的矩生成函数或特征参数为

$$\Phi_x(\omega) = E[\exp(j\omega X)] \tag{10.1}$$

考虑由 k 个实随机变量 $\{x_k\}$ 组成一个随机向量 $\boldsymbol{X} = [x_1, x_2, \cdots, x_k]^T$，设 $\boldsymbol{\omega} = [\omega_1, \omega_2, \cdots, \omega_k]^T$，定义 $\{x_k\}$ 的联合特征函数为

$$\Phi_x(\omega_1, \omega_2, \cdots, \omega_k) = E[\exp(j(\omega_1 x_1 + \omega_2 x_2 + \cdots + \omega_k x_k))] \tag{10.2}$$

或

$$\Phi_x(\omega) = E[\exp(j(\boldsymbol{\omega}^T \boldsymbol{X}))] \tag{10.3}$$

定义序列 $\{x_k\}$ 的 k 阶累积量生成函数为

$$K(\omega) = \ln E[\exp(j(\boldsymbol{\omega}^T \boldsymbol{X}))] = \ln \Phi_x(\omega) \tag{10.4}$$

考虑各态遍历序列的情况，定义 k 个实随机变量 $(x_1, x_2, \cdots, x_k)$ 的 r 阶联合累积量为

$$\text{cum}(x_1^{r_1}, x_2^{r_2}, \cdots, x_k^{r_k}) = (-j)^r \frac{\partial^r \ln\Phi_x(\omega_1, \omega_2, \cdots, \omega_k)}{\partial \omega_1^{r_1} \partial \omega_2^{r_2} \cdots \partial \omega_k^{r_k}} \bigg|_{\omega_1 = \omega_2 = \cdots = \omega_k = 0} \tag{10.5}$$

式中，$r = r_1 + r_2 + \cdots + r_k$。

定义随机变量 $(x_1, x_2, \cdots, x_k)$ 的 r 阶联合矩为

$$m(x_1^{r_1}, x_2^{r_2}, \cdots, x_k^{r_k}) = (-\mathrm{j})^r \frac{\partial^r \Phi_x(\omega_1, \omega_2, \cdots, \omega_k)}{\partial \omega_1^{r_1} \omega_2^{r_2} \cdots \omega_k^{r_k}}\bigg|_{\omega_1 = \omega_2 = \cdots = \omega_k = 0} \tag{10.6}$$

因此，随机变量的联合累积量可以通过它的联合矩来表示。考虑 $r_1 = r_2 = \cdots = r_k = 1$ 的情况，对于具有零均值的实随机变量，其二阶、三阶和四阶累积量分别为

$$\mathrm{cum}(x_1, x_2) = E[x_1, x_2] \tag{10.7}$$

$$\mathrm{cum}(x_1, x_2, x_3) = E[x_1, x_2, x_3] \tag{10.8}$$

$$\mathrm{cum}(x_1, x_2, x_3, x_4) = E[x_1, x_2, x_3, x_4] - E[x_1 x_2]E[x_3 x_4]$$
$$- E[x_1 x_3]E[x_2 x_4] - E[x_1 x_4]E[x_2 x_3] \tag{10.9}$$

由此可知，三阶以下的累积量和矩是等价的，但四阶以上是不同的。四阶以上累积量包含四阶矩及互相关函数。

由累积量确定矩的关系为

$$E[x_1, x_2, x_3] = \mathrm{cum}(x_1, x_2, x_3) + \mathrm{cum}(x_3 - x_2) - \mathrm{cum}(x_2)\mathrm{cum}(x_3 - x_1)$$
$$+ \mathrm{cum}(x_3)\mathrm{cum}(x_2 - x_1) \tag{10.10}$$

$$E[x_1, x_2, x_3, x_4] = \mathrm{cum}(x_1, x_2, x_3, x_4) + \mathrm{cum}(x_1, x_2)\mathrm{cum}(x_3, x_4)$$
$$+ \mathrm{cum}(x_1, x_3)\mathrm{cum}(x_2, x_4) + \mathrm{cum}(x_1, x_4)\mathrm{cum}(x_2, x_3) \tag{10.11}$$

假定序列 $\{x(t)\}$ 为一零均值的 k 阶实平稳随机过程，满足各态遍历性，其 k 阶累积量定义为随机变量 $x(t), x(t+\tau_1), \cdots, x(t+\tau_{k-1})$ 的联合 k 阶累积量

$$C_{k,x}(\tau_1, \tau_2, \cdots, \tau_{k-1}) = \mathrm{cum}(x(t), x(t+\tau_1), \cdots, x(t+\tau_{k-1})) \tag{10.12}$$

根据平稳性的假设，可知

$$E[x(t)x(t+\tau_1)] = C_{2,x}(\tau_1) \tag{10.13}$$

$$E[x(t)x(t+\tau_1)x(t+\tau_2)] = C_{3,x}(\tau_1, \tau_2) \tag{10.14}$$

$$E[x(t)x(t+\tau_1)x(t+\tau_2)x(t+\tau_3)] = C_{4,x}(\tau_1, \tau_2, \tau_3) + C_{2,x}(\tau_1)C_{2,x}(\tau_3 - \tau_2)$$
$$+ C_{2,x}(\tau_2)C_{2,x}(\tau_3 - \tau_1)$$
$$+ C_{2,x}(\tau_3)C_{2,x}(\tau_2 - \tau_1) \tag{10.15}$$

为了更明确地说明累积量的物理意义，这里介绍累积量的另一种定义。设 $\{x(t)\}$ 为一零均值的 k 阶实平稳随机过程，设 $\{g(t)\}$ 为一高斯随机过程，若 $\{x(t)\}$ 和 $\{g(t)\}$ 具有相同的自相关函数，则定义 $\{x(t)\}$ 的 k 阶累积量为

$$C_{k,x}(\tau_1, \tau_2, \cdots, \tau_{k-1}) = E[x(\tau_1), x(\tau_2), \cdots, x(\tau_{k-1})] - E[g(\tau_1), g(\tau_2), \cdots, g(\tau_{k-1})] \tag{10.16}$$

上式说明，$\{x(t)\}$ 的 k 阶累积量描述了随机过程的 k 阶矩偏离高斯过程 k 阶矩的程度。显然，若随机过程是一高斯过程，则其各阶累积量均等于 0。这也是分析非高斯信号时不采用高阶矩而采用高阶累积量的原因。

【例 10.1】　利用 MATLAB 产生两个远程的发送信号，并采用归一化处理使其中一个信号有时延；然后利用 MATLAB 产生两个相互独立、互不相关的噪声，且噪声满足零均值；再将噪声加入到发送信号上，形成两个基站的接收信号；最后求两个接收信号的高阶累积量。

MATLAB 程序如下：

```
%MATLAB PROGRAM 10-1
%常量初始化 * * * * * * * * * * * * * * * * * * * * * * * * * * * * *
N=2048;                       %取 2048 个时间点
w0=pi/4;                      %主频
d1=25;                        %时间延迟,用来对信号作归一化处理
d2=10; m=50; p=25;
%信号源 * * * * * * * * * * * * * * * * * * * * * * * *
signal1=zeros(1, N);          %1 行 N 列的值都为零的矩阵
signal2=zeros(1, N);
st=signalSOI(N);              %2048 个值为 1 或者−1 的一维矩阵
for i=1: N
    signal1=st * cos(w0 * i);
end
for i=1: N−d1−d2
    %归一化处理使信号 2(signal2)在信号 1 的时延基础上产生
    signal2(1, i)=signal1(1, i+d1)+signal1(1, i+d2);
end
%平稳随机过程的噪声 * * * * * * * * * * * * * * * * * * * * * *
noise1=normrnd(0, 0.7, 1, N);      %产生均值为 0,方差为 0.7,1 行 N 列的随机噪声
noise2=normrnd(0, 0.7, 1, N);      %产生均值为 0,方差为 0.7,1 行 N 列的随机噪声
%形成接收信号 * * * * * * * * * * * * * * * * * * * * * *
x=signal1+noise1;
y=signal2+noise2;
%求高阶累积量 * * * * * * * * * * * * * * * * * * * * * * *
Cyx=zeros(2 * m+1, 1);
b=0.25; % cycle frequency
for t=m: −1: −m
    if t>=0
        for n=1: N−t
            Cyx(m+1−t, 1)=Cyx(m+1−t, 1)+y(1, n+t) * y(1, n+t) * x(1, n) * x(1, n)
            * exp(−j * 2 * pi * b * (n+t/2));
        end
        Cyx(m+1−t, 1)=Cyx(m+1−t, 1)/N;
    else
        for n = −t+1: N
            Cyx(m+1−t, 1)=Cyx(m+1−t, 1)+y(1, n+t) * y(1, n+t) * x(1, n) * x(1, n)
            * exp(−j * 2 * pi * b * (n+t/2));
        end
        Cyx(m+1−t, 1)=Cyx(m+1−t, 1)/N;
    end
end
```

```
Cx=zeros(2 * m+1, 2 * p+1);
for l=m-p: -1: -m-p
    for k=m-p: m+p
        t=k-(m-p-l);
        if t>=0
            for n=1: N-t
                Cx(m-p-l+1, k+1-(m-p))=Cx(m-p-l+1, k+1-(m-p))+x(1, n
                +t) * x(1, n+t) * x(1, n) * x(1, n) * exp(-j * 2 * pi * b * (n+t/2));
            end
            Cx(m-p-l+1, k+1-(m-p))=Cx(m-p-l+1, k+1-(m-p))/N;
        else
            for n=-t+1: N
                Cx(m-p-l+1, k+1-(m-p))=Cx(m-p-l+1, k+1-(m-p))+x(1, n
                +t) * x(1, n+t) * x(1, n) * x(1, n) * exp(-j * 2 * pi * b * (n+t/2));
            end
            Cx(m-p-l+1, k+1-(m-p))=Cx(m-p-l+1, k+1-(m-p))/N;
        end
    end
end
A=zeros(1, 2 * p+1);
for l=p: -1: -p
    A(1, p+1-l)=exp(-j * pi * b * l);
end
D=diag(A);
B=Cx * D;
A=inv((B' * B)) * B' * Cyx;
x=[-p: p]; y=A;
plot(x, y);
```

其中，自定义功能函数 signalSOI 完成信号的原始数据的接收，该子程序为

```
function st=signalSOI(t)
BaudRate=4; %1/Tb is baud rate
r=rand(1, ceil(t/BaudRate));
for i=1: ceil(t/BaudRate)
    if r(i)>=0.5 judge(i)=1;
    else            judge(i)=-1;
    end
end
for i=1: t/BaudRate
    for n=1: BaudRate
        st(BaudRate * (i-1)+n)=judge(i);
    end
end
```

程序运行结果如图 10.1 所示。

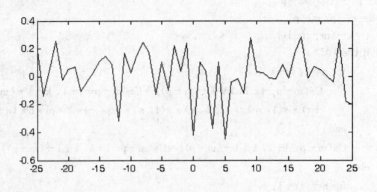

图 10.1　高阶累积量估计曲线

10.1.2　高阶谱

由随机信号理论可知，维纳-辛钦定理建立了二阶矩的时域、频域对应关系，即随机信号的自相关函数与功率谱密度构成一对傅里叶变换。类似地，随机过程的高阶谱与其相应的累积量也存在着傅里叶变换关系。下面给出高阶谱的定义。

设实随机序列 $\{x_k\}$ 的均值为 0，k 阶平稳，其 k 阶累积量 $C_{k,x}(\tau_1, \tau_2, \cdots, \tau_{k-1})$ 存在，则定义 $\{x_k\}$ 的 k 阶谱为

$$S_{k,x}(\omega_1, \omega_2, \cdots, \omega_{k-1}) = \sum_{\tau_1} \sum_{\tau_2} \cdots \sum_{\tau_{k-1}} C_{k,x}(\tau_1, \tau_2, \cdots, \tau_{k-1}) \exp(-j\boldsymbol{\omega}^{\mathrm{T}} \boldsymbol{\tau})$$

$$(10.17)$$

式中，$\boldsymbol{\omega} = [\omega_1, \omega_2, \cdots, \omega_{k-1}]^{\mathrm{T}}$，$\boldsymbol{\tau} = [\tau_1, \tau_2, \cdots, \tau_{k-1}]^{\mathrm{T}}$。

k 阶谱又称为多谱或累量谱，一般情况下为复数，其存在的充分条件之一是 k 阶累积量满足绝对可积。不难看出，维纳-辛钦定理是 $k=2$ 时的特例。在高阶谱分析中，$k=3$ 时的高阶谱称为双谱(Bispectrum)，其应用非常广泛。

10.2　累积量与双谱的性质

10.2.1　累积量的性质

（1）若 $\lambda_i(1, 2, \cdots, k)$ 为常数，$\{x_k\}$ 为随机变量，则有

$$\operatorname{cum}(\lambda_1 x_1, \lambda_2 x_2, \cdots, \lambda_k x_k) = \operatorname{cum}(x_1, x_2, \cdots, x_k) \prod_i \lambda_i \qquad (10.18)$$

（2）累积量对所有变量对称，即

$$\operatorname{cum}(x_1, x_2, \cdots,. \; x_k) = \operatorname{cum}(x_i, x_j, \cdots, x_p) \qquad (10.19)$$

式中，$(i, j, \cdots, p)$ 是 $(1, 2, \cdots, k)$ 的一个排列。

（3）累积量对变量具有可加性。设 x_0，y_0 是两个不同的随机变量，则

$$\text{cum}(x_0 + y_0, x_2, \cdots, x_k) = \text{cum}(x_0, x_2, \cdots, x_k) + \text{cum}(y_0, x_2, \cdots, x_k)$$

$$(10.20)$$

（4）如果 λ 为常数，则

$$\text{cum}(\lambda + x_1, x_2, \cdots, x_k) = \text{cum}(x_1, x_2, \cdots, x_k) \qquad (10.21)$$

（5）随机变量 $\{x_k\}$ 与 $\{y_k\}$ 彼此统计独立，则有

$$\text{cum}(x_1 + y_1, x_2 + y_2, \cdots, x_k + y_k) = \text{cum}(x_1, x_2, \cdots, x_k) + \text{cum}(y_1, y_2, \cdots, y_k)$$

$$(10.22)$$

利用该性质可以进行高斯背景中的非高斯信号检测。

（6）如果随机变量 $\{x_k\}$ 中的一部分与其他部分统计独立，则有

$$\text{cum}(x_1, x_2, \cdots, x_k) = 0 \qquad (10.23)$$

这说明独立同分布的非高斯随机过程的累积量是一种冲激函数形式。

10.2.2　双谱及其性质

1. 双谱的定义

双谱（Bispectrum）是高阶谱在 $R = 3$ 时的特例，采用符号 $B_x(\omega_1, \omega_2)$ 表示，为一个二维复数。

$$B_x(\omega_1, \omega_2) = G_{3,x}(\omega_1, \omega_2) = \sum_{\tau_1} \sum_{\tau_2} C_{3,x}(\tau_1, \tau_2) \exp[-j(\omega_1 \tau_1 + \omega_2 \tau_2)] \qquad (10.24)$$

双谱是三阶自相关函数 $R_x(m, n)$ 的二维傅里叶变换。设随机序列 $\{x(R)\}$ 的三阶自相关函数 $R_x(m, n)$ 为

$$R_x(m, n) = E[x(R)x(R+m)x(R+n)] \qquad (10.25)$$

则随机序列的双谱 $B_x(\omega_1, \omega_2)$ 为

$$B_x(\omega_1, \omega_2) = \sum_m \sum_n R_x(m, n) \exp[-j(\omega_1 m + \omega_2 n)] \qquad (10.26)$$

由于三阶累积量和三阶矩是相同的，故双谱也称为三阶累量谱。

2. 双谱的性质

设实平稳随机系列 $\{x(k)\}$ 均值为 0，根据随机序列三阶自相关定义可得以下对称关系：

$$R_x(n, m) = R_x(m, n) = R_x(-m, n-m) = R_x(n-m, -m)$$
$$= R_x(-n, m-n) = R_x(m-n, -n) \qquad (10.27)$$

因此，三阶自相关函数在 (m, n) 平面内有六种互换可能，即只要知道 m、n 平面上第一象限内 $m = 0$，$n = m$ 两条直线构成的区域内的值，便可利用对称性质得到全面的值。

根据双谱的定义，可推出如下性质：

（1）双谱为复数，可得其幅度谱和相位谱为

$$B_x(\omega_1, \omega_2) = |B_x(\omega_1, \omega_2)| \exp[j\varphi_B(\omega_1, \omega_2)] \qquad (10.28)$$

（2）双谱是以 2π 为周期的双周期函数，即

$$B_x(\omega_1, \omega_2) = B_x(\omega_1 + 2\pi, \omega_2 + 2\pi) \qquad (10.29)$$

（3）双谱具有的对称性质为

$$B_x(\omega_1,\ \omega_2) = B_x(\omega_2,\ \omega_1) = B_x^*(-\omega_2,\ -\omega_1) = B_x^*(-\omega_1,\ -\omega_2)$$

$$= B_x(-\omega_1-\omega_2,\ \omega_2) = B_x(\omega_1,\ -\omega_1-\omega_2)$$

$$= B_x(-\omega_1-\omega_2,\ \omega_1) = B_x(\omega_2,\ -\omega_1-\omega_2) \tag{10.30}$$

(4) 对于持续时间有限的随机序列$\{x(k)\}$，如果其傅里叶变换$X(\omega)$存在，则双谱可由下式确定：

$$B_x(\omega_1,\ \omega_2) = X(\omega_1)X(\omega_2)X^*(\omega_1+\omega_2) = X(\omega_1)X(\omega_2)X(-\omega_1-\omega_2) \tag{10.31}$$

(5) 三阶平稳 0 均值非高斯白噪声序列的功率谱和双谱均为常数。

(6) 高斯过程的双谱恒为 0。

10.3 双 谱 估 计

在实际应用中，通常可供处理的观测信号或数据都具有有限长度，无法利用双谱定义公式精确求解随机过程的三阶累积量或双谱，因此，只能在某种"最佳"准则的条件下对双谱进行估计。类似于功率谱估计，双谱估计大体也可分为两大类：非参数化方法（经典估计方法）和参数化方法（现代估计方法）。

10.3.1 非参数化双谱估计

非参数化双谱估计（经典双谱估计）方法又可以分为两类：间接法双谱估计和直接法双谱估计。

1. 间接法双谱估计

设观测数据$\{x(1),\ x(2),\ \cdots,\ x(N)\}$为一实随机序列。间接法的核心思想是，由三阶累积量定义估计得到它的三阶自相关函数$\hat{R}_{xx}(m,\ n)$，然后对其进行二维 DFT 变换得到随机序列的双谱估计。具体算法归纳如下：

(1) 有限长观测数据$\{x(k)\}(k=1,\ 2,\ \cdots,\ N)$分成 K 段，每段数据有 M 个点，即$N=KM$；也可以重叠分段，使相邻数据段有一半重叠，即 $N=2KM$。

(2) 除去每段数据的均值。

(3) 第 i 段数据记为$\{x^i(k)\}(k=1,\ 2,\ \cdots,\ M;\ i=1,\ 2,\ \cdots,\ K)$。计算每段数据的三阶累积量：

$$\hat{R}_{xx}^i(m,\ n) = \frac{1}{M}\sum_{k=k_1}^{k_2}x^i(k)x^i(k+m)x^i(k+n) \tag{10.32}$$

式中，$k_1=\max\{0,\ -m,\ -n\}$，$k_2=\min\{M,\ M-m,\ M-n\}$。

(4) 对 K 组 $\hat{R}_{xx}^i(m,\ n)(i=1,\ 2,\ \cdots,\ K)$进行统计平均，即

$$\hat{R}_{xx}(m,\ n) = \frac{1}{K}\sum_{i=1}^K\hat{R}_{xx}^i(m,\ n) \tag{10.33}$$

(5) 对三阶累积量$\hat{R}_{xx}(m,\ n)$进行二维傅里叶变换，得双谱估计为

$$\hat{B}_{xx}(\omega_1,\ \omega_2) = \sum_m\sum_n\hat{R}_{xx}(m,\ n)\exp[-\mathrm{j}(\omega_1 m+\omega_2 n)] \tag{10.34}$$

为了减少双谱估计算法的计算量，利用三阶累积量的对称性质，估计双谱的主域结果即可。

MATLAB 5.3 信号处理工具箱提供了函数 bispeci 用于间接法双谱估计，调用格式为

$$[\text{bspec}, \text{waxis}] = \text{bispeci}(y, \text{nlag})$$

$$[\text{bspec}, \text{waxis}] = \text{bispeci}(y, \text{nlag}, \text{samp\_seg}, \text{overlap}, \text{flag}, \text{nfft}, \text{wind})$$

其中，bispeci 函数返回用间接法从有限个观测信号 y 中估计出双谱 bspec，并用等高线方式显示；bspec 为 nfft×nfft 的矩阵；waxis 为相应的频率点矩阵；nlag 为累积量计算的最大延迟；参数 nfft 为 FFT 的计算长度，缺省值为 128；wind＝0 时，采用 Parzen 窗，否则为六角形窗，缺省时为 Parzen 窗；samp_seg 为每个数据分段的长度，缺省值为信号长度的 1/8；overlap 为每个数据段间重叠的点段(0～99)，缺省值为 50；flag 用于指定估计是有偏的还是无偏的。

对于 MATLAB 6.x 和 MATLAB 7.x 以及 MATLAB R2008 版本来说，此函数不存在。利用 MATLAB 编写间接法实现双谱估计的函数，程序如下：

```
function [Bspec, waxis] = bispeci (y, nlag, nsamp, overlap, flag, nfft, wind)
% ————————— parameter checks —————————————————
[ly, nrecs] = size (y);
if (ly == 1) y=y(:);        ly = nrecs; nrecs = 1;        end
if (exist('overlap') ~= 1)      overlap = 0;          end
overlap = min(99, max(overlap, 0));
if (nrecs > 1)                  overlap = 0;          end
if (exist('nsamp') ~= 1)        nsamp = ly;           end
if (nsamp > ly | nsamp <= 0)    nsamp = ly;           end
if (exist('flag') ~= 1)         flag = 'biased';      end
if (flag(1:1) ~= 'b')           flag = 'unbiased';    end
if (exist('nfft') ~= 1)         nfft = 128;           end
if (nfft <= 0)                  nfft = 128;           end
if (exist('wind') ~= 1)         wind = 0;             end
nlag = min(nlag, nsamp-1);
if (nfft < 2 * nlag+1) nfft = 2^nextpow2(nsamp); end
% ————————— create the lag window —————————————
Bspec = zeros(nfft, nfft);
if (wind == 0)
    indx = (1: nlag)';
    window = [1; sin(pi * indx/nlag) ./ (pi * indx/nlag)];
else
    window = ones(nlag+1, 1);
end
window = [window; zeros(nlag, 1)];
%——————————— cumulants in non-redundant region ——————————
%define cum(i, j) = E conj(x(n)) x(n+i) x(n+j)
%for a complex process, we only have cum(i, j) = cum(j, i)
```

```
overlap = fix(nsamp * overlap / 100);
nadvance = nsamp — overlap;
nrecord = fix ( (ly * nrecs — overlap) / nadvance );
c3 = zeros(nlag+1, nlag+1);
ind = [1: nsamp]';
for k=1: nrecord,
    x = y(ind); x = x — mean(x);
    ind = ind + nadvance;
    for j=0: nlag
        z = x(1: nsamp—j) . * x(j+1: nsamp);
        for i=j: nlag
            sum = z(1: nsamp—i)' * x(i+1: nsamp);
            if (flag(1: 1) == 'b'), sum = sum/nsamp;
            else
                sum = sum / (nsamp—i);
            end
            c3(i+1, j+1) = c3(i+1, j+1) + sum;
        end
    end
end
c3 = c3 / nrecord;
%cumulants elsewhere by symmetry ——————————————
c3 = c3 + tril(c3, —1)';            % complete I quadrant
c31 = c3(2: nlag+1, 2: nlag+1);
c32 = zeros(nlag, nlag); c33 = c32; c34 = c32;
for i=1: nlag,
    x = c31(i: nlag, i);
    c32(nlag+1—i, 1: nlag+1—i) = x';
    c34(1: nlag+1—i, nlag+1—i) = x;
    if (i < nlag)
        x = flipud(x(2: length(x)));
        c33 = c33 + diag(x, i) + diag(x, —i);
    end
end
c33 = c33 + diag(c3(1, nlag+1: —1: 2));
cmat = [ [c33, c32, zeros(nlag, 1)]; [ [c34; zeros(1, nlag)] , c3 ] ];
% ———————— apply lag-domain window ——————————————
wcmat = cmat;
if (wind ~= —1)
    indx = [—nlag: nlag]';
    for k=—nlag: nlag
        wcmat(: , k+nlag+1) = cmat(: , k+nlag+1) ...
            * window(abs(indx—k)+1) . * window(abs(indx)+1) ...
```

```
                    * window(abs(k)+1);
            end
    end
%————— compute 2d-fft, and shift and rotate for proper orientation ————————
Bspec = fft2(wcmat, nfft, nfft);
Bspec = fftshift(Bspec);                 %axes d and r; orig at ctr
if (rem(nfft, 2) == 0)
        waxis = [-nfft/2: (nfft/2-1)]/nfft;
else
        waxis = [-(nfft-1)/2: (nfft-1)/2]/nfft;
end
contour(waxis, waxis, abs(Bspec), 4), grid;
title('Bispectrum estimated via the indirect method');
xlabel('f1'); ylabel('f2');
set(gcf, 'Name', 'Hosa BISPECI')
return
```

【例 10.2】 有一正弦输入信号 $s(t)=0.8\sin(2\pi ft)$，$f=68$ Hz，一个高斯白噪声信号 $\omega(t)$ 叠加到正弦信号中。采样频率 $f_s=5$ kHz，采样点数为 5000。试用间接法进行双谱估计。

MATLAB 程序如下：

```
%MATLAB PROGRAM 10 - 2
clc;
fs=5000;                            %采样频率
t=[0: 1/fs: 1.0-1/fs]; N=1.0 * fs;  %采样点数
Am=0.8;                             %输入信号幅度
s=Am * sin(2 * pi * 68 * t);        %输入信号，频率 68 Hz
A=1;
noi=A * randn(1, N);                %高斯白噪声
d=s+noi;
SNR=10 * log10(Am * Am);            %信噪比
SNR
%间接法双谱估计
figure(1);
subplot(221); bspec1=bispeci(noi, 21, 64, 0, 'unbiased', 128, 1); title('bispectrum of noi');
subplot(222); [bspec2, waxis2]=bispeci(d, 21, 64, 0, 'unbiased', 128, 1); title('bispectrum of
d');
figure(2);
subplot(121); mesh(abs(bspec1)); title('noi'); %网格图
subplot(122); mesh(abs(bspec2)); title('d');
figure(3);
subplot(121); mesh(abs(bspec1)); title('noi');
view(-37.5, 0);
```

subplot(122)；mesh(abs(bspec2))；title('d')；

view(−37.5，0)；

程序运行结果如下：

  SNR = −1.9382

双谱估计曲线如图 10.2 所示。

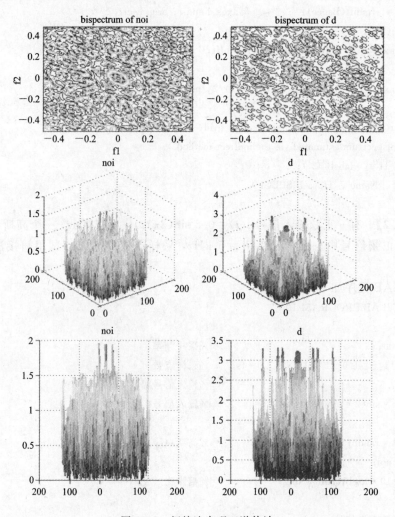

图 10.2　间接法实现双谱估计

2. 直接法双谱估计

设实平稳随机过程 $x(t)$ 的傅里叶变换 $X(\omega)$ 存在，则有

$$R_{xx}(\tau_1, \tau_2) = E[x(t)x(t+\tau_1)x(t+\tau_2)] \tag{10.35}$$

因此

$$B_{xx}(\omega_1, \omega_2) = E[X(\omega_1)X(\omega_2)X^*(\omega_1+\omega_2)] \tag{10.36}$$

其具体算法实现步骤如下：

（1）有限长观测数据 $\{x(k)\}(k=1, 2, \cdots, N)$ 分成 K 段，每段数据有 M 个点，即 $N=KM$；也可以重叠分段，使相邻数据段有一半重叠，即 $N=2KM$。

（2）除去每段数据的均值，必要的话对每段数据补零，以便于进行 FFT 计算。

（3）第 i 段数据记为 $\{x^i(k)\}(k=1, 2, \cdots, M; i=1, 2, \cdots, K)$。计算每段数据的傅里叶变换

$$\hat{X}^i(\omega) = \frac{1}{M} \sum_{k=1_1}^{M} x^i(k)\exp\left(-\frac{\mathrm{j}2\pi k\omega}{M}\right) \tag{10.37}$$

（4）根据各段数据傅里叶变换的结果分别求它们的双谱估计，即

$$\hat{R}^i_{xx}(\omega_1, \omega_2) = M^2\,\hat{X}^i(\omega_1)\,\hat{X}^i(\omega_2)\,\hat{X}^i(\omega_1 + \omega_2) \tag{10.38}$$

（5）根据各段数据双谱估计的结果进行统计平均，得序列的双谱估计为

$$\hat{B}_{xx}(\omega_1, \omega_2) = \frac{1}{K} \sum_{i=1}^{K} \hat{B}^i_{xx}(\omega_1, \omega_2) \tag{10.39}$$

MATLAB 5.3 信号处理工具箱提供了函数 bispecid 用于直接法双谱估计，其调用格式为

　　　　[bspec, waxis]＝bispecid(y, nlag)

　　　　[bspec, waxis]＝bispecid(y, nfft, wind, samp_seg, overlap)

其中，bispecid 函数返回用直接法从有限个观测信号 y 中估计出双谱 bspec；参数 nfft 为 FFT 的计算长度，缺省值为 128；wind 为窗函数的宽度，wind 应为非负数，否则用缺省值 5；samp_seg 为每个数据分段的长度，缺省值为信号长度的 1/8；overlap 为每个数据段间重叠的点段（0～99），缺省值为 50。

对于 MATLAB 6.x 和 MATLAB 7.x 以及 MATLAB R2008 版本，此函数不存在。利用 MATLAB 可以编写直接法实现双谱估计的函数，限于篇幅，此处省略该函数子程序。

【例 10.3】　设信号 $x(n) = \sum\limits_{i=1}^{4} \cos(2\pi f_i + \varphi_i)$，其中，$f_1=0.1$，$\varphi_1=\pi/6$；$f_2=0.15$，$\varphi_2=\pi/3$；$f_3=0.25$，$\varphi_3=\pi/2$；$f_4=0.4$，$\varphi_4=\pi/4$。$f_3$ 分量是 f_1 分量和 f_2 分量的相位耦合。用直接法双谱估计检测信号平方相位耦合信息。

MATLAB 程序如下：

```
%MATLAB PROGRAM 10-3
N=64;
n=[0: N-1];
f1=0.1; f2=0.15; f3=0.25; f4=0.4;
fai1=pi/6;
fai2=pi/3;
fai3=pi/2;
fai4=pi/4;
s1=cos(2*pi*f1*n+fai1);
s2=cos(2*pi*f2*n+fai2);
s3=cos(2*pi*f3*n+fai3);
s4=cos(2*pi*f4*n+fai4);
x=s1+s2+s3+s4;
bspec=bispecd(x, 10);
mesh(abs(bspec));
```

程序运行结果如图 10.3 所示。

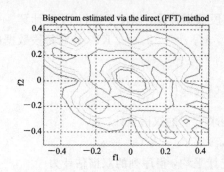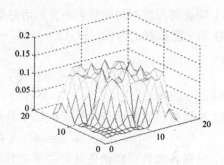

Bispectrum estimated via the direct (FFT) method

图 10.3　直接法实现双谱估计

3. 二维窗函数

类似于对有限长随机序列进行功率谱估计，无论采用间接法还是直接法，为了提高功率谱估计的质量，减少估计方差，都可以使用适当的窗函数。窗函数不仅与其宽度有关，还与其形状有关，对于二维情况，其原理类似，完全可以类推，这里不再赘述。

10.3.2　参数化双谱估计

采用经典双谱估计方法存在着较大的估计方差，通常需要提供大量的数据样本，且数据量增加的同时会带来大的计算量，有时还会引发非平稳性。为了克服这些不足，采用参数模型法进行估计，由模型参数估计非高斯序列的双谱。参数化双谱估计在数据较少的情况下可提供较高分辨率，并且可以提取信号的相位信息。

具有非高斯过程激励的线性参数模型通常包括 MA、AR 和 ARMA 三种模型，它们的激励信号都是独立同分布的非高斯白噪声。

1. 非高斯 MA 模型

设随机序列 $\{x(k)\}$ 为一 q 阶 MA 过程：

$$x(k) = \sum_{i=0}^{q} b_i w(k-i) \tag{10.40}$$

式中，$w(k)$ 为一非高斯白噪声序列，均值为 0，其方差为 $E[w^2(k)] = Q$，并满足 $E[w^3(k)] = \beta \neq 0$，而且 $x(k)$ 与 $w(k)$ 统计独立。对于以上非高斯 MA(q) 模型，需要根据有限长观测数据确定各模型参数。

一般假定 $b(0) = 1$，考虑系统叠加的背景噪声序列为 $n(k)$，于是有

$$y(k) = x(k) + n(k) \tag{10.41}$$

$y(k)$ 的三阶累积量为

$$C_{3,y}(m,n) = E[y(k)y(k+m)y(k+n)] = \beta \sum_{i=0}^{q} b(k)b(k+m)b(k+n) \tag{10.42}$$

当 $k=0$；$m=q$，$n=i$ 时，有

$$C_{3,y}(q, i) = \beta b(q) \sum_{i=0}^{q} b(i) \tag{10.43}$$

当 $i=0$ 时，可得

$$C_{3,y}(q, 0) = \beta b(q) \tag{10.44}$$

根据以上分析，可得 MA 模型的参数为

$$\sum_{i=0}^{q} b(i) = \frac{C_{3,y}(q, i)}{\beta b(q)} = \frac{C_{3,y}(q, i)}{C_{3,y}(q, 0)} \tag{10.45}$$

以上称为非高斯 MA 模型参数估计的闭式解。一旦确定了 q 个参数 $b(k)$，MA(q)模型的双谱估计为

$$H(\omega) = \sum_{k=1}^{q} b(k) \mathrm{e}^{-j\omega k} \tag{10.46}$$

$$B(\omega_1, \omega_2) = \beta H(\omega_1) H(\omega_2) H^*(\omega_1 + \omega_2) \tag{10.47}$$

MA 模型参数估计闭式解法的不足之处是必须事先知道模型的阶次，另外，在估计每一个模型参数时，仅用到观测数据的两个三阶累积量，在三阶累积量中对叠加噪声的影响不能起平滑作用。

MATLAB 5.3 信号处理工具箱提供了函数 maorder 和 maest 用于 MA 模型的定阶以及 MA 模型的参数估计。

1) 函数 maorder

功能：MA 模型的定阶。

格式：q＝maorder(y, qmin, qman, pfa, flag)

说明：maorder 返回由序列 y 估计的 MA 阶数 q；qmin 和 qmax 分别为预期的最小和最大阶数，缺省值分别是 0 和 10；pfa 为允许的出错概率，缺省值是 0.05；flag 为非零值时，函数显示算法中相关统计量的值，其缺省值为 1。

2) 函数 maest

功能：MA 模型的参数估计阶。

格式：bvec＝maest(y, q)

　　　　bvec＝maest(y, q, norder, samp_seg, overlap, flag)

说明：bvec＝maest(y, q)返回由序列 y 估计的 MA 模型参数 bvec，q 为指定的模型阶数。norder 指定算法中采用何种累积量，可选值为 3 和 4，缺省值为 3；samp_seg 为每个数据分段中的数据点数，缺省值为序列的长度；overlap 为每个数据段间重叠的点数(0～99)，缺省值为 0；若 flag 的第一个字符为 'b'，则采用有偏估计，否则采用无偏估计，缺省时采用有偏估计。

对于 MATLAB 6.x 和 MATLAB 7.x 以及 MATLAB R2008 版本，函数 maorder 和 maest 均不存在。利用 MATLAB 编程实现 MA 模型的参数估计，函数 maest 的程序如下：

```
function bvec = maest(y, q, norder, samp_seg, overlap, flag)
% —————— parameter checks ——————————
if (nargin < 2)
    error('insufficient number of parameters')
end
[nsamp, nrecs] = size(y);
if (nsamp == 1) nsamp = nrecs; nrecs = 1; y = y.'; end
if (q <= 0)        bvec=1; return, end
if (exist('norder') ~= 1) norder = 3; end
if (norder ~= 3 & norder ~=4)
```

```
        error('cumulant order must be 3 or 4')
    end
    if (exist('samp_seg') ~= 1) samp_seg = nsamp; end
    if (exist('overlap') ~= 1) overlap = 0; end
    overlap = max(0, min(overlap, 99));
    if (exist('flag') ~= 1) flag = 'biased'; end
    if (nrecs > 1) samp_seg = nsamp; overlap = 0; end
    % ——————— estimate cumulants and covariances ————————
    c2 = cumest(y, 2, q, samp_seg, overlap, flag);
    c2 = [c2; zeros(q, 1)];
    cumd = cumest(y, norder, q, samp_seg, overlap, flag, 0, 0);
    cumq = cumest(y, norder, q, samp_seg, overlap, flag, q, 0);
    cumd = cumd(2 * q+1: -1: 1);
    cumd = [cumd; zeros(q, 1)];
    cumq(1: q) = zeros(q, 1);
    % ——————— The GM-RCLS algorithm ——————————
    cmat = toeplitz(cumd, [cumd(1), zeros(1, q)]);
    rmat = toeplitz(c2, [c2(1), zeros(1, q)]);
    amat0 = [cmat, -rmat(:, 2: q+1)];
    rvec0 = c2;
    % ——————— The Tugnait fix —————————————
    cumq = [cumq(2 * q+1: -1: q+1); zeros(q, 1)];
    cmat4 = toeplitz(cumq, [cumq(1), zeros(1, q)]);
    c3 = cumd(1: 2 * q+1);
    amat0 = [amat0, zeros(3 * q+1, 1); zeros(2 * q+1, q+1), cmat4(:, 2: q+1), -c3];
    rvec0 = [rvec0; -cmat4(:, 1)];
    % ——————— Get rid of R(0) terms —————————————
    row_sel = [1: q, 2 * q+2: 3 * q+1, 3 * q+2: 4 * q+1, 4 * q+3: 5 * q+2];
    amat0 = amat0(row_sel, :);
    rvec0 = rvec0(row_sel);
    % ——————— Solve for MA parms —————————————
    bvec = amat0 \ rvec0;
    b1 = bvec(2: q+1)/bvec(1);
    b2 = bvec(q+2: 2 * q+1);
    if (norder == 3)
        if (all(b2 > 0))
            b1 = sign(b1) .* sqrt(0.5 * (b1 .^2 + b2));
        else
            disp('MAEST: alternative solution b1 used')
        end
    else
        if (sign(b2) == sign(b1))
            b1 = sign(b1) .* (abs(b1) + abs(b2) .^(1/3)) /2;
```

```
    else
        disp('MAEST: alternative solution b1 used')
    end
  end
  bvec = [1; b1];
  return
```

2. 非高斯 AR 模型

AR 模型双谱估计方法用于估计非高斯白噪声通过 p 阶 AR 模型而产生的输出序列的双谱。考察 p 阶 AR 过程 $\{x(k)\}$，满足以下关系：

$$x(k) + \sum_{i=1}^{p} a_i x(k-i) = w(k) \tag{10.48}$$

式中，$w(k)$ 为一非高斯白噪声序列，均值为 0，其方差 $E[w^2(k)]=0$，并满足 $E[w^3(k)]=\beta \neq 0$，而且 $x(k)$ 与 $w(k)$ 统计独立。

如果 AR 模型为一稳定系统，并设非高斯白噪声 $w(k)$ 三阶平稳，那么 $x(k)$ 也是三阶平稳序列。对式(10.48)求三阶自相关，可得

$$R(-n, -m) + \sum_{i=1}^{p} a_i R(i-n, i-m) = \beta\delta(n, m), \quad n, m \geqslant 0 \tag{10.49}$$

式中，$\delta(n, m)$ 类似于单位冲激函数，称为二维单位冲激函数，即

$$\delta(n, m) = \begin{cases} 1, & n = m \\ 0, & n \neq m \end{cases} \tag{10.50}$$

通常称式(10.49)为三阶递推方程。如果取 $m=n$，则可得 $\{x(k)\}$ 的 $(2p+1)$ 个三阶自相关 $R(n, m)$ 的对角切片值。令 $n, m=1, 2, \cdots, p$，可得以下矩阵方程：

$$\boldsymbol{R} \cdot \boldsymbol{a} = \boldsymbol{b} \tag{10.51}$$

式中，

$$\boldsymbol{R} = \begin{bmatrix} R(0, 0) & R(1, 1) & \cdots & R(p, p) \\ R(-1, -1) & R(0, 0) & \cdots & R(p-1, p-1) \\ \vdots & \vdots & & \vdots \\ R(-p, -p) & R(-p+1, -p+1) & \cdots & R(0, 0) \end{bmatrix} \tag{10.52}$$

$$\boldsymbol{a} = [1, a_1, a_2, \cdots, a_p]^T, \quad \boldsymbol{b} = [\beta, 0, 0, \cdots, 0]^T$$

式(10.51)存在的一个基本条件是 AR 滤波器的转移函数满足稳定条件，即

$$H(z) = \frac{1}{A(z)} = \frac{1}{1 + \sum_{i=1}^{p} a_i z^{-i}} \tag{10.53}$$

在满足条件的情况下，p 阶稳定的 AR 模型参数 $a_i(i=1, 2, \cdots, p)$ 可由 $2p+1$ 个 $R(n, m)$ 的对角切片值求得。

若给定了 $2p+1$ 个对角切片值 $R(-p, -p), \cdots, R(0, 0), \cdots, R(p, p)$，则上述方程便可用来拟合一个 p 阶 AR 模型。这一模型是在 AR 模型的输出三阶矩序列与其相应给定点的采样值之间的一种良好匹配关系的意义上被拟合的。若 $2p+1$ 个 $R(n, m)$ 的对角切片值由一真正的 p 阶过程的三阶矩求得，则模型参数 $a_1, a_2, \cdots, a_p$ 隐含了序列 $\{x(k)\}$ 的三阶矩信息。

下面讨论估计模型 AR(p) 参数的一般方法。设 $\{x(k)\}$ 为一长为 N 的实离散随机过程，现用一非高斯白噪声激励 AR(p) 模型来拟合观测数据 $\{x(k)\}$。根据上述方程，确定 $2p+1$ 个 $R(n, m)$ 的对角切片值是非常关键的。实际上，只能利用经典双谱估计法估计 $2p+1$ 个对角切片值，具体步骤如下：

(1) 对长为 N 的观测数据 $\{x(k)\}$ 进行分段，设 $N=KM$，将长为 N 的观测数据分成 K 段 M 长的数据。建议采用段与段之间一半数据重叠的方法对长为 N 的观测数据进行分段。

(2) 估计各段观测数据 $x^i(k)(i=1, 2, \cdots, k)$ 的三阶矩：

$$\hat{R}^{(i)}(m, n) = \frac{1}{M} \sum_{k=S_1}^{S_2} x^{(i)}(k) x^{(i)}(k+m) x^{(i)}(k+n), \ i=1, 2, \cdots, k \tag{10.54}$$

式中，$S_1=\max(1, 1-m, 1-n)$，$S_2=\min(M, M-m, M-n)$。再对 K 段数据的三阶矩估计值进行总体平均，确定长为 N 的观测数据的三阶累积量估计值为

$$\hat{R}(m, n) = \frac{1}{K} \sum_{i=1}^{K} \hat{R}^{(i)}(m, n) \tag{10.55}$$

(3) 估计非高斯白噪声序列 $w(k)$ 的三阶矩 $\hat{\beta}$，利用上式结果可得 $\hat{\boldsymbol{R}} \cdot \boldsymbol{a} = \hat{\boldsymbol{b}}$。式中，

$$\hat{\boldsymbol{R}} = \begin{bmatrix} \hat{R}(0, 0) & \hat{R}(1, 1) & \cdots & \hat{R}(p, p) \\ \hat{R}(-1, -1) & \hat{R}(0, 0) & \cdots & \hat{R}(p-1, p-1) \\ \vdots & \vdots & & \vdots \\ \hat{R}(-p, -p) & \hat{R}(-p+1, -p+1) & \cdots & \hat{R}(0, 0) \end{bmatrix} \tag{10.56}$$

$$\hat{\boldsymbol{b}} = [\hat{\beta}, 0, 0, \cdots, 0]^{\mathrm{T}}$$

$\hat{a}$ 是 p 个待估计的 AR 模型参数。

(4) 根据 p 个参数进行双谱估计：

$$\hat{B}(\omega_1, \omega_2) = \hat{\beta} \hat{H}(\omega_1) \hat{H}(\omega_2) \hat{H}^*(\omega_1+\omega_2) \tag{10.57}$$

式中，$\hat{H}(\omega) = \left[1 + \sum_{n=1}^{p} a_n \exp(-\mathrm{j}\omega n)\right]^{-1}$，$|\omega| \leqslant \pi$。

双谱的幅度特性及相位特性可由以下关系确定：

$$|\hat{B}(\omega_1, \omega_2)| = |\hat{H}(\omega_1)| |\hat{H}(\omega_2)| |\hat{H}(\omega_1+\omega_2)| \tag{10.58}$$

$$\hat{\phi}(\omega_1, \omega_2) = \hat{\phi}(\omega_1) + \hat{\phi}(\omega_2) - \hat{\phi}(\omega_1+\omega_2) \tag{10.59}$$

MATLAB 5.3 信号处理工具箱提供了函数 arorder 和 arrcest 用于 AR 模型的定阶以及 AR 模型的参数估计。

1) 函数 arorder

功能：AR 模型的定阶。

格式：p=arorder(y, norder, pmax, qmax, flag)

说明：arorder 返回由序列 y 估计的 AR 阶数 p；norder 指定算法中采用何种累积量，可选值为 2, ±3, ±4，负号意味着同时使用相关，缺省值为 3；pmax 和 qmax 分别为预期的最大 AR 阶数和最大 MA 阶数，缺省值都是 10；flag=1 时，函数以波形方式显示出累积量矩阵的奇异值，其中的峰值对应阶数估计的结果由用户自行确定，否则，函数直接返回估计的阶数，flag 的缺省值为 1。

2) 函数 arrcest

功能：AR 模型的参数估计。

格式：avec＝arrcest(y，p)

avec＝arrcest(y，p，minlag，norder，maxlag，samp_seg，overlap，flag)

说明：avec＝arrcest(y，p)由序列 y 和预估的模型阶数，估计 AR 模型的参数向量 avec；minlag 是标准方程中参数的最小值，如果估计的模型为 ARMA，则 minlag 应大于 q；norder 指定算法中采用何种累积量，可选值为 2，±3，±4，负号意味着同时使用相关，缺省值为 2；maxlag 为所使用的最大的累积量延迟，缺省值为 p＋minlag；samp_seg 为各数据分段的数据点数，缺省值为整个时间序列的长度；overlap 为各数据分段间重叠的数据点数，缺省值为 0；如果 flag 的第一个字符为′b′，则采用有偏估计，否则采用无偏估计，缺省时采用有偏估计。

对于 MATLAB 6.x 和 MATLAB 7.x 以及 MATLAB R2008 版本，函数 arorder 和 arrcest 均不存在。利用 MATLAB 编程可实现 AR 模型的参数估计，函数 arrcest 的程序如下：

```
function avec = arrcest(y, p, q, norder, maxlag, samp_seg, overlap, flag)
% —————————————— parameter checks ——————————————
if (nargin < 2)
    error('insufficient number of parameters')
end
[nsamp, nrecs] = size(y);
if (nsamp == 1) nsamp = nrecs; nrecs = 1; y = y.'; end
if (p <= 0)                 avec = 1; return, end
    if (exist('q') ~= 1)        q = 0;           end
if (q < 0)
    error('MA order q must be non—negative'),
end
if (exist('norder') ~= 1)       norder = 2;      end
if ( norder ~=2 & abs (norder) ~=3 & abs(norder) ~= 4)
    error('norder must be 2, 3, 4, —3 or —4')
end
if (exist('maxlag') ~=1 )
    maxlag = p + q;
end
if (maxlag < p+q),
    disp(['ARRCEST: maxlag changed from ', int2str(maxlag), ... ' to ', int2str(p+q)])
    maxlag = p + q;
end
if (exist('samp_seg') ~= 1) samp_seg = nsamp; end
if (exist('overlap') ~= 1)       overlap = 0;       end
overlap = max(0, min(overlap, 99));
if (exist('flag') ~= 1)        flag = 'biased'; end
if (nrecs > 1) overlap = 0; samp_seg = nsamp; end
minlag = —maxlag;
nlags = maxlag — minlag + 1;
```

```
Amat = [];
rvec = [];
% ——————————— estimate cumulants ——————————
if (norder ~= 2)
    kslice1 = [q-p, q];
    kslice2 = [0, 0];
    kslice = (kslice1(2) - kslice1(1) + 1) * (kslice2(2) - kslice2(1) + 1);
    cum_y = zeros(nlags, kslice);
    morder = abs(norder);
    kloc = 0;
    for k1 = kslice1(1) : kslice1(2)
        for k2 = kslice2(1) : kslice2(2)
            kloc = kloc + 1;
            cum_y(:, kloc) = cumest(y, morder, maxlag, samp_seg, overlap, flag, k1, k2);
        end
    end
    % —————— set up cumulant-based 'normal' equations ————
    Amat = hankel(cum_y(q-p+1-minlag+1: nlags-p, 1), ... cum_y(nlags-p: nlags-1, 1));
    rvec = cum_y(q+1-minlag+1: nlags, 1);
    for k=2: kslice
        Amat = [Amat; hankel(cum_y(q-p+1-minlag+1: nlags-p, k), cum_y(nlags-p:
nlags-1, k))];
        rvec = [rvec; cum_y(q+1-minlag+1: nlags, k)];
    end
    rvec = -rvec;
end
% ————— append correlation-based normal equations ——————
if (norder == 2 | norder < 0)
    cor_y = cumest(y, 2, maxlag, samp_seg, overlap, flag);
    AR = hankel(cor_y(q-p+1-minlag+1: nlags-p, 1), ... cor_y(nlags-p: nlags-1, 1));
    br = -cor_y(q+1-minlag+1: nlags, 1);
    Amat = [Amat; AR]; rvec = [rvec; br];
end
% —————— compute LS estimate ———————
avec = Amat \rvec;
avec = [1; avec(p: -1: 1)];
return
```

3. 非高斯 ARMA 模型

设平稳随机序列 $x(k)$ 由以下差分方程确定:

$$\sum_{i=1}^{p} a_i x(k-i) = \sum_{i=1}^{q} b_i w(k-i) \tag{10.60}$$

式中, $a_0 = 1$, $w(k)$ 为零均值平稳非高斯随机序列。假定 ARMA 模型满足因果性、平稳性

和非最小相位，则该模型 $H(z)$ 的部分零点可能位于单位圆外。又因

$$B(\omega_1, \omega_2) = \beta H(\omega_1) H(\omega_2) H^*(\omega_1 + \omega_2) \tag{10.61}$$

式中，

$$H(\omega) = \frac{D(\omega)}{A(\omega)} = \frac{\sum_{k=0}^{q} b_k e^{-j\omega k}}{\sum_{k=0}^{p} a_k e^{-j\omega k}} \tag{10.62}$$

为了根据观测数据确定模型参数 a_i 和 b_i，据前两式可得

$$B(\omega_1, \omega_2) = \beta \frac{D(\omega_1) D(\omega_2) D^*(\omega_1 + \omega_2)}{A(\omega_1) A(\omega_2) A^*(\omega_1 + \omega_2)} \tag{10.63}$$

故

$$B(\omega_1, \omega_2) G(\omega_1, \omega_2) = \beta D(\omega_1) D(\omega_2) D^*(\omega_1 + \omega_2) \tag{10.64}$$

$$G(\omega_1, \omega_2) = A(\omega_1) A(\omega_2) A^*(\omega_1 + \omega_2) \tag{10.65}$$

对于 m 或 $n > q$，则

$$\sum_{i=0}^{p} \sum_{j=0}^{p} g(i, j) R(m-i, n-j) = 0 \tag{10.66}$$

因此，只要求得三阶累积量，便可确定上式中的各系数 $g(i, j)$。又因

$$g(i, j) = \sum_{k=0}^{p} a_k a_{k+i} a_{k+j} \tag{10.67}$$

可得

$$a_j = \frac{g(p, j)}{g(p, 0)} \tag{10.68}$$

这样，利用 a_k 可求出 $G(\omega_1, \omega_2)$，进一步可得

$$\sum_{i=0}^{p} \sum_{j=0}^{p} \sum_{k=0}^{p} a_i a_j a_k R(m+k-j, n+k-j) = b(m, n) \tag{10.69}$$

式中，

$$b(m, n) = \beta \sum_{i=0}^{q} b_i b_{i+m} b_{i+n} \tag{10.70}$$

类似地有

$$b_i = \frac{b(q, i)}{b(q, 0)} \tag{10.71}$$

由此可以估计 ARMA 参数模型的双谱。

MATLAB 5.3 信号处理工具箱提供了函数 armarts、armaqs 和 bispect 用于 ARMA 模型的定阶以及 ARMA 模型的参数估计。

1）函数 armarts

功能：采用残余时间序列法估计 AR 模型参数。

格式：[avec, bvec]＝armarts(y, p, q)

　　　　[avec, bvec]＝armarts(y, p, q, norder, maxlag, samp_seg, overlap, flag)

说明：[avec, bvec]＝armarts(y, p, q)采用残余时间序列法，由序列 y 估计出指定 AR 阶数 p 和 MA 阶数 q 的 ARMA 模型参数，avec 为 AR 参数向量，bvec 为 MA 参数向

量。norder 为算法中采用累积量的阶数，可选值为±3，±4，负号意味着同时使用自相关函数；maxlag 为积累量计算的最大滞后，缺省值为 p+q；samp_seg 为每个数据分段的数据点数，缺省值为序列的长度；overlap 为每个数据段间重叠的数据点数（0~99），缺省值为 0；当 y 为矩阵时，其每一列被视为一段观测数据，此时 samp_seg 等于矩阵的行数，overlap 等于 0；当 flag='biased'时，函数返回有偏估计，否则返回无偏估计；缺省时为有偏估计。

2）函数 armaqs

功能：采用 q 切片算法估计 ARMA 模型参数。

格式：[avec, bvec] = armaqs(y, p, q)

[avec, bvec] = armaqs(y, p, q, norder, maxlag, samp_seg, overlap, flag)

说明：[avec, bvec] = armaqs(y, p, q)采用 q 切片算法由序列 y 估计出指定 AR 阶数 p 和 MA 阶数 q 的 ARMA 模型参数，avec 为 AR 参数向量，bvec 为 MA 参数向量。norder 为算法中采用累积量的阶数，可选值为±3，±4，负号意味着同时使用自相关函数。其他参数同函数 armarts。

3）函数 bispect

功能：基于 ARMA 模型计算双谱。

格式：[bspec, waxis]=bispect(ma, ar, nfft)

说明：bispect 函数返回 ARMA 序列的双谱 bspec；waxis 为相应的频率点向量；ma 为 MA 参数向量；ar 为 AR 参数向量，缺省值为[1.0 0]；nfft 为 FFT 的计算点数，缺省值为 512。

对于 MATLAB 6.x 和 MATLAB 7.x 以及 MATLAB R2008 版本，函数 armarts、armaqs 和 bispect 均不存在。利用 MATLAB 编程可实现 ARMA 模型的参数估计，函数 bispect 的程序如下：

```
function [bspec, waxis] = bispect (ma, ar, nfft)
if (exist('ma') ~= 1)
    error('insufficient number of parameters')
end
q = length(ma)−1;
if (exist('ar') ~= 1) ar = 1; end
p = length(ar)−1;
pq = max(p, q) + 1;
if (exist('nfft') ~= 1) nfft = max(2^nextpow2(pq), 512); end
nfft = max(nfft, 2^nextpow2(pq) );
Xf = freqz(ma, ar, nfft, 'whole');
Xfc = conj(Xf);
bspec = (Xf * Xf') .* hankel(Xfc, Xfc([nfft, 1: nfft−1]));
bspec = fftshift(bspec);         %center the origin; normal axes
if (rem(nfft, 2) == 0)
    waxis = [−nfft/2: nfft/2−1]'/nfft;
else
    waxis = [−(nfft−1)/2: (nfft−1)/2]'/nfft;
```

```
end
contour(waxis, waxis, abs(bspec), 6), grid on
xlabel('f1'), ylabel('f2')
x = [1   1   2/3   1   1/3   0   −1   −1   −2/3   −1   −1/3   0];
y = [1   0   −1/3   −1   −2/3   −1   −1   0   1/3   1   2/3   1];
hold on
for k=1: 12
    plot([0 x(k)], [0 y(k)], '−−')
end
hold off
set(gcf, 'Name', 'Hosa BISPECT')
```

10.4 高阶谱分析的应用

高阶谱分析已广泛应用于各类信号处理领域，其典型应用是时延估计和噪声中信号的检测。

10.4.1 利用双谱进行时延估计

在雷达、声纳等应用中，时延估计是一个重要课题。例如，在对被动系统的目标进行定位时，可以通过估计两个不同接收信号的时延大小来估计目标的位置。设两个不同的接收点位置分别为 R_1 和 R_2，记录分别为

$$x(t) = s(t) + n_1(t)$$
$$y(t) = s(t - T) + n_2(t) \tag{10.72}$$

式中，$n_1(t)$ 和 $n_2(t)$ 均为高斯噪声，信号与噪声统计独立，$s(t)$ 为目标信号，T 为两个不同接收点之间的时延。采用互相关法对时延参数 T 进行估计，可得

$$R_{xy}(\tau) = E[x(t)y(t+\tau)] = R_s(\tau - T) + R_n(\tau) \tag{10.73}$$

当 $\tau=T$ 时，$R_s(\tau)$ 取得最大值，因此通过确定 $R_s(\tau)$ 的峰值位置便可估计时延参数 T。但如果信噪比较小，则估计质量将会变得很差。为此，采用三阶统计量分析同样的问题，对接收信号离散化，可得三阶自相关和三阶互相关函数：

$$R_{xx}(m, n) = E[x(k)x(k+n)x(k+m)] \tag{10.74}$$
$$R_{xyx}(m, n) = E[x(k)y(k+n)x(k+m)] \tag{10.75}$$

由此得

$$R_{xx}(m, n) = R_{ss}(n, m) \tag{10.76}$$
$$R_{xyx}(m, n) = R_{ss}(n - T, m) \tag{10.77}$$

其双谱分别为

$$B_{xx}(\omega_1, \omega_2) = B_{ss}(\omega_1, \omega_2) \tag{10.78}$$
$$B_{xyx}(\omega_1, \omega_2) = B_{ss}(\omega_1, \omega_2) e^{j\omega T} \tag{10.79}$$

于是，

$$A(\omega_1, \omega_2) = \frac{B_{xyx}(\omega_1, \omega_2)}{B_{xx}(\omega_1, \omega_2)} = e^{j\omega T} \tag{10.80}$$

参数 T 可由下式确定:

$$a(n) = \frac{1}{(2\pi)^2} \int_{-\infty}^{+\infty} \int_{-\infty}^{+\infty} A(\omega_1, \omega_2) \exp(-j\omega_1 n - j\omega_2 n) d\omega_1 d\omega_2 = A_0 \delta(n - T)$$

$$(10.81)$$

所以,通过估计序列 $a(n)$ 出现冲激的时间便可估计时延参数。采用双谱技术进行时延估计的明显优点是对背景噪声不敏感。

MATLAB 5.3 信号处理工具箱提供的函数 tdeb,就是基于上述方法进行时延估计的。其调用格式为

　　　　　[delay, h]=tdeb(x, y, max_delay, nfft, wind, samp_seg, overlap)

其中,tdeb 函数返回由输入信号 x 和输出信号 y 估计的时延 delay 和函数 h;max_delay 为时延的最大期望值;nfft 为 FFT 的计算点数,缺省值为 128;wind 为窗函数的宽度,此处采用的是 Rao-Gabr 窗。当 wind=1 时,不使用窗函数;当 wind<0 时,采用缺省的窗宽度为 5。samp_seg 为估计互相关时,在每个数据分段中的数据点数,缺省值为大于($4 *$ max_delay+1)的最小 2 的幂。overlap 为每个数据段之间重叠的点数,取值在 0~99 之间,缺省值为 50。

对于 MATLAB 6.x 和 MATLAB 7.x 以及 MATLAB R2008 版本,函数 tdeb 不存在。利用 MATLAB 编程可实现信号的时延估计,程序如下:

```
function [delay, ctau] = tdeb (x, y, max_delay, nfft, wind, nsamp, overlap)
% parameter checks ——————————————————————————
[lx, nrecs] = size(x);
[ly, ny] = size(y);
if (ly ~= lx | ny ~= nrecs)
    error('matrices x and y should have the same dimensions')
end
if (lx == 1), lx = nrecs; nrecs = 1; x = x(:); y = y(:); end
if (exist('max_delay') ~= 1)
    error('max_delay must be specified');
end
if (exist('nsamp') ~= 1) nsamp = 2^nextpow2(4 * max_delay+1); end
if (exist('overlap') ~= 1) overlap = 50; end
overlap = min(99, max(overlap, 0));
if (exist('wind') ~= 1)        wind = 5; end
if (nrecs > 1)
    overlap = 0;       nsamp = lx;
end
if (exist('nfft') ~= 1) nfft= 0; end
if (nfft < nsamp) nfft = 2 ^ nextpow2(nsamp); end
plotflag = 0;
Bxyx = bispecdx (x, y, x, nfft, wind, nsamp, overlap, plotflag);
Bxxx = bispecdx (x, x, x, nfft, wind, nsamp, overlap, plotflag);
Bxyx = fftshift(Bxyx);
```

```
Bxxx = fftshift(Bxxx);
coher = sum(Bxyx ./Bxxx);
ctau = fftshift(real(ifft(coher)));
[val, delay] = max(abs(ctau));
delay = delay − nfft/2 − 1;
disp(['Delay estimated by TDEB is ', int2str(delay)])
plot(−nfft/2：nfft/2−1, ctau, −nfft/2：nfft/2−1, ctau, 'o'), grid on
title(['TDEB：Hologram delay = ', int2str(delay)])
set(gcf, 'Name', 'Hosa TDEB')
```

10.4.2　噪声中信号的检测

在随机信号处理的许多应用场合，噪声中的信号检测是另一个重要的研究课题。传统的信号检测理论和方法主要采用似然比检测，但存在两个明显的缺点：一是要求检测对象必须满足高斯条件的假设，才能根据某种"最佳"准则划分观测空间，作出判决；二是当观测信号的信噪比下降时，系统的检测性能急剧下降，很难得到较高的检测概率。为了解决高斯噪声中信号的检测问题，采用双谱技术检测强噪声背景下的信号获得了较好的效果。

例如有二元随机信号为

$$H_0: x(k) = s(k) + n(k), \ k = 1, 2, \cdots, N \tag{10.82}$$

$$H_1: x(k) = n(k), \ k = 1, 2, \cdots, N \tag{10.83}$$

式中，$s(k)$ 为实信号，$n(k)$ 为高斯噪声，两者互不相关，对上述问题采用传统的谱估计方法，则有

$$H_0: S_x(\omega) = S_n(\omega) \tag{10.84}$$

$$H_1: S_x(\omega) = S_s(\omega) + S_n(\omega) \tag{10.85}$$

显然，当信噪比下降时，检测概率将急剧下降。若采用双谱方法，则有

$$H_0: B_{xx}(\omega_1, \omega_2) = 0 \tag{10.86}$$

$$H_1: B_{xx}(\omega_1, \omega_2) = B_{ss}(\omega_1, \omega_2) \tag{10.87}$$

因此，只要信号的双谱信息足够大，即使在信噪比很小的情况下，也可获得较高的检测概率。

【例 10.4】　设信号 $s(n) = \sin(2\pi n/16)$，$n = 0, 1, \cdots, N-1$，$N = 64$，噪声为高斯白噪声，方差 $\sigma^2 = 0.09$，试从双谱域检测信号。

MATLAB 程序如下：

```
%MATLAB PROGRAM 10 - 4
clc;
N=64;
n=[0：N−1];
s=sin(2 * pi * n. /16);
noise=0.4 * randn(1, N);
x=s+noise;
figure(1);
plot(noise);
```

```
figure(2); plot(x); figure(3);
bspecn=bispecd(noise); figure(4);
bspec=bispecd(x);
figure(5); mesh(abs(bspecn));
figure(6); mesh(abs(bspec));
```

程序运行结果如图 10.4～图 10.6 所示。

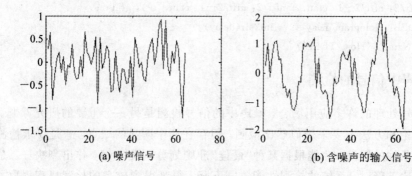

(a) 噪声信号　　　　　　　　　　(b) 含噪声的输入信号

图 10.4　观测信号原始波形

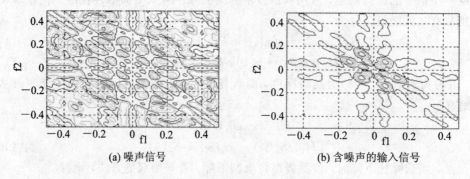

(a) 噪声信号　　　　　　　　　　(b) 含噪声的输入信号

图 10.5　观测信号双谱平面图

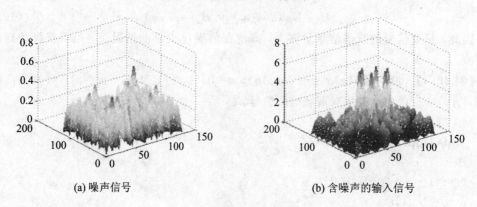

(a) 噪声信号　　　　　　　　　　(b) 含噪声的输入信号

图 10.6 ·观测信号双谱立体图

由两者对比可知：在时间域接收信噪比较低，而在双谱域接收信噪比较高，经过双谱处理，信号的信噪比大大提高，更加有利于信号的检测。

10.5　小　　结

　　功率谱估计分析方法的实质是对信号的二阶统计量进行分析，所获得的信息仅为信号的幅频特性、自相关序列等，无法提供信号二阶统计量以上的高阶统计信息。为了深入发掘隐藏在信号内部的高阶统计量信息，高阶谱特别是双谱分析技术在信号处理中发挥了重要的作用，它在信号处理中表现出了明显的优点，也必将在更广泛的信号处理领域发挥巨大的潜能。

习　　题

　　10.1　实值谐波信号

$$x(n) = \sum_{k=1}^{N} A_k \cos(\omega_k n + \phi_k)$$

式中 ϕ_k 为独立的均匀分布 $U[-\pi, \pi]$，且 $A_k > 0$，试求 $x(n)$ 的四阶累积量。

　　10.2　试证明双谱的对称性：

$$B(\omega_1, \omega_2) = B^*(-\omega_2, -\omega_1) = B(\omega_2, \omega_1 - \omega_2)$$

　　10.3　一个 MA 过程

$$x(n) = u(n) - u(n-1), \quad n = 0, \pm 1, \pm 2, \cdots$$

式中，$\{u(n)\}$ 是一个独立同分布随机过程，并且 $E\{u(n)\}=0$，$E\{u^2(n)\}=1$，$E\{u^3(n)\}=1$。试求 $\{x(n)\}$ 的功率谱和双谱。

　　10.4　已知信号采用 MATLAB 自带的检验信号，其中，AR 参数为 $[1, -0.82, 0.58]$，MA 参数为 $[1, -3]$。试利用 ARMA 模型来估计信号的双谱。

附　录

附录 A　数字信号处理工具箱函数

MATLAB 函数	说　明
波形产生和绘图	
chirp	产生扫描频率余弦
diric	产生 Dirichlet 或周期 sinc 信号
gauspuls	产生高斯调制正弦脉冲
rulstran	产生脉冲串
rectpuls	产生非周期矩形信号
sawtooth	产生锯齿波或三角波
sinc	产生 sinc 信号
square	产生方波信号
strips	产生条图
tripuls	产生非周期三角波
滤波器分析与实现	
abs	绝对值
angle	相位角
conv	卷积和多项式乘法
conv2	二维卷积
fftfilt	基于 FFT 重叠加法的数据滤波
filter	递归(IIR)或非递归(FIR)滤波器的数据滤波
filter2	二维数字滤波
filtfilt	零相位数字滤波
filtic	函数 filter 初始条件确定
freqs	模拟滤波器频率响应
frespace	频率响应的频率空间设置
freqz	数字滤波器频率响应
grpdelay	群延迟
impz	数字滤波器的脉冲响应
latcfilt	格型梯形滤波器的实现
unwrap	相位角展开
zplane	零极点图

续表(一)

MATLAB 函数	说　　明
IIR 滤波器设计——经典法和直接法	
besself	贝塞尔模拟滤波器设计
butter	巴特沃斯滤波器设计
cheby1	切比雪夫Ⅰ型滤波器设计
cheby2	切比雪夫Ⅱ型滤波器设计
ellip	椭圆滤波器设计
maxflat	最大平坦巴特沃斯滤波器的设计
yulewalk	递归数字滤波器设计
IIR 滤波器阶数的选择	
buttord	巴特沃斯滤波器阶数的选择
cheb1ord	切比雪夫Ⅰ型滤波器阶数的选择
cheb2ord	切比雪夫Ⅱ型滤波器阶数的选择
ellipord	椭圆滤波器阶数的选择
FIR 滤波器设计	
cremez	复响应和非线性相位等波纹 FIR 滤波器设计
fir1	基于窗函数的有限冲激响应滤波器设计——标准响应
fir2	基于窗函数的有限冲激响应滤波器设计——任意响应
fircls	多频带滤波的最小方差 FIR 滤波器设计
fircls1	低通和高通线性相位 FIR 滤波器的最小方差设计
firls	最小线性相位滤波器设计
firrcos	升余弦 FIR 滤波器设计
intfilt	插值 FIR 滤波器设计
kaiserord	用凯塞窗估计函数 fir1 参数
remez	Parks-McClellan 优化滤波器设计
remezord	Parks-McClellan 优化滤波器阶数估计
信号变换	
czt	Chirp Z-变换
dct	离散余弦变换
dftmtx	离散傅里叶变换矩阵
fft	一维 FFT
fft2	二维 FFT
fftshift	函数 fft 和 fft2 输出的重新排列
hilbert	赫尔伯特变换
idct	离散余弦逆变换
ifft	一维逆 FFT
ifft2	二维逆 FFT

续表（二）

MATLAB 函数	说　　明
统计信号处理	
cohere	两个信号相干函数估计
corrcoef	相关系数矩阵
cov	协方差矩阵
csd	互功率谱密度估计（CSD）
pmem	最大熵功率谱估计
pmtm	多窗口功率谱估计（MTM）
pmusic	特征值向量功率谱估计（MUSIC）
psd	自功率谱密度估计
tfe	传递函数估计
xcorr	互相关函数估计
xcorr2	二维互相关函数估计
xcov	互协方差函数估计
窗函数	
bartlett	巴特利特窗
blackman	布莱克曼窗
boxcar	矩形窗
chebwin	切比雪夫窗
hamming	汉明窗
hanning	汉宁窗
kaiser	凯塞窗
triang	三角窗
参数建模	
invfreqs	由频率响应辨识连续时间（模拟）滤波器
invfreqz	由频率响应辨识响应离散时间滤波器
levinson	Levinson-Durbin 递归算法
lpc	线性预测系统
prony	Prong 法的时域 IIR 滤波器设计
stmcb	利用 Steiglitz-McBride 迭代法求线性模型
特殊运算	
cceps	复时谱分析
cplxpair	重新排列组合复数
decimate	降低序列的采样频率
deconv	解卷积和多项式除法
demod	通信仿真中的解调制
detrend	去除线性趋势
icceps	倒复时谱
interp	整数倍提高采样速率
medfilt1	一维中值滤波

续表（三）

MATLAB 函数	说　　明
特殊运算	
modulate	通信仿真调制
rceps	实时谱和最小相位重构
resample	任意倍数改变采样速率
specgram	频谱分析
upfirdn	利用 FIR 滤波器转换采样
besselap	贝塞尔模拟低通滤波器原型设计
buttap	巴特沃斯模拟低通滤波器原型设计
cheb1ap	切比雪夫 I 型模拟低通滤波器原型设计
cheb2ap	切比雪夫 II 型模拟低通滤波器原型设计
ellipap	椭圆低通滤波器原型设计
频率变换	
lp2bp	低通至带通模拟滤波器变换
lp2bs	低通至带阻模拟滤波器变换
lp2hp	低通至高通模拟滤波器变换
lp2lp	低通至低通模拟滤波器变换
滤波器离散变换	
bilinear	双线性变换
impinvar	冲激不变法的模拟至数字滤波器变换
多项式	
conv	卷积和多项式相乘
deconv	多项式相除和解卷积
poly	求已知根多项式的表达式
polyder	多项式的求导
polyeig	多项式的特征值问题
polyfit	多项式曲线拟合
polyval	多项式求值
polyvalm	求矩阵多项式的值
residue	求部分分式表达式
roos	多项式求根
数据插值	
griddata	三维分格点数据
interp1	一维插值
interp2	二维插值
interp3	三维插值
interpft	一维 FFT 插值
interpn	多维插值
meshgrid	生成三维图的 X 矩阵和 Y 矩阵
ndgrid	生成多维函数和插值数组
spline	立方样条插值

附录 B MATLAB 常用命令

MATLAB 命令	说　　明
变量和工作空间管理	
clear	从内存中删除变量和函数
disp	显示文本和数组内容
length	求向量的长度
load	从磁盘中调入数据变量
save	把内存变量存入磁盘
size	求数组的维数大小
who	列出工作空间中的变量名
whos	列出工作空间中变量的详细内容
命令窗口控制命令	
echo	显示 M 文件执行时是否显示命令的切换开关
format	控制输出格式
more	命令窗口分页输出的控制开关
运算符和特殊算符	
+	加
—	减
*	矩阵相乘
.*	数组相乘
^	矩阵求幂
.^	数组求幂
\	左除
/	右除
./	数组右除
.\	数组左除
:	冒号运算符
[]	中括号，生成数组
{}	大括号，生成细胞
.	小数点
…	续行符
,	逗号
;	分号
%	注释号
'	共轭转置符
.'	非共轭转置符
=	赋值符号

续表

MATLAB 命令	说　　明
运算符和特殊算符	
==	等号
<>	关系符
&	逻辑和
|	逻辑与
~	逻辑非
xor	逻辑异或
流程控制	
break	中断执行 for 或 while 循环
case	switch 结构关键字
catch	开始捕捉模块
else	条件执行语句
elseif	条件执行语句
end	for、while、switch 和 if 的结束语句或标志
error	显示错误信息
for	指定循环次数的执行语句
if	条件执行语句
otherwise	switch 语句的默认部分
return	返回主调函数
switch	开关语句
warning	显示警告信息
while	无规定次数循环语句
交互输入	
input	提醒用户输入
keyboard	文件执行中转入键盘状态
menu	为输入生成选择菜单
pause	暂停命令
double	转换为双精度型

附录C 矩阵运算和傅里叶变换

MATLAB 函数	说　　明
基本矩阵和数组	
eye	生成单位矩阵
linspace	生成线性等间隔的向量
logspace	生成对数等间隔的向量
ones	生成全 1 数组
rand	生成均匀分布随机数和随机矩阵
randn	生成高斯分布随机数和随机矩阵
zeros	生成全 0 数组
:	生成等间距向量
特殊变量和常数	
ans	最近运算结果（无变量名）
I	虚数单位
inf	无穷
inputname	输入参数名称
j	虚数单位
NaN	非数
pi	圆周率 π
realmax	最大正浮点数
realmin	最小正浮点数
矩阵运算	
cat	数组组合
diag	生成对角矩阵和取出矩阵对角线元素
fliplr	矩阵的左右翻转
flipud	矩阵的上下翻转
repmat	复制和编排矩阵
tril	矩阵的下三角部分
triu	矩阵的上三角部分
基本数学函数	
acos	反余弦
acosh	反双曲余弦
acot	反余切
acoth	反双曲余切
acsc	反余割

续表（一）

MATLAB命令	说　　明
基本数学函数	
acsch	反双曲余割
asec	反正割
asech	反双曲正割
asin	反正弦
asinh	反双曲正弦
atan	反正切
atanh	反双曲正切
atan2	四象限反正切
conj	复共轭
cos	余弦
cosh	双曲余弦
cot	余切
coth	双曲余切
csc	余割
csch	双曲余割
exp	指数
fix	朝 0 方向取整
floor	朝负无穷方向取整
gcd	最大公因子
imag	取出复数的虚部
lcm	最小公倍数
log	自然对数
log2	基为 2 的对数
log10	常用对数
mod	求余
real	复数的实部
rem	除法的余数
round	四舍五入取整
sec	正割
sech	双曲正割
sign	符号函数
sin	正弦
sinh	双曲正弦
sqrt	平方根
tan	正切
tanh	双曲正切

MATLAB命令	说　　明
特殊数学函数	
airy	Airy 函数
besselh	第三类 Bessel 函数
besseli、besselk	修正 Bessel 函数
besselj、bessely	Bessel 函数
beta、etainc、betaln	Beta 函数
ellipj	椭圆 Jacobi 函数
ellipke	第一、二类完全椭圆积分
erf、erfc、erfcx、erfinv	Error 函数
expint	指数积分
gamma、gammainc	Gamma 函数
gammaln	Gamma 函数
legendre	Legendre 函数
pow2	求 2 的幂
rat、rats	有理分数近似
坐标系统转换	
cart2pol	把直角坐标转换为极坐标或圆柱坐标
cart2sph	把直角坐标转换为球坐标
pol2cart	把极坐标或圆柱坐标转换为直角坐标
sph2cart	把球坐标转换为直角坐标
数据分析的基本运算	
cumprod	累计积
cumsum	累计和
factor	质数分解
max	求数组元素的最大值
mean	求数组的平均值
median	求数组的中间值
min	求数组元素的最小值
std	标准差
sum	求数组元素和
trapz	梯形数值积分
相关计算	
corrcoef	相关系数
cov	协方差矩阵

续表（三）

MATLAB命令	说　　明
滤波和卷积	
conv	卷积和多项式相乘
conv2	二维卷积
deconv	解卷积或多项式相除
filter	IIR 或 FIR 滤波
filter2	二维数字滤波
傅里叶变换	
abs	绝对值或模
angle	相角
cplxpair	矩阵按共轭对排列
fft	一维快速傅里叶变换
fft2	二维快速傅里叶变换
fftshift	移动 FFT 的零频成分至频谱中心
ifft	一维快速傅里叶逆变换
ifft2	二维快速傅里叶逆变换
ifftshift	FFT 逆移
nextpow2	最相邻的 2 的幂
unwrap	修正相角
向量函数	
cross	向量外积
intersect	两个向量求交集
setdiff	求两个向量的差集
setxor	两个向量求异或
union	求两个向量的并集
unique	求向量元素中的单一值向量

参 考 文 献

[1]　张贤达. 现代信号处理. 北京：清华大学出版社，1998.

[2]　胡广书. 数字信号处理——理论、算法与实现. 2 版. 北京：清华大学出版社，2003.

[3]　[美]普埃克，等. 数字信号处理. 4 版. 北京：电子工业出版社，2007.

[4]　黄文梅，等. 信号分析与处理——MATLAB 语言及应用. 长沙：国防科技大学出版社，2002.

[5]　罗军辉，等. Matlab 7.0 在数字信号处理中的应用. 北京：机械工业出版社，2005.

[6]　王宏禹. 非平稳随机信号分析与处理. 北京：国防工业出版社，1999.

[7]　胡昌华，张军波，夏军，等. 基于 MATLAB 的系统分析与设计——小波分析. 西安：西安电子科技大学出版社，2000.

[8]　张有为. 维纳与卡尔曼滤波理论导论. 北京：人民教育出版社，1980.

[9]　沈福民. 自适应信号处理. 西安：西安电子科技大学出版社，2001.

[10]　徐科军. 信号分析与处理. 北京：清华大学出版社，2006.

[11]　程佩青. 数字信号处理教程. 北京：清华大学出版社，2001.

[12]　Sanjit K Mitra. 数字信号处理——基于计算机的方法. 2 版. 北京：清华大学出版社，2001.

[13]　[美]L 科恩. 时-频分析：理论与应用. 白居宪，译. 西安：西安交通大学出版社，2000.

[14]　景占荣，羊彦. 信号检测与估计. 北京：化学工业出版社，2004.

欢迎选购西安电子科技大学出版社教材类图书

控制工程基础(王建平)	23.00	数控加工进阶教程(张立新)	30.00
现代控制理论基础(舒欣梅)	14.00	数控加工工艺学(任同)	29.00
过程控制系统及工程(杨为民)	25.00	数控加工工艺(高职)(赵长旭)	24.00
控制系统仿真(党宏社)	21.00	数控机床电气控制(高职)(姚勇刚)	21.00
模糊控制技术(席爱民)	24.00	机床电器与PLC(高职)(李伟)	14.00
运动控制系统(高职)(尚丽)	26.00	电机及拖动基础(高职)(孟宪芳)	17.00
工程力学(张光伟)	21.00	电机与电气控制(高职)(冉文)	23.00
工程力学(项目式教学)(高职)	21.00	电机原理与维修(高职)(解建军)	20.00
理论力学(张功学)	26.00	供配电技术(高职)(杨洋)	25.00
材料力学(张功学)	27.00	金属切削与机床(高职)(聂建武)	22.00
工程材料及成型工艺(刘春廷)	29.00	模具制造技术(高职)(刘航)	24.00
工程材料及应用(汪传生)	31.00	塑料成型模具设计(高职)(单小根)	37.00
工程实践训练基础(周桂莲)	18.00	液压传动技术(高职)(简引霞)	23.00
工程制图(含习题集)(高职)(白福民)	33.00	发动机构造与维修(高职)(王正键)	29.00
工程制图(含习题集)(周明贵)	36.00	汽车典型电控系统结构与维修(李美娟)	31.00
现代设计方法(李思益)	21.00	汽车底盘结构与维修(高职)(张红伟)	28.00
液压与气压传动(刘军营)	34.00	汽车车身电气设备系统及附属电气设备(高职)	23.00
先进制造技术(高职)(孙燕华)	16.00	汽车单片机与车载网络技术(于万海)	20.00
机电传动控制(马如宏)	31.00	汽车故障诊断技术(高职)(王秀贞)	19.00
机电一体化控制技术与系统(计时鸣)	33.00	汽车使用性能与检测技术(高职)(郭彬)	22.00
机械原理(朱龙英)	27.00	汽车电工电子技术(高职)(黄建华)	22.00
机械工程科技英语(程安宁)	15.00	汽车电气设备与维修(高职)(李春明)	25.00
机械设计基础(岳大鑫)	33.00	汽车空调(高职)(李祥峰)	16.00
机械设计(王宁侠)	36.00	现代汽车典型电控系统结构原理与故障诊断	25.00
机械设计基础(张京辉)(高职)	24.00	~~~~~~~~~其 他 类~~~~~~~~~	
机械CAD/CAM(葛友华)	20.00	电子信息类专业英语(高职)(汤滟)	20.00
机械CAD/CAM(欧长劲)	21.00	移动地理信息系统开发技术(李斌兵)(研究生)	35.00
AutoCAD2008机械制图实用教程(中职)	34.00	高等教育学新探(杜希民)(研究生)	36.00
画法几何与机械制图(叶琳)	35.00	国际贸易理论与实务(鲁丹萍)(高职)	27.00
机械制图(含习题集)(高职)(孙建东)	29.00	技术创业:新创企业融资与理财(张蔚虹)	25.00
机械设备制造技术(高职)(柳青松)	33.00	计算方法及其MATLAB实现(杨志明)(高职)	28.00
机械制造技术实训教程(高职)(黄雨田)	23.00	大学生心理发展手册(高职)	24.00
机械制造基础(周桂莲)	21.00	网络金融与应用(高职)	20.00
机械制造基础(高职)(郑广花)	21.00	现代演讲与口才(张岩松)	26.00
特种加工(高职)(杨武成)	20.00	现代公关礼仪(高职)(王剑)	30.00
数控加工与编程(第二版)(高职)(詹华西)	23.00	布艺折叠花(中职)(赵彤凤)	25.00

欢迎来函来电索取本社书目和教材介绍! 通信地址:西安市太白南路2号 西安电子科技大学出版社发行部

邮政编码:710071 邮购业务电话:(029)88201467 传真电话:(029)88213675。